Introduction to Multivariate Analysis

図解と数値例で学ぶ
多変量解析入門

ビッグデータ時代のデータ解析

野口 博司 著

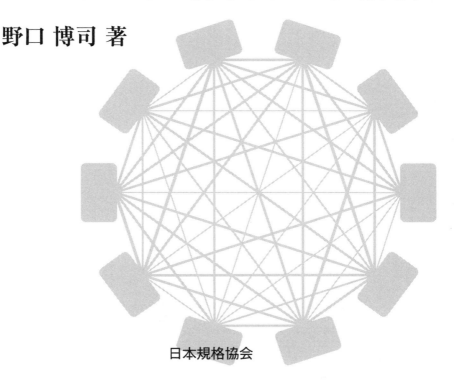

日本規格協会

Microsoft, Windows 及び Excel は，米国 Microsoft Corporation の，米国及びその他の国における登録商標又は商標です．本書中では，® マーク，TM は明記しておりません．

ま え が き

思想家であり科学者でもある，SF 作家の H.G. ウエルズ（1866–1946）が，1903 年に，"統計学的思考が読み書きと同じように，よき社会人として必須の能力になる日が来る"と予言しました[1]．実際に，近年は，あらゆるものがモニタ化され，計測されて莫大な量のデータが収集でき，コンピュータの演算速度も急速に早くなり，それによって莫大なデータを解析できる（ビッグデータ解析）時代となりました．そして，様々なデータから目的とする結果を正しく読み取るために統計学が必要となり，また，結果をうまく業務に結び付けて活用するためにデータマイニング（data mining）能力も必要となってきています．

　一方，コンピュータなどで人間と同様の知能を実現させようとする試みの基礎技術である人工知能（AI：artificial intelligence，以下，AI という）に関しても注目が集まり，目的に沿った各種の開発が日進月歩で進んでいます．この AI への取り組みにも，最初のベースには統計的な要素が大いに関わっています．

　人間の特徴は，言葉によりコミュニケーションを図ることです．例えば，"He saw a tall women in the garden with a telescope." の英文があると，人間の訳は "彼は，望遠鏡で，庭にいる背の高い女性を覗いた" とするでしょう．ところが，AI では，"彼は，望遠鏡を持った庭にいる背の高い女性を見た" とするかも知れません．人間は，経験上，女性が望遠鏡を持っている確率は低く，男性は性的特徴から望遠鏡で女性を覗くことは確率的にあり得ることを知っています．AI に人間と同じような訳をさせるには，まず，統計的な要素である確率をコンピュータに入力しておく必要があり，場合により，男性の若い女性に対する性的関心度合（相関）や，何 cm 以上なら背が高い女性とするかの基準も入力しておく必要があります．

　また，AI が，赤くて丸いものを見てリンゴだと判定する仕組みにも，重回

4

帰分析で用いる統計的な要素である最小2乗法の原理などが用いられています．人間の脳は，一千億に及ぶ神経細胞（neuron，以下，ニューロンという）の塊からできており，ニューロンは隣のニューロンから電気信号を受け取り，一定以上になると次から次へと信号を伝える巨大なネットワークとなっています．

　AIでは，このネットワークを人工的に再現し，これをニューラルネットワーク（neural network）と呼んで，その仕組みを組み入れています．AIが，赤くて丸いものを見てリンゴだとする手がかりは，ニューロン間の道への重みづけにあります．すなわち，ニューロンとニューロンをつなぐ道の太さが重みづけに相当します．道の太さは隣のニューロン層から次のニューロン層へ伝えられる信号の重要度を表します．太い道は信号が強く伝わり，細い道は伝わりにくく，道の太さで信号の伝わり方を変えます．AIは，赤くて丸いリンゴの映像を格子状データ（ピクセル）にして受け取り，リンゴの特徴を特徴量にして捉えます．それを電気信号に変えて，次から次へとニューロンにその信号を送り，既に入力認識されている映像の特徴量と比べます．ニューロン層間で信号を行ったり来たりさせながら，試行錯誤を繰り返し，入力の特徴量と出力の特徴量とに差がなくなるまで，道を太くしたり細くしたり調整して学習し，ぴったりと合った映像を回答します．これがニューラルネットワークです．

　このニューラルネットワークには，一般的に，数学的な非線形モデルが組み入れられており，重みづけを変えるのに，統計的な要素である最小2乗法の原理などが用いられています．また，目的に応じてこれ以外の数学モデルも設定され，更に開発が進んでいます．

　このように，統計的な要素，統計的思考は不可欠な時代となっています．日本規格協会の月刊誌『標準化と品質管理』の，2015年10月号から2017年9月号までの2年間の計24回において，"基礎から理解する統計学—QC検定（1・2級）を目指して"を連載しました．これは，産業界の方々に，今一度，イチから基礎統計学，実験計画法，そして多変量解析までの考え方を学んでいただき，統計的な要素の習得，また統計的思考を身に付けていただくことを

意図したからです．その中で，基礎統計学と実験計画法については，数多くの書籍があり，また，各産業界においても活用が定着しています．しかし，多変量解析については，まだ，産業界での活用は十分とはいえないのではと考えます．それは，多変量解析の解法を理解することが難しいからだといえるでしょう．

そこで，上記の連載の中から，多変量解析を取り上げ，一部加筆修正を加えて，産業界の方々や文系の大学生にも読み解けるような書籍を出版することになりました．既に，多変量解析にも多くの書籍があります．"基礎"とあるのは理論をきちんと数式展開していますが，理解するのは難しく，また，"図解"とあるのは確かに平易に書かれてはいますが，解法の一部が省略されています．

本書は，図解の良さを活かし，**図により多変量解析の各手法の考え方を理解できるようにし，**難解である**解法の数式展開は平易な数値例にて確実に解法プロセスが見える**ようにして，読者の方が実際に計算確認できるようにしました．また，**手法の誕生した歴史的背景にも触れ，**楽しく手法が学べるようにしました．活用事例は，筆者が，産業界に勤務していたときに，実際に**多変量解析を活用した改善事例を取り上げています．**また**体験談にも触れています．**本書にて，QC検定を受験する方も，マーケティングなどでデータマイニングを推進する方も，多変量解析を学習したい学生さんにも，楽しく確実に多変量解析を習得していただけるものと思います．

本書で取り上げる内容は，まず第1章で，多変量解析とは何か，概要とその活用場面について解説します．そして，これから多変量解析を学ぶための準備として，第2章は統計学の知識，第3章は解法の理解に必要な数学的知識の線形代数について解説します．第4章から第13章までは，順に，重回帰分析，コンジョイント分析，線形判別分析，正準（重）判別分析，主成分分析，コレスポンデンスアナリシス（数量化Ⅲ類），因子分析，多次元尺度構成法，クラスター分析，共分散構造分析の10手法を解説します．これで従来の多変量解析の手法をほとんど網羅します．最後の第14章では，近年のデータ解析

の変化に伴って，データマイニングや機械学習に関する多変量解析の最前線について概説します．

　最後になりましたが，本書の出版企画に際して，常に適切なアドバイスをいただき，また校正においては多大なご尽力を賜りました編集制作チームの伊藤朋弘氏，福田優紀氏，原井理久子氏の皆様に心から厚く御礼申し上げます．

　2018 年 6 月

野口　博司

目　　次

まえがき

第1章　多変量解析の概要と活用場面

1.1　多変量解析とは ……………………………………………… 16

1.2　データについて ……………………………………………… 16

　1.2.1　データの種類と変換 ………………………………… 16

　1.2.2　データの尺度 …………………………………………… 19

1.3　本書で扱う各多変量解析諸法の代表的な活用場面 …………… 21

第2章　統計学の知識

2.1　基本統計量 …………………………………………………… 38

2.2　散布図と相関係数 …………………………………………… 43

2.3　データの確率分布 …………………………………………… 47

　2.3.1　ヒストグラム …………………………………………… 47

　2.3.2　確率密度関数 …………………………………………… 49

　2.3.3　正規分布 ………………………………………………… 51

　2.3.4　標準正規分布 …………………………………………… 52

　2.3.5　共分散と相関係数 ……………………………………… 54

2.4　2次元分布から多変量分布へ ……………………………… 55

　2.4.1　2次元分布 ……………………………………………… 55

　2.4.2　多変量分布 ……………………………………………… 56

2.5　統計量の確率分布——推定と検定 ………………………… 58

　2.5.1　推　定 …………………………………………………… 58

　2.5.2　検　定 …………………………………………………… 59

8

	2.5.3	各統計量とその分布	61
	2.5.4	独立性の検定	64
	2.5.5	ウィシャート分布	65

第3章　線形代数と Excel による演算

3.1　行列とベクトル …………………………………………… 68

3.2　行列式と逆行列 …………………………………………… 70

3.3　行列の階数と直交行列 …………………………………… 74

3.4　行列のトレースと2次形式 ……………………………… 75

3.5　固有値と固有ベクトル …………………………………… 76

3.6　ベクトルと行列についての偏微分 ……………………… 79

3.7　行列の演算ソフト ………………………………………… 79

　3.7.1　市販の解析ソフトの概要 …………………………… 80

　3.7.2　フリーの解析ソフト ………………………………… 81

　3.7.3　Excel による固有値，固有ベクトルの求め方 …… 82

第4章　重回帰分析

4.1　相関から回帰 ……………………………………………… 90

　4.1.1　相関係数の計算 ……………………………………… 90

　4.1.2　因果関係の検討 ……………………………………… 91

　4.1.3　最小2乗法 …………………………………………… 92

　4.1.4　回帰直線の求め方 …………………………………… 93

　4.1.5　回帰直線の精度 ……………………………………… 95

4.2　重回帰分析とは …………………………………………… 96

4.3　重回帰分析の考え方 ……………………………………… 97

4.4　重回帰分析の解法 ………………………………………… 98

　4.4.1　重回帰式 ……………………………………………… 98

　4.4.2　偏回帰係数の導出 …………………………………… 99

　4.4.3　ラスー法，機械学習 ………………………………… 100

4.5	重回帰分析の数値例	101
4.6	重回帰分析の指標	106
4.6.1	決定係数	106
4.6.2	偏回帰係数の検定	106
4.6.3	回帰診断	108
4.6.4	変数選択	108
4.7	重回帰分析の活用事例	110
4.8	重回帰分析の活用	117

第5章 コンジョイント分析

5.1	コンジョイント分析とは	120
5.2	コンジョイント分析の考え方	120
5.3	コンジョイント分析の解法	122
5.4	コンジョイント分析の数値例	125
5.5	コンジョイント分析の問題	128
5.5.1	解の妥当性と再現性	128
5.5.2	部分効用値を一意に導く方法 —— N法	130
5.6	コンジョイント分析の事例	132
5.7	コンジョイント分析の活用	134

第6章 線形判別分析

6.1	線形判別分析とは	138
6.2	線形判別分析の考え方	139
6.3	線形判別分析の解法	140
6.3.1	判別得点	140
6.3.2	マハラノビスの汎距離	142
6.3.3	マハラノビスの汎距離の推定値による判別	142
6.3.4	マハラノビスの汎距離と誤判別の確率	144

10

6.4	線形判別分析の数値例	145
6.5	線形判別分析の事例	150
6.5.1	取引先の与信管理	150
6.5.2	線形判別分析による倒産企業の予測	150
6.5.3	財務の立場からの検討	156
6.6	線形判別分析の活用	157

第7章　正準（重）判別分析

7.1	正準判別分析とは	160
7.2	正準判別分析の考え方	160
7.3	正準判別分析の解法	162
7.4	正準判別分析の数値例	165
7.5	正準判別分析の事例	168
7.6	正準判別分析の活用	171

第8章　主成分分析

8.1	主成分分析とは	174
8.2	主成分分析の考え方	175
8.3	主成分分析の解法	176
8.3.1	第1主成分の導出	176
8.3.2	第2主成分の導出	179
8.3.3	寄与率と累積寄与率	180
8.4	主成分分析の数値例	180
8.5	主成分分析の事例	185
8.6	主成分分析の活用	192

11

第9章 コレスポンデンスアナリシス (数量化Ⅲ類)

9.1 コレスポンデンスアナリシスとは ……………………………………… 194

9.2 コレスポンデンスアナリシスの考え方 ………………………………… 195

9.3 コレスポンデンスアナリシスの解法 …………………………………… 197

   9.3.1 コレスポンデンスアナリシス ……………………………………… 198

   9.3.2 数量化Ⅲ類 …………………………………………………………… 199

   9.3.3 独立性の検定で用いる χ^2 値 ……………………………………… 200

9.4 コレスポンデンスアナリシスの数値例 ………………………………… 200

9.5 コレスポンデンスアナリシスの事例 …………………………………… 205

9.6 コレスポンデンスアナリシスの活用 …………………………………… 208

第10章 因 子 分 析

10.1 因子分析とは …………………………………………………………… 210

10.2 因子分析の考え方 ……………………………………………………… 210

10.3 因子分析の解法 ………………………………………………………… 213

   10.3.1 モデル式 ……………………………………………………………… 213

   10.3.2 分散共分散行列 ……………………………………………………… 215

   10.3.3 共通性の推定 ………………………………………………………… 216

   10.3.4 最小2乗法による因子負荷量の推定 ……………………………… 217

   10.3.5 主因子法による因子負荷量の推定 ………………………………… 218

10.4 因子分析の数値例 ……………………………………………………… 221

10.5 因子分析の事例 ………………………………………………………… 225

10.6 因子分析の活用 ………………………………………………………… 230

第11章 多次元尺度構成法

11.1 多次元尺度構成法とは ………………………………………………… 232

11.2 MDSの考え方 …………………………………………………………… 233

12

11.3 MDS の解法 ……………………………………………… 235

11.3.1 計量的 MDS の解法 …………………………………… 235

11.3.2 非計量的 MDS の解法 ………………………………… 238

11.4 MDS の数値例 ……………………………………………… 240

11.5 MDS の活用事例 …………………………………………… 244

11.6 MDS の活用 ………………………………………………… 249

第12章 クラスター分析

12.1 クラスター分析とは ……………………………………… 252

12.2 クラスター分析の考え方 ………………………………… 253

12.3 クラスター分析の解法 …………………………………… 255

12.3.1 階層的方法の最短距離法を中心に …………………… 255

12.3.2 非階層的方法の K-means 法 …………………………… 257

12.4 クラスター分析の数値例 ………………………………… 259

12.4.1 階層的方法の最短距離法の数値例 …………………… 259

12.4.2 非階層的方法の K-means 法の数値例 ………………… 262

12.5 クラスター分析の事例 …………………………………… 265

12.6 クラスター分析の活用 …………………………………… 270

第13章 共分散構造分析

13.1 共分散構造分析とは ……………………………………… 272

13.2 共分散構造分析の考え方 ………………………………… 273

13.3 共分散構造分析の解法 …………………………………… 275

13.3.1 分散共分散行列の導出 ………………………………… 275

13.3.2 代表的な適合度指標 …………………………………… 278

13.3.3 共分散構造分析の手順 ………………………………… 278

13.4 共分散構造分析の数値例 ………………………………… 280

13.5 共分散構造分析の事例 …………………………………… 284

13

　13.6　共分散構造分析の活用 ……………………………………………… 293

第14章　多変量解析の最前線

14.1　データ解析の変化 ……………………………………………………… 296

14.2　データマイニング ……………………………………………………… 297

　14.2.1　データマイニングとは ……………………………………………… 297
　14.2.2　データマイニングの手法 …………………………………………… 299

14.3　機械学習 ………………………………………………………………… 301

14.4　多変量解析の各手法の目的別分類 …………………………………… 307

あ と が き　　311

参 考 文 献　　313
索　　　引　　319

多変量解析の誕生　　20
相関係数の誕生　　46
正規分布の誕生　　51
筆者の統計学や多変量解析との出会い　　86
回帰という言葉の誕生　　96
本事例の後日談　　117
コンジョイント分析の誕生　　120
線形判別分析の誕生　　138
本事例の後日談　　157
正準判別分析の誕生　　160
主成分分析の誕生　　174
コレスポンデンスアナリシスの誕生　　194
因子分析の誕生　　210
多次元尺度構成法（MDS）の誕生　　232
クラスター分析の誕生　　252
共分散構造分析の誕生　　272
機械学習の誕生　　304

MULTIVARIATE ANALYSIS

第1章
多変量解析の概要と活用場面

　多変量解析とは何か，その概要と，多変量解析で扱うデータについて解説し，本書で扱う多変量解析の諸手法の代表的な活用場面を解説します．

16 第1章 多変量解析の概要と活用場面

1.1 多変量解析とは

1つの製品の特性は1つだけでなく，多数に及びます．コンパクトカーを例にすると，燃費，重量，排気量，馬力，全長，…，外観デザイン，色等20項目以上の特性があります．色1つを考えても，色彩や濃度，それに色数など，更に細かく分類していくと多数の特性となります．その多数の特性は，燃費や重量のように量を測って得られる計量値データもあれば，色数のように個数を数えて得られる計数値データもあります．また，色のように白，黒のどれに該当するかという分類をするカテゴリーデータもあります．

このように，多数の特性には，データの種類が幾つも混在し，この多数の特性を総称して多変数，あるいは**多変量**と呼びます．また，これらの特性値間においては，相関や何らかの従属関係が存在します．例えば，コンパクトカーの燃費を高めることを考えた場合，1つの特性だけを取り上げて論じるのでは不十分で，これらの全ての品質特性を総合的に考える必要があります．そのための手法として多変量解析があるのです．

多変量解析は，数十に及ぶ品質特性を個々に詳細に眺めるのではなく，それらを総合的に要約し，理解できる形までまとめていくためのものです．すなわち，**多変量解析法は，1つの手法ではなく，n 個の対象について各々 p 種類の特性について，観測されているデータの組（$n \times p$ のデータ行列）を考察するための諸手法の総称なのです．**

1.2 データについて

1.2.1 データの種類と変換

表 1.1 は，喫茶を営むあるチェーン店の 50 店舗を調査して得られたデータシートです．調査項目は，"店長の性別"，"店員の人数"，"店のデザイン"，"店の広さ m²"，"駅からの距離 m"，5 点満点の "顧客満足度" です．店番号の列は調査対象とした店舗を示し，一般に**個体**又は**サンプル**といいます．

1.2 データについて

表 1.1 ある喫茶チェーン店の各店舗を調査したデータシート

店番号	変数 1 (店長の性別)	変数 2 (店員の人数)	変数 3 (店のデザイン)	変数 4 (店の広さ m²)	変数 5 (駅からの距離 m)	変数 6 (顧客満足度)
1	男性	3	洋風	45	150.0	3.5
2	女性	4	洋風	55	80.0	4.2
3	男性	4	和風	48	200.0	3.8
4	男性	5	和洋折衷	65	320.0	4.0
⋮	⋮	⋮	⋮	⋮	⋮	⋮
50	女性	5	和風	70	500	4.5

多変量解析で扱うデータの形式は一般的に表 1.1 のように，縦（行が変わる）方向に個体が，横（列が変わる）方向に調査項目がくる行列の形で表されます．"店長の性別"などの調査項目は，個体ごとにデータが変化するので，**変数**あるいは**変量**と呼びます．そして，変数 1 の"店長の性別"と変数 3 の"店のデザイン"は定性的なデータなので**質的データ**と呼び，変数 2，4，5，6 は数値で表されるので**量的データ**と呼びます．量的データには，"店の広さm²"のように量を測って得られるデータと，"店員の人数"のように数を数えて得られるデータとがあります．前者を**計量値データ**と呼び，原則的に連続量です．後者を**計数値データ**と呼び，1 人，2 人といった離散的な値になります．多変量解析では，これらの量的データと質的データの両方を扱います．ただし，量的データはそのまま解析できますが，質的データは数値変換が必要です．

では，質的データをどのように数値変換して統計処理をするかを説明します．例えば"店長の性別"は"男性"と"女性"の 2 つに分類され，個体はこのいずれかに該当します．そこで，表 1.2 のように変数 1 "店長の性別・男性"と変数名をおくと，個体で"男性"は，この変数名に該当するので 1，"女性"はこの変数名には非該当なので 0 とおきます．反対に変数 1 "店長の性別・女性"とすれば，"女性"に該当する個体を 1 に，"男性"は非該当なので 0 とします．変数 1 の"性別"は，"性別・男性"又は"性別・女性"のいずれかの 1 つの変数で数値化したデータの値 1 を演算すれば"男性"や"女

表 1.2 質的データを統計処理できるように数値へ変換する方法

店番号	変数 1 店長の性別・男性
1	1
2	0
3	1
4	1
⋮	⋮
50	0

店番号	変数 2(1) 店のデザイン・和風	変数 2(2) 店のデザイン・洋風
1	0	1
2	0	1
3	1	0
4	0	0
⋮	⋮	⋮
50	1	0

性"の人数はわかります.1と0の区別により個体の内容との対応も取れます.このように,変数の分類が2つある場合は,その代わりとなる新しく設定する変数の数は,"2分類-1"で変数の数は1つで済みます.

"店のデザイン"のように,個体が,"和風","洋風","和洋折衷"の3つのいずれかに該当する場合には,データシートに示す変数の数は"3分類-1"で2つの変数を用意します.例えば,表1.2のように,変数名2(1)"店のデザイン・和風"と変数名2(2)"店のデザイン・洋風"の2つをおきます."店のデザイン・和風"に該当する個体は,この変数を1とし,"店のデザイン・洋風"には非該当なので0とします."店のデザイン・洋風"に該当する個体は"店のデザイン・和風"には非該当なので0とし,"店のデザイン・洋風"を1とします."店のデザイン・和洋折衷"の個体は,"店のデザイン・和風"にも"店のデザイン・洋風"にも当てはまらないので,いずれにも0,0とおきます.("店のデザイン・和風","店のデザイン・洋風","店のデザイン・和洋折衷")は,(1, 0),(0, 1),(0, 0)により,個体の内容との対応が取れます.

1つの質的データの変数下の分類数が c で,このいずれかに個体が該当する(各分類が独立でない)場合は,"c分類-1"の変数の数を用意します(c分類だからとして,c個の質的変数の数を用意してはいけません.必ず分類数から1を引いた変数にします.冗長になると,後述する重回帰分析での逆行列の演算の際に,ランク落ちという数学的問題が生じて解が求められなくなりま

1.2　データについて　　　　　　　　19

す).

1.2.2　データの尺度

　また，得られたデータの中には，心理学の評価結果（尺度）のデータも含まれます．例えば，表1.1の変数6の顧客満足度などは間隔尺度の心理学尺度です．また，後述するコンジョイント分析や多次元尺度構成法などの適合度評価では，実測データ値と予測値の順位の並びが合っていれば適合とするStress値が出てきます．このような心理学の尺度を理解して解析する必要があるので，心理学の分野で一般的に体系化されている4つの尺度を解説します．

（1）　名義尺度 （categorical scale）

　例えば，電話番号の数字の666–5858や，表1.1の店のデザインの和風，洋風，和洋折衷などが名義尺度です．これらの数値は単に命名，目印，分類のために用います．そのまま加減乗除をしても意味がなく，したがって，意味があるようにするには，表1.2のように“店長の性別・男性”を1として数えられるようにして数的処理をします．血液型のA型，B型，AB型，O型のように分類したものが名義尺度です．

（2）　順位尺度 （ordinal scale）

　例えば，数種のネクタイを好みの順に並べるとか，5種類の白生地を白さの順番に並べるという場合が相当します．この場合，与えられた条件に従って，1, 2, 3, …, kという順番が定められます．数値は，序列を示し，数えることの他に，より大きい，より小さいという関係を基にした順位に関係する統計的方法が用いられます．ただし，運動会での1位と2位の差についての情報はなく，ダントツの1位でも僅少差の1位でも同じ1位です．

（3）　間隔尺度 （interval scale）

　例えば，各心理特性（硬いなど）を7段階や5段階（硬い，やや硬い，普通，やや柔らかい，柔らかい）で評価する場合がこれに相当します．表1.1の変数6の顧客満足度は，各店舗の顧客の5段階における評価を平均した値で，

20　　　　　　第 1 章　多変量解析の概要と活用場面

これも間隔尺度です．2 つの数値間の間隔や距離は意味がありますが，原点からどのくらい離れているかを知ることはできません．算術演算は，加減演算に基づいた方法が用いられ，数値を乗除することは意味が薄いです．

（4）　比尺度（ratio scale）

重量，長さ，売上高のように，各数値は原点（0 値）からの距離を表すと見なすことができる尺度です．一般的な物理量は，これに対応します．算術演算としては，何ら制約がなく，加減乗除の全ての演算が用いられます．

多変量解析では，1.2.1 項で解説したように名義尺度も数値化し，間隔尺度や比尺度も同じように加減算を中心に評価することが多いのです．したがって，データの尺度としては，順位尺度の扱いだけに注意しておけばよいでしょう．

多変量解析の誕生 [1),2),3),4)]

このような多変量解析がいつ頃体系化されたかを簡単に振り返ります．

基本理論は，第 2 章で解説する多変量の標本分布理論に始まります．2 変量の標本分布については，実験計画法を生み出した R.A. フィッシャー（Sir Ronald Aylmer Fisher, 1890–1962）が 1917 年に既に発見していましたが，1928 年に J. ウィシャート（John Wishart, 1898–1956）が，p 変量の多変量の標本分布理論を自分の名前をつけてウィシャート分布として発表したのが始まりといえます．多くの統計的手法は，1 変量のデータが 1 変量正規分布に従うことを仮定しますが，これは p 次元の正規分布の変量に対して分散と共分散を与え，多変量正規分布としたものです．

そして，20 世紀初頭になると，多変量解析の研究は，現在の統計学を築いた先駆者たちである F. ゴルトン，K. ピアソン，R.A. フィッシャー，C.R. ラオ，P.C. マハラノビスらが，生物学研究の分野において，後述する重回帰分析や判別関数などを開発して応用しました．

一方，C. スピアマン，L.L. サーストン，H. ホテリング，J.B. クラスカル，J.W. テューキーらが，計量心理学の領域に，後述する因子分析，主成分分析，多次元尺度構成法などを開発して応用しました．

ウィシャート分布が導かれてから約 10 年の間に多変量解析の各手法の基礎概念は出揃い，1940 年代で理論が厳密・精確になると同時に，これらの多変数を扱う解析法は多変量解析として統一・体系化されたといえるでしょう．今

や，ビッグデータ時代となり，更に，データマイニングや機械学習の応用分野へと各種の多変量解析は適用開発されていっています．

1.3 本書で扱う各多変量解析諸法の代表的な活用場面

(1) 重回帰分析の活用場面

例えば，中古不動産価格（y）という目的変数に対して，その価格に影響すると考えられる要因として，土地の広さ（x_1），家の広さ（x_2），築後経過年数（x_3），最寄り駅までの所要時間（x_4），車庫の有無（x_5），住居前の道幅（x_6），…，小中学校までの距離（x_p）等の変数があります．これらの諸要因のうち，中古不動産価格（y）に影響すると思われる要因を説明変数として取り上げて，式(1.1)のような中古不動産価格（y）と各要因間との関係式を作り，適切な中古不動産価格（y）を決定する方式を定めたい場合です．

$$y = \hat{\beta}_0 + \hat{\beta}_1 x_1 + \hat{\beta}_2 x_2 + \cdots + \hat{\beta}_5 x_5 + \cdots + \hat{\beta}_p x_p + \varepsilon \tag{1.1}$$

他にもいろいろな場面が考えられます．エンジンの燃料消費率（y）に影響する要因として，燃料噴射時期（x_1），燃料ポンプの墳圧（x_2），水入口温度（x_3）など，たくさんの要因が存在します．これらの諸要因のうち，燃料消費率に影響すると思われる要因を取り上げ，それらと関係式を作り，燃料消費率を最適化する設計条件を定めたりもできます．

(2) コンジョイント分析の活用場面

例えば，レストランを開業したいときに，事前にどのような雰囲気のレストランが消費者に人気が出るかを調査したい場合などがあります．表1.3のよう

表1.3 レストランの雰囲気を決める要因の内容水準

要　因	水準1	水準2
全体的な雰囲気	ファミリータイプ	グルメタイプ
主な食材	国産肉	有機野菜
サービス	ドリンクサービス	ポイントカード

なレストランのイメージを決める要因の内容水準を用意します．

表1.3の3つの要因における各2水準を組み合わせた$2^3 = 8$通りのレストランのイメージカードを図1.1のように用意します．それを消費者に提示して比較評価してもらい"ぜひ入ってみたいと思う"人気の順にレストランのイメージカードを選んでもらいます．1位から8位まで選ばれたカードの順位結果を全体効用値と呼び，この全体効用値から，各要因内容の各水準の部分効用値を求め，どの要因内容の水準が消費者の人気の決め手になっているのかを推定します．

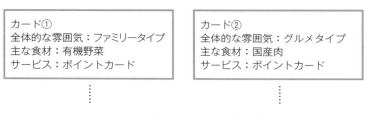

図 1.1 コンジョイントカードの作成

推定の結果，消費者人気の決め手となった要因は，部分効用値の差が大きい要因で，図1.2からは，全体的な雰囲気の"ファミリータイプ"が一番重要となります．

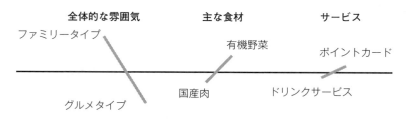

図 1.2 分析結果の部分効用値

コンジョイント分析は，消費者に"なぜ，その商品を選んだのか"などの個々の要因に対する質問をしなくても，全体的な商品を選択してもらうことだけから，消費者が重視した要因の内容水準を見いだすことができます．新製品

開発などの場面で,複数の中から最適なものを選びたいとき,また消費者にとって最重視されている属性を見いだしたいときに利用できる手法です.スマートフォンなどの電気製品などでは,性能だけでなく,どのようなデザインや色が好まれるかを事前に知ることができます.

(3) 線形判別分析の適用場面

Oリングに使われるゴム素材について硬さ品質不良のクレームが生じました.

そこで,正常品群(c_1)と不良品群(c_2)のそれぞれの製造工程に関する条件,加硫温度(x_1),加硫時間(x_2),…,押圧速度(x_p)等の要因データを追跡調査して収集し,式(1.2)のような硬さの品質不良を判別する関数式を求めたところ,

$$c(分類によるカテゴリーデータ) = a_0 + a_1 x_1 + a_2 x_2 + \cdots + a_p x_p \quad (1.2)$$

不良を発生していると思われる幾つかの工程条件の要因がわかりました.そこで,その要因に対策を打ち品質不良をなくすことができました.図1.3は,こ

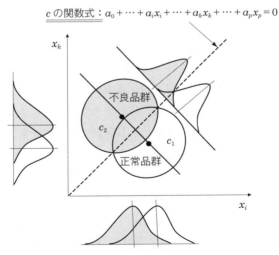

図1.3 2つの説明変数による不良品・良品の線形判別分析

のように品質不良を判別するのに，1つの要因データよりも2つの要因データを用いて判別したほうが判別力は増すことを示しています．この場合は正常品群，不良品群が目的変数で2つの分類を示すカテゴリーデータ（c）になります．また説明変数は，各群に属するOリングの製造工程条件，加硫温度（x_1），加硫時間（x_2），…，押圧速度（x_p）等になります．そして，$c \geqq 0$ なら正常，$c < 0$ なら不良となり，$c = 0$ がその境界値となります．このように不良品となる要因を探るのに線形判別分析を用いたり，また無検査の製品をその製品の製造工程条件から不良品となるかどうかを予測したりします．

他にも，いろいろな検査結果や病気の症状の強さから，幾つかの病気のうちのどれであるかを判別したり，出土した化石の分析結果から，その化石がどの年代のものと考えられるかを判別したり，発見されたわずかな人骨の測定結果から，性別やその年齢区分を判別したりもできます．薬学や考古学などでは古くから活用されている手法です．

（4） 正準判別分析の活用場面

線形判別分析は，主として2群の判別に適していますが，対象とする群が3群以上に及んだときには正準判別分析を適用します．例えば水泳の種目の群で，クロール，平泳ぎ，背泳，バタフライの4群があるとき，各種目で優秀なタイムを残している選手を上位十数名を集めてきて，各選手の体重（x_1），身長（x_2），握力（x_3），背筋力（x_4），…，垂直跳び（x_p）等の体力テストを行います．そこで正準判別分析を用いて，体力テストの差異により水泳種目群を区別することができるかを分析します．もし区別できるのなら，新人の体力テスト結果から最適な水泳種目を選出することができます．また，どの体力テストを補強すれば最適な水泳種目とできるかという判断にも役立てられます．

取引先の与信管理では，従来は財務専門家が過去の経験により幾つかの財務要因データをもとに危ない企業を特定化していました．近年は，その財務要因データが複雑に関連し，財務専門家でも倒産企業を予知することは困難となってきています．そこで，既に倒産した幾つかの企業群（Z_1）について，その

企業の種々の財務要因, 例えば, 使用総資本経常利益率 (x_1), 自己資本比率 (x_2), 流動比率 (x_3), 固定比率 (x_4), 手持手形月数 (x_5), 借入金月数 (x_6), …, 経常利益増加率 (x_p) 等についてのデータを集めます. また一方, ここ3年連続で高収益を上げている優良企業群 (Z_3) や高収益は上げられていないが倒産していない標準企業群 (Z_2) についても, 同様の財務要因データを集めます. そして, これらのデータから, 倒産企業群 (Z_1), 標準企業群 (Z_2), 優良企業群 (Z_3) を判別するための関数式を正準判別分析により求めます. その結果, 倒産・標準・優良を判別できる新たに重要な財務要因項目が見つけられます. また, その関数式を用いて, 新たな取引先の倒産危険度を予知することもできます.

(5) 主成分分析の活用場面

ある企業のフィルター事業部門では, 開発テーマを表 1.4 のような評価項目 "マーケットの規模 (x_1)", "競合力の有無の程度 (x_2)", …, などの 16 項目により評価し, 表 1.5 のように全テーマを評価して, その総合得点の高いテーマから優先的に開発に取り組んでいました.

しかし, 事業部長は将来の開発テーマを継続的に決めていく仕組みとして, この考え方でよいのか疑問を持っていました. また, 現在の各開発テーマは, どのような位置づけにあるかは表 1.5 を見ただけでは判然としません. そこ

表 1.4 開発テーマの評価書式

評価項目	評価基準	評点	評価項目	評価基準	評点
マーケット	＞5 億円 5〜3 億円 3〜1 億円 ⋮	30 24 ⋮	材料調達	容易に入手可能 問題ない 若干問題ある 入手手段はこれから	30 24 ⋮
競合力	全てに勝る 自社が強い 競合と同等 自社が劣る 競合相手が独占中	30 24 ⋮ 	生産技術力	既存技術で十分 既存技術を改良すれば可能 自社技術に若干問題がある 自社技術力に問題がある 高度な新技術が必要	30 24 ⋮

26　　　第 1 章　多変量解析の概要と活用場面

表 1.5　16 項目で評価された開発テーマの一覧表

	マーケット	競争力	継続性	成長性	利益度	販売ルート	販売力	経費	材料調達	技術力	設備	波及効果	開発難度	開発期間	開発経費	開発力
PIアコンF	18	18	16	12	12	30	20	20	24	18	20	12	16	16	16	16
高PIアコンF	12	24	12	12	12	24	20	20	30	18	16	16	16	16	16	16
HIアコンF	6	18	16	12	6	30	20	20	24	18	16	20	16	16	16	16
脱臭O3F	12	18	12	12	12	30	20	20	24	12	12	16	16	16	16	16
冷脱臭F	18	12	12	12	30	30	20	20	18	18	20	16	8	8	8	8
水FF	24	24	12	12	30	24	16	16	30	24	20	16	16	16	16	16
光防黴F1	6	24	16	12	6	30	20	20	24	18	20	16	16	16	16	16
×O3F	6	18	12	12	4	30	20	20	30	30	20	20	20	20	20	20
×O3着F	6	18	12	12	6	30	20	20	30	30	20	20	20	20	20	20
×O3RF	6	18	16	12	6	30	20	20	30	30	20	20	20	20	20	20
×O3CF	6	18	12	12	6	30	20	20	30	30	20	20	20	20	20	20
光防黴F2	6	18	12	8	6	30	20	20	30	24	20	16	16	16	16	16
光DU	12	18	12	12	6	12	20	20	30	12	12	20	16	16	16	16
O3分	6	24	12	12	8	30	20	12	12	18	12	12	8	8	8	8
O3吸	12	18	12	12	6	24	16	20	18	18	16	16	16	16	16	16
DuAF	18	24	16	12	6	30	20	20	24	18	20	12	12	12	12	12
AFF	18	24	12	12	18	30	20	16	30	18	20	12	12	12	12	12
◎エハ゜脱臭	24	18	20	16	24	30	20	12	12	12	12	12	4	4	4	4
O3L	12	6	12	12	12	30	20	20	12	18	20	12	20	20	20	20
O3H	12	18	12	12	6	30	20	20	18	18	20	16	20	20	20	20
◎油圧F	12	30	16	12	12	30	16	20	24	18	16	16	8	8	8	8
◎燃料F	24	30	20	24	18	30	20	20	6	4	4	8	4	4	4	4
×C脱臭	6	30	4	4	12	30	20	20	30	12	16	16	16	16	16	16
O脱臭	6	30	12	8	6	30	20	20	24	18	20	20	8	8	8	8
HクリンF	12	30	12	8	6	30	20	20	24	24	16	16	16	16	16	16
MクリンF	6	24	12	8	6	30	20	20	30	18	16	16	16	16	16	16
海クリンF	6	24	12	12	8	30	20	20	30	24	16	16	16	16	16	16
H1マスクF	12	18	12	12	12	30	20	20	30	18	20	20	16	16	16	16
◎ハ゜イM	24	12	16	16	12	30	20	20	30	24	16	12	4	4	4	4
チャシ゜7S	24	24	12	12	18	24	20	20	6	4	4	8	20	20	20	20
チャシ゜7p	24	24	12	12	18	24	20	20	18	4	4	8	20	20	20	20
チャシ゜7F	8	18	12	8	12	24	20	12	12	18	8	8	16	16	16	16
×エリトF	18	18	12	12	6	30	20	20	30	18	20	16	16	16	16	16
×エリトHF	18	18	12	12	6	30	20	20	30	18	20	16	16	16	16	16
×O3カミ	12	18	12	12	8	30	20	20	30	18	20	16	16	16	16	16
O3キャタ	18	18	12	12	12	24	20	16	18	18	16	12	12	12	12	12
O3Nカミ	12	18	12	12	6	24	20	16	30	18	20	20	16	16	16	16
◎脱臭F	24	18	12	16	6	12	12	12	24	12	12	4	4	4	4	4
Fユニット	30	18	12	8	8	24	16	12	24	12	16	12	20	20	20	20
エアユニット	30	18	8	8	6	18	12	12	24	12	16	16	20	20	20	20
難燃F	30	18	12	8	8	24	16	12	24	12	12	8	16	16	16	16
低圧F	30	18	12	24	18	12	12	24	24	12	12	8	4	4	4	4

　で，表 1.5 のデータから主成分分析を用いて，新しい総合的な評価指標を求め，その新しい各総合的な指標（各主成分）上で，対象である開発テーマをポジショニングしてみました．その結果が図 1.4 です．横軸の第 1 主成分は，右（＋）へいくほど“波及効果”，“成長性”，“マーケット規模”，“利益度”，“継続性”があり製品のライフサイクルも長いが，“開発は容易でない”方向を示す軸となっています．逆に左側（－）は“開発は容易”だが，成長性などは見込めない方向となっています．

　また縦軸の第 2 主成分は，上（＋）へいくほど販売ルートも既存でよく，経費もかからず，競合力もある方向を示しました．これらの 2 次元上に各開発テーマを布置して現在推進中の開発テーマを×印，未実施の開発テーマを◎印にして，その区分を新しい評価指標上で眺めてみました．すると，成長性などがない，開発が容易なテーマばかりを積極的に推進しており，開発は容易でないが将来の波及効果や成長性が見込めるテーマは後回しになっていることが

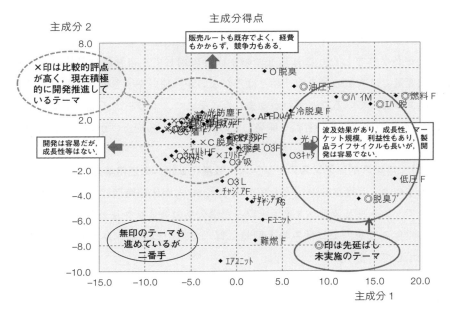

図 1.4 主成分分析による開発テーマのポジショニング

明確になりました.

この主成分分析の結果をもとに,事業部長から"各開発担当者は,将来のために必ず◎のテーマを1つ持つ"ことが指示されました.以降,年度末には,主成分分析を用いて開発テーマのポジショニングを行い,開発テーマの選定に役立てられています.これは実際の話で,現在もこの仕組みは推進されています.

また,別の会社では,自社の顔クリーム化粧品の売上げが伸び悩んでいました.そこで,競合他社品や海外ブランド品等の類似の商品を集めてきて,香り (x_1),粘度 (x_2),延性 (x_3),しっとり感 (x_4),白度 (x_5),容器の重量 (x_6),容器の大きさ (x_7),…,蓋の持ちやすさ (x_p) 等の p 個の品質項目を測定しました.そのデータから市場に出回っている顔クリーム化粧品を対象に顔クリーム化粧品を構成している品質項目構造の主成分は何かを探索しました.その結果,第1番目の主成分は,香り (x_1) や粘度 (x_2) などのクリーム自体の品

質に関する合成変量であることがわかり，また第2主成分は，重さ（x_6），容器の大きさ（x_7），蓋の持ちやすさ（x_p）などの使いやすさの合成変量であることがわかりました．これら2つの主成分に関して，自社品は品質に関する合成変量では人気のある他社品とは差がないが，使いやすさの合成変量では他社品より劣っていることがわかりました．そこで，クリームの品質はそのままにし，新しい使いやすい容器を開発して販売したところ売上げが向上しました．

（6） コレスポンデンスアナリシス（数量化Ⅲ類）の活用場面

表1.6は，予算を500円として，大学生50人が休憩時間に大学近くのコンビニで，飲み物とスナック菓子を買った購入品のチェックリスト表です．行に買った飲み物を，列に飲み物と同時に買ったおやつを並べ，買ったものを✓点で示しています．

数量化Ⅲ類は，どのような飲み物を買ったときにどのようなスナック菓子を買ったかの対応の✓点を，表1.7のように，行の飲み物と列のスナック菓子を並び替えて対角線上に並ぶように解析します．これにより，どのような飲み物類のとき，どのようなスナック菓子類が購入されるかがわかります．コンビニでは，大学生が購入しやすいように，商品仕入れや陳列方法にこれらの解析結果を活かしています．紅茶の近くにはケーキが目につくようにし，日本茶の近くには和菓子やアラレを並べておくとよいことがわかります．

コレスポンデンスアナリシスも同じことを解析しますが，表1.8のような飲み物とスナック菓子とのクロス集計表から，飲み物とスナック菓子の関連を図1.5のような散布図で表現します．図1.5から紅茶やコーヒーにはケーキ，日本茶には和菓子やアラレということなどがわかります．このように，飲み物という行カテゴリー類とスナック菓子という列カテゴリー類の関連度合いを散布図で表現してくれることから，どのような消費者がどのような商品を買ってくれるか等を調べる顧客分析等に活用されています．数量化Ⅲ類もコレスポンデンスアナリシスも同じ結果が導かれます．

最近，新しい合成繊維の素材が開発されました．繊維素材の要求品質項目チ

1.3 各多変量解析諸法の代表的な活用場面

表 1.6 買った飲み物と同時に買ったスナック菓子とのチェックリスト表

	チョコレート	ピーナッツ	ポテトチップス	アラレ	パン	ビスケット	ケーキ	クッキー	和菓子	ポッキー
コーヒー	✓	✓								
コーヒー					✓	✓		✓		
⋮	⋮	⋮	⋮	⋮	⋮	⋮	⋮	⋮	⋮	⋮
紅茶							✓	✓		
紅茶						✓		✓		
⋮	⋮	⋮	⋮	⋮	⋮	⋮	⋮	⋮	⋮	⋮
コーラ		✓	✓							
日本茶			✓						✓	
ミルク					✓					
⋮	⋮	⋮	⋮	⋮	⋮	⋮	⋮	⋮	⋮	⋮
コーヒー	✓					✓	✓			✓
⋮	⋮	⋮	⋮	⋮	⋮	⋮	⋮	⋮	⋮	⋮
水										
ミルク					✓					
コーラ	✓		✓							

表 1.7 数量化Ⅲ類による解析

	ケーキ	チョコレート	ピーナッツ	ビスケット	クッキー	ポテトチップス	ポッキー	パン	アラレ	和菓子
紅茶	✓	✓		✓						
紅茶	✓	✓		✓	✓					
⋮										
コーヒー	✓	✓	✓	✓	✓					
コーヒー	✓		✓		✓					
⋮										
コーラ					✓	✓				
コーラ			✓			✓	✓			
コーラ				✓		✓				
⋮										
水							✓			
ミルク			✓					✓		
⋮										
日本茶						✓			✓	✓
日本茶									✓	✓

表 1.8 飲み物とスナック菓子のクロス集計表

	チョコレート	ピーナッツ	ポテトチップス	アラレ	パン	ビスケット	ケーキ	クッキー	和菓子	ポッキー
コーヒー	10	8	1	4	9	7	9	7	1	5
紅茶	6	2	1	1	5	6	12	9	0	4
コーラ	3	6	8	2	1	2	1	2	2	4
ジュース	3	2	6	1	0	5	2	4	0	8
日本茶	0	4	2	12	0	0	1	0	20	0
ウーロン茶	0	2	6	5	2	2	0	2	1	2
スポーツ飲料	1	1	1	0	0	0	0	0	0	1
ミルク	2	0	0	0	8	3	0	1	1	0
水	0	0	0	0	0	0	0	0	0	1

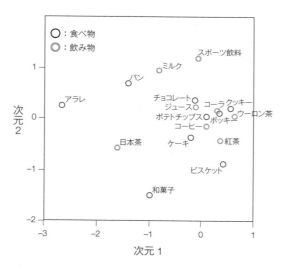

図 1.5 表 1.8 から解析ソフト SPSS によるコレスポンデンスアナリシスの出力結果

ェックリストがあり，行に用途別（n）を，列にその用途に必要な該当要求品質項目（p）について✓点で整理されています．どのような用途に適するかを探索するために，その整理された用途別（n）×該当要求品質項目（p）表をコレスポンデンスアナリシスで整理して用途パターンの類別化を試みました．要求品質項目（p）は，耐光堅牢度，洗濯堅牢度，…W&W性，…，通気性，保温性，吸透湿性，…，難燃性，耐薬品性，制電性等の 25 項目です．類別化の結果，主に洗濯，汗等のトランスポート特性を必要とする用途のパターン，耐薬品性や制電性等の安全性を要求する用途のパターン，適度に機械的作用に耐えまた W&W 性を要求する用途のパターンに類別されました．この新合成繊維は機械的作用に耐え W&W 性が優れていることから，それを要求する用途の外衣に適していることがわかりました．そして，この素材により家庭で洗濯のできるスーツが誕生しました．

（7）　因子分析の活用場面

　あることに対して幾つかの項目におけるアンケート調査などの顕在化させた結果から，その顕在化に潜む潜在因子を抽出します．筆者が大学の教員であったときに，卒業論文のテーマとして，ゼミ生と大学生の学業意識における潜在因子の抽出を行いました．

　Q1 "授業は休まないようにしている"，Q2 "楽しみにしている授業がある"，…，Q4 "授業中に私語をすることが多い"，…，Q6 "授業中，授業と関係のない内職をする"，Q7 "授業中によく居眠りをする"，…，Q9 "成績は優をとりたい"，Q10 "授業中にメールをする"，…，Q12 "ゼミや研究室の行事には必ず出席する"，Q13 "ゼミや研究室ではよく質問をする"，Q14 "授業では幅広い知識が得られる"，Q15 "授業で専門的知識が得られる"，…，Q17 "授業は役立たない"，…，Q21 "講義数を増やしてほしい"，…，Q25 "成績を掲示するなど競争するのがよい" の 25 の質問項目に対して，"よくあてはまる" 〜 "全くあてはまらない" の 5 段階で，A，B，C の 3 大学の各約 50 人の現役学生にアンケートを取り，因子分析を行いました．

その結果，第1にQ1，Q2，Q9，Q14，Q15，Q21，Q25などの因子負荷量が＋側で高くなり，"授業が将来役立つと考え，授業に対して真面目に取り組みたい意識"の潜在因子が表れました．第2には，Q4，Q6，Q10，Q12，Q13，Q17などが＋側で因子負荷量が高くなり"授業よりもゼミ活動を重視したい意識"の潜在因子が表れました．第3には，Q7，Q14，Q15などと＋側で因子負荷量が高くなり"授業は役立つと思っているが積極性や向上心が伴っていない意識"の因子が表れました．全体の情報100％に対して，この3因子までで寄与は40％と低かったのですが，上記の潜在因子1と潜在因子2の2次元マップ上に3大学A，B，Cの各学生の因子得点を散布したところ，A大学の学生は潜在因子1の＋側に多く，B大学の学生は潜在因子2の＋側に多く表れました．C大学の学生は2次元マップ上の全体に表れました．これより各大学の学生たちの意識の傾向がわかりました．B大学では，この内容を教務委員会で報告し，授業の進め方についての見直し検討が始まりました．また，この卒業論文は学内の懸賞論文で第3位に選ばれました．

因子分析は，社会科学分野で活用されることが多く，例えば高校の各科目，代数学，幾何学，現代文，古文，漢文，英語，物理，化学，生物，地理，社会，歴史，英語等のテスト成績は，共通の潜在因子である論理力，記憶力，表現力，計算力等にかかるウエイトの違いから表れるという研究報告があります．

近年は，マーケティング分野に広く活用されるようになり，購買行動などの各指標から，消費者の志向に関する因子を抽出したり，各企業イメージに関するアンケート調査から，各企業のイメージを測る因子を抽出したりしています．これらの因子分析の結果から，販売促進法を考案したり，企業のイメージアップのための宣伝のあり方などが検討されています．

(8) 多次元尺度構成法の活用場面

100人の新人自衛官に，モールス信号の36文字（n）の全てにおいて，その2文字ずつの組合せを経時的に聞かせ，同一か異なるかの判断をさせました．この結果，混同率（p）に関する36×36行列が得られました．これに基

づいて，混同しやすい文字ほど近く，識別可能な文字ほど遠くなるように，36 文字を空間内に配置しました．その結果，その空間は 3 次元でほぼ 7 割の整合性を保持して配列できました．3 次元の尺度はどのような意味を持っているかを考察して混同しやすい文字を識別するポイントを抽出しました．それを新人教育に活かしています．

　自社製品の赤ワイン 2 品種と代表的な競合品である赤ワイン 8 品種を用意し，消費者 50 人に，それぞれ試飲してもらい，10 品種×10 品種において "似ている" とされた類似性の頻度をクロス集計しました．多次元尺度構成法を用いて，似ている頻度が高い品種はより近くに，似ている頻度が低い品種はより遠くに配置するように，2 次元平面上で，そのクロス集計の類似度ができるだけ再現できるように各赤ワインの品種をマッピングしました．これより自社品と似ている競合品はどれかを特定化でき，またよく売れている他社品とあまり売れていない自社品との違いは何にあるのかを検討できました．

(9)　クラスター分析の活用場面

　図 1.6 は，主食料理に含まれるたんぱく質，脂肪，カルシウム，鉄分等の栄養素における含有率の類似度から，主食料理を似たものから順にクラスター分けした結果の図です．これより，含有率の多い栄養素別に主食料理を分類することができます．

　また，異質なファッションに関する考え方を有していると思われる女性群 (n) に，ファッション態度を調査して，その結果を計量化した成績 (p) を得ました．この調査成績の情報から似た考えの女性群を集めてファッションに対する分類を試みました．その結果，身だしなみ型，大勢迎合型，主体性洗練型，自己顕示型，成長途上型等の分類に分けられました．そこで，新しい婦人ブランドを企画するに当たり，どのようなグループの型をターゲットにするかという議論が明確にできました．クラスター分析では，最初から，このようなファッションの分類があるわけではありません．調査した女性のファッション態度の結果だけから，似ているという基準を設定し，グループの併合ルールを

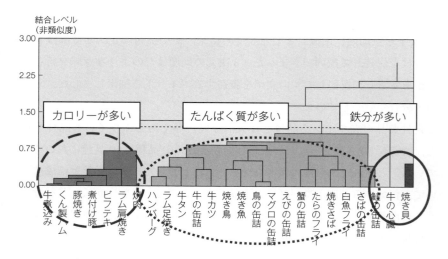

図 1.6　主食料理を似たものから順にクラスター分析した結果

定めて，その似ている考えの女性同士をグループ化していきます．

　クラスター分析は，市場における商品の分類や顧客層の分類などで幅広く活用されており，販売強化したい商品類に対して，その商品類を積極的に購買してくれる顧客層を見つけるのに用いられたりしています．

（10）　共分散構造分析の活用場面

　共分散構造分析は，分析者が変数間の因果関係について仮説構造を立てることから始まります．

　例えば，図1.7のように，ある商品の"ブランド使用料"を決めるための因果の仮説構造は，商品購入の"リピート率の高さ"が関係し，そのリピート率を上げるには，バーゲンはなく"売価の変動"は小さく，"店員への満足度"も高く，"店までの距離"も遠くないことと仮説します．また，元々の"ブランド使用料"には"ブランドの高級感"，ブランドの特徴がすぐわかる"ブランド特化度"や"ブランド知名度"があり，"デザインも良く"，"品質も信頼できる"ことなどが潜在的に関係していると考えます．そこで，"リピート

1.3 各多変量解析諸法の代表的な活用場面

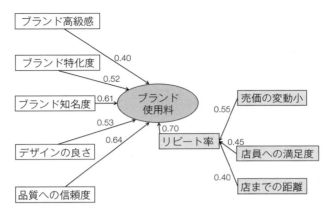

図 1.7 "ブランド使用料"を決める因果の仮説構造モデル

率"と"売価の変動", "店員への満足度", "店までの距離"の関係については調査をしたデータから重回帰分析などを行って関係度合いを求めます. 一方"ブランド使用料"については, 幾つかのブランドを取り上げて, そのブランドの"高級感", "特化度", "知名度", "デザインの良さ", "品質の信頼度"について評価したデータから因子分析により, その潜在構造を確認します. "ブランド使用料"に関して寄与の大きな何らかの潜在因子が見つかれば, それを構造図に加えます.

こうして仮説構造が組み立てられると, 観測した全ての変数データを用いて共分散構造分析を行います. 観測したデータの共分散行列が, この仮説した構造による共分散とほぼ同じとみなされる場合には, 共分散構造分析の結果は, 有意差なしと表れて, 仮説した因果の構造が検証できます.

共分散構造分析の活用においては, 綿密な仮説設定の検討を行うことが非常に大切となります.

STATISTICS

第 2 章
統計学の知識

　多変量解析では，多変量データが持っている情報を，分散と共分散という統計量から解析し，知見を引き出すので，統計量の分散と共分散が主役となります．この章では，数値例にて各統計量の意味とその違いを理解してください．

　1 変量データの代表的な分布は正規分布ですが，多変量解析にも多変量正規分布があり，それに従う標本から導かれた分散共分散行列 V はウィシャート分布という分布に従います．

2.1 基本統計量

ある喫茶チェーン店の顧客満足度はどの程度なのかを問題として，表1.1の変数6にある各店舗の顧客満足度を調べたとします．このとき，問題の対象となる集団（全ての店舗）を**母集団**（population）と呼びます．母集団は，全ての店舗の顧客満足度データであり，そのデータから母集団の特徴量を導くことになります．

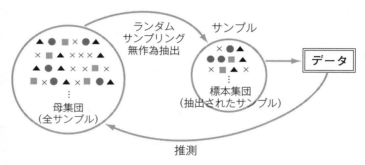

図 2.1　母集団とサンプルの関係

母集団の特徴量には，母集団の中心的位置を表す**母平均**，中心的位置から各サンプルがどの程度バラツいているかを表す**母分散**等があります．全てのサンプルを対象にした特徴量なので，この母平均や母分散等は**母数**（population parameter）と呼びます．

実際の統計解析では，全てのサンプルのデータを取ることができない場合が多いので，図2.1に示すように，母集団から少数のデータを採取［**ランダム（random：無作為）サンプリング**］し，そのデータから**標本平均**（sample mean）や**不偏分散**（unbiased variance）を求め，母集団の特徴量である母平均や母分散を推測することになります．

ランダムサンプリングとは，母集団を構成するサンプルの要素●▲×■をいずれも等しい確率で選ぶことをいい，そのように選ばれたサンプルの集まりを**標本集団**（sample）と呼びます．1つの変量の標本集団からは，集団の中

2.1 基本統計量 39

心的位置情報として標本平均，また集団がどのくらいバラツいているかの情報
として不偏分散を計算します．また複数の変量がある標本集団では，変量間の
関係はどの程度あるのかを測る**相関係数**（correlation coefficient）等を求めた
りもします．標本集団のデータから計算される特徴量を，母数とは別に**統計量**
（statistic）と呼びます．統計解析は，統計量から母数を推測することになり
ます．

　本書では，基本統計量として，標本平均 $\bar{x}$（以下，平均又は平均値という），
偏差平方和（sum of squard deviations）S_{xx}（以下，平方和という），不偏分
散 V_x，**標準偏差**（standard deviation）s_x，**範囲**（range）R を取り上げま
す．各々の実際の基本統計量の求め方は数値例 2-①で確認します．

数値例 2-① 10 点満点の小テストにおける 11 人の塾生の成績が，

$$10, 7, 8, 5, 6, 7, 8, 6, 7, 4, 9$$

でした．この塾生の成績の基本統計量，$\bar{x}, S_{xx}, V_x, s_x, R$ を求めましょう．

---

　1 つの変量 x における n（$i = 1, \cdots, n$）個の計量値データ $x_1, x_2, \cdots, x_n$
があるとき，変量 x の i 番目の個体の値を x_i とすると，

●平均値 $\bar{x}$ は，変量の値の総和をデータ数で割った定義式(2.1)で求めら
れます。

$$\bar{x} = \frac{x_1 + x_2 + \cdots + x_n}{n} = \frac{1}{n}\sum_{i=1}^{n} x_i \tag{2.1}$$

数値例 2-① 平均値 $\bar{x}$ は，式(2.1)より，$n = 11$,

$$\bar{x} = \frac{10 + 7 + 8 + 5 + 6 + 7 + 8 + 6 + 7 + 4 + 9}{11} = \frac{77}{11} = 7.00$$

で，塾生たちの平均的（標準的）な成績は 7 点となります．

●平方和 S_{xx} は，変量 x_i が平均値からどれくらい離れているかを見る偏差

40　　　　　　　　　第 2 章　統計学の知識

$= x_i - \bar{x}$ を平方して n 個ある偏差平方を全て加えた総和の定義式(2.2)から求められます．実験計画法などでは S_{xx} を変動と呼び，必ず式(2.2)の末項を利用して計算します．

$$S_{xx} = \sum_{i=1}^{n}(x_i - \bar{x})^2 = \sum_{i=1}^{n}(x_i{}^2 - 2\bar{x}x_i + \bar{x}^2) = \sum_{i=1}^{n}x_i{}^2 - 2\bar{x}\sum_{i=1}^{n}x_i + n\bar{x}^2$$

$$= \sum_{i=1}^{n}x_i{}^2 - 2\frac{\sum_{i=1}^{n}x_i}{n}\sum_{i=1}^{n}x_i + n\left(\frac{\sum_{i=1}^{n}x_i}{n}\right)^2 = \sum_{i=1}^{n}x_i{}^2 - \frac{\left(\sum_{i=1}^{n}x_i\right)^2}{n} \qquad (2.2)$$

数値例 2–①　平方和 S_{xx} は，式(2.2)より，$n = 11$，

$$\sum_{i=1}^{n}x_i{}^2 = 10^2 + 7^2 + 8^2 + 5^2 + \cdots + 4^2 + 9^2 = 569, \quad \sum_{i=1}^{n}x_i = 77 \quad \text{なので，}$$

$$S_{xx} = 569 - \frac{77^2}{11} = 569 - 539 = 30.00 \quad \text{となります．}$$

平方和 S_{xx} は，データ x が持ついろいろな情報を表す大切な統計量なので，ここで平方和 S_{xx} とデータ x と測定誤差 e との関連について解説します．

いま，ある変量 x に対して 1 回測定して得たデータを x_1 とします．データ x_1 には測定の真値 μ と 1 回目の測定誤差 e_1 とが混ざっていて，測定誤差 e_1 は $e_1 = x_1 - \mu$ で表されます．しかし，真値 μ が不明なので誤差 e_1 も不明です．そこで，もう 1 回測定してデータ x_2 を得ると，平均値 $\bar{x}$ は $(x_1 + x_2)/2$ と推定できます．一般的に，統計学では，平均値 $\bar{x}$ が最も真値 μ に近いとされるので，測定誤差 e は，式(2.3)のように "バラツキ" と "カタヨリ" に分解して示せます．

$$\text{測定誤差 } e = x - \mu = (x - \bar{x}) + (\bar{x} - \mu)$$

$$= (バラツキ) + (カタヨリ) \qquad (2.3)$$

$(x - \bar{x})$ はデータのバラツキを示し，$(\bar{x} - \mu)$ はデータのカタヨリを示します．後者のカタヨリは，測定時の計器や測定環境による測定値のカタヨ

2.1 基本統計量　　　41

リを示し，計器を校正し測定環境を整えて測定したのなら，平均値 $\bar{x}$ が真値 μ となり，$(\bar{x}-\mu)=0$ とみなせて，カタヨリがないとできます．この場合は，測定誤差 e はバラツキだけの $(x-\bar{x})$ となり，具体的には $(x_1-\bar{x})^2+(x_2-\bar{x})^2$ が測定誤差のバラツキの大きさになります．この平方和の値が小さければ，測定誤差 e は小さいと考えます．

　また，変量 x に対して，いろいろ刺激（例えば温度）を a 回変えて，データを a 個得たとします．すると，その a 個のデータの平均値 $\bar{x}$ からの偏差平方和は，$(x_1-\bar{x})^2+(x_2-\bar{x})^2+\cdots+(x_a-\bar{x})^2$ となります．この変動には測定値のカタヨリや測定誤差のバラツキも含まれますが，カタヨリはなく，バラツキが小さいとすると，これは温度を変えたときの変量 x の変動を示し，この値が大きければ，温度の影響で変量 x が大きく変わったと判断できます．測定誤差を求める場合には，1つの温度刺激に対して，複数回測定して，温度の変動量から誤差の変動分を分離します．

　実験計画法では，実験したデータからいろいろな要因の平方和を求めて，測定誤差の変動に対して，変えた要因（温度など）による変動が大きいかどうかを比べます．多変量解析でも，多くの要因による平方和の変動を分散や共分散の値に代えて，データに含まれている情報や要因間の関係などを探ります．

　このように平方和はデータに含まれている情報を抽出する重要な指標となります．次に不偏分散 V_x，標準偏差 s_x，範囲 R の求め方を示します．

●平方和 S_{xx} は，データ数が多くなると当然大きくなります．そこでデータ数の影響を受けないように，平方和をデータ数に応じて平均化します．それが分散の考え方で，**不偏分散 V_x** は，平方和 S_{xx} を $(n-1)$ で割り，平均化した次の定義式(2.4)で求めます．

$$V_x = \frac{S_{xx}}{n-1} \tag{2.4}$$

平方和 S_{xx} を個体数 n で割ると，実際の分散より小さい値になること

42　　　　　　　　第2章　統計学の知識

が経験上わかっています。そこで，偏りのない不偏分散を導くには，n ではなく $(n-1)$ で割り調整します。$(n-1)$ のことを**自由度**（degree of freedom）と呼び，次のように考えます。

　n 個のデータがあれば，$\sum_{i=1}^{n}(x_i-\bar{x})=0$ なので，$(x_1-\bar{x})$，$(x_2-\bar{x})$，…，$(x_{n-1}-\bar{x})$ の値が決まると $(x_n-\bar{x})$ の値は自動的に決まります。平方和 S_{xx} は $(n-1)$ 個の情報しか持っていないのです。これより平方和 S_{xx} を自由度 $(n-1)$ で割って不偏分散とします（以下，分散という）。

　自由度の概念は，確率分布（2.3節）で出てきます。

（**数値例 2-①**）　平方和は $S_{xx}=30$ だったので，$n=11$ と式(2.4)より，**不偏分散** V_x は $V_x=\dfrac{30}{11-1}=3.00$ となります。

　式(2.4)の分子は平方和で，分散 V_x の値は，元のデータの単位の2乗になります。そこで，統計学では，分散 V_x の正の平方根を考えた統計量として標準偏差 s_x を定義し，元のデータと同じ単位にしてバラツキの程度を測ります。また，簡単にデータのバラツキ程度を測る統計量としては範囲 R があります。範囲 R はデータの最大値と最小値の差です。

　標準偏差 s_x は，分散 V_x の正の平方根をとった定義式(2.5)で求められます。

$$s_x=\sqrt{V_x} \tag{2.5}$$

（**数値例 2-①**）　標準偏差 s_x は，$V_x=3.00$ より，$s_x=\sqrt{3}=1.732$ となります。

　範囲 R はデータの最大値と最小値との差で，定義式(2.6)で求められます。

$$R=x_{\max}-x_{\min}\quad（データの最大値 x_{\max} と最小値 x_{\min} の差）\tag{2.6}$$

2.2　散布図と相関係数　　　43

> **数値例 2−①**　範囲 R は，$x_{\max} = 10$，$x_{\min} = 4$ より，$R = 10 - 4 = 6.00$ となります．

　範囲 R は，1つのデータが他のデータの群から大きく離れていると，このデータに大きく影響を受けます．また n が多いほど最大値は大きく，最小値は小さくなる傾向があり，範囲 R は大きくなります．範囲 R では，データ数を相当考慮する必要があります．このように一般的に統計量の信頼度は，データ数に依存するので，**統計量を示すときはデータ数も合わせて示します**．

2.2　散布図と相関係数

　2つの対応ある変量 x と y とがある場合には，これら2変量がどのように関係しているかを調べるのに，散布図を描き，相関係数を求めます．

> **数値例 2−②**　表 2.1 は，10 点満点の数学 x と理科 y の小テストにおける塾生11人の成績です．数学と理科の成績は関係するのか調べましょう．
>
> 表 2.1　2つの対応あるデータ
>
> | 生徒 No. | 数学 x | 理科 y | x^2 | y^2 | xy |
> |:---:|:---:|:---:|:---:|:---:|:---:|
> | 1 | 10 | 9 | 100 | 81 | 90 |
> | 2 | 7 | 7 | 49 | 49 | 49 |
> | 3 | 8 | 7 | 64 | 49 | 56 |
> | 4 | 5 | 6 | 25 | 36 | 30 |
> | 5 | 6 | 8 | 36 | 64 | 48 |
> | 6 | 7 | 6 | 49 | 36 | 42 |
> | 7 | 8 | 7 | 64 | 49 | 56 |
> | 8 | 6 | 7 | 36 | 49 | 42 |
> | 9 | 7 | 8 | 49 | 64 | 56 |
> | 10 | 4 | 5 | 16 | 25 | 20 |
> | 11 | 9 | 8 | 81 | 64 | 72 |
> | 計 | 77 | 78 | 569 | 566 | 561 |

2変量の関係を調べるには，変量 x を横軸，変量 y を縦軸にした平面上の座標に，個体をプロットします．数値例 2-②の表 2.1 の生徒 No.1 は，座標 (10, 9) なので，図 2.2 のようにプロットし，他の生徒 No. も同様にプロットします．すると図 2.2 のような全体の図ができあがります．この図が**散布図** (scatter diagram) です．散布図は，対応する 2 種類の変量データ (x, y) の座標点を，図 2.2 のように図上に x と y をプロットしたものです．そして，その散らばり具合から，変量間に直線的な関係があるかを見ます．

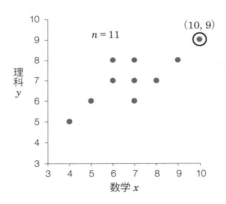

図 2.2 数値例 2-②の表 2.1 の散布図

相関係数 r は，散布図から 2 つの変量間に直線的な関係があると判断できたときに，その関係の度合いを測る統計量です．定義式(2.7)より求めます．

$$r = \frac{S_{xy}}{\sqrt{S_{xx}}\sqrt{S_{yy}}} \tag{2.7}$$

ここで，S_{xx} は x の平方和，S_{yy} は y の平方和，S_{xy} は x と y の共偏差平方和です．また，分散 V_x は，x の平方和 S_{xx} を $(n-1)$ で割って求めたように，**共分散** $\mathrm{Cov}(x, y)$ も共偏差平方和 S_{xy} を $(n-1)$ で割った $\mathrm{Cov}(x, y) = \dfrac{S_{xy}}{n-1}$ より求めます．

2.2 散布図と相関係数

数値例 2–② 相関係数 r を，表 2.1 から求めてみます．表 2.1 より，

$$n = 11, \quad \sum_{i=1}^{n} x_i = 77, \quad \sum_{i=1}^{n} y_i = 78, \quad \sum_{i=1}^{n} x_i^2 = 569, \quad \sum_{i=1}^{n} y_i^2 = 566, \quad \sum_{i=1}^{n} x_i y_i = 561$$

なので，

$$S_{xx} = \sum_{i=1}^{n} x_i^2 - \frac{\left(\sum_{i=1}^{n} x_i\right)^2}{n} = 569 - \frac{77^2}{11} = 30.00$$

$$S_{yy} = \sum_{i=1}^{n} y_i^2 - \frac{\left(\sum_{i=1}^{n} y_i\right)^2}{n} = 566 - \frac{78^2}{11} = 12.91$$

$$S_{xy} = \sum_{i=1}^{n} x_i y_i - \frac{\left(\sum_{i=1}^{n} x_i\right)\left(\sum_{i=1}^{n} y_i\right)}{n} = 561 - \frac{77 \times 78}{11} = 15.00$$

となります．式 (2.7) より，

$$r = \frac{S_{xy}}{\sqrt{S_{xx}}\sqrt{S_{yy}}} = \frac{15.00}{\sqrt{30.00 \times 12.91}} = 0.762$$

となります．

これより，数学の成績 x と理科の成績 y は正の相関がありそうだといえます．

散布図から製品の圧縮強度 y と加工時の温度 x との関係が直線関係にあり，相関係数を求めたところ正の相関がありそうだとわかれば，加工時の温度 x を最適な条件にして，製品の圧縮強度 y を改善することに活用できます．

また，相関係数の式の意味は，図 2.3 に示すように，式 (2.7) の分子 S_{xy} の値に着目すると理解できます（図 2.3 では，$\sum_{i=1}^{n} \square$ の場合は $\sum \square$ のように省略して示しています）．ここで，一対の全てのデータにおいて，y の値が x と正に比例する直線関係の式 $y = kx + a$ だとすると，$S_{yy} = k^2 S_{xx}$ となり，S_{xy} は kS_{xy} となります．これらを式 (2.7) に代入すると，相関係数の値は 1 となりま

す.また,yの値が負に比例する直線関係の式 $y=-kx+a$ とすると,$S_{yy}=k^2 S_{xx}$ となり,S_{xy} は $-kS_{xy}$ となります.同様にこれらを式(2.7)に代入すると相関係数は -1 となります.したがって,相関係数 r は $-1 \leq r \leq 1$ の範囲で動き,相関が全くないときは $r=0$ となります.

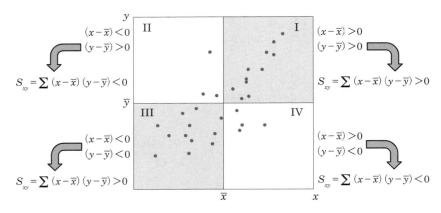

座標 (x, y) は,網掛けされている第Ⅰ象限あるいは第Ⅲ象限にあれば正となり,網掛けのない第Ⅱ象限あるいは第Ⅳ象限にあれば負となります.したがって,一対のデータが網掛けの部分に多くあれば S_{xy} の値は正の値として大きくなり相関係数は正で大きくなります.また,点が網掛けのない部分に多くあれば S_{xy} は負の値として大きくなり,相関係数は負の値で大きくなります.

図 2.3 相関係数の式の意味と考え方

━━━━━ 相関係数の誕生 [1),2)] ━━━━━

第4章の重回帰分析で紹介する F. ゴールトン(1822–1911)が相関係数を思いついたのですが,定義としてまとめ上げたのは K. ピアソン(1857–1936)です.ピアソンはガウスの2次元正規分布という大変難しい理論を前提に,この相関係数をまとめて**ピアソンの積率相関係数**としました.

2.3 データの確率分布

2.3.1 ヒストグラム

ある変量 x のデータを集めたら，基本統計量とは別に，ヒストグラムを作成して，その変量がどのようなデータの分布の形をしているのかを考察します．

ヒストグラム（histogram）とは，横軸に階級，縦軸に度数を取った統計グラフの一種で，データの分布の状況を見える化する手法です．

数値例 2–③ あるコンビニの 40 日間の 1 日当たりの売上高のデータが表 2.2 のように得られました．このコンビニの売上げはどのような状況なのかヒストグラム（度数分布グラフ）を作成して考察しましょう．

表 2.2 あるコンビニの 1 日当たりの売上高（万円/日）

41	27	16	14	33	29	30	37	36	28
26	21	11	19	31	32	42	36	29	19
23	23	26	35	45	27	26	5	19	39
16	23	22	19	22	29	28	36	27	33

$$n = 40, \quad \sum_{i=1}^{40} x_i = 1080, \quad \sum_{i=1}^{n} x_i^2 = 32136$$

数値例 2–③の表 2.2 のコンビニの 1 日当たりの売上高（万円/日）のデータを用いて，ヒストグラムを作成する手順を次に示します．

手順 1 $n = 40$ のデータを幾つかの階級に分類します．階級の数はおよそ $\sqrt{n}$ ，すなわち，$\sqrt{40} = 6.3$ より 6〜7 とします．奇数のほうが形が左右対称になるので筆者は奇数を推奨しています．今回，7 とします．

手順 2 次に階級幅を決めます．データの最大値は 45，最小値は 5 なので，その差の範囲は 40 です．この範囲 40 を階級数 7 で割ります．$\dfrac{40}{7} = 5.7$ で，四捨五入して階級幅は 6.0 とします．

48   第 2 章　統計学の知識

手順 3　データの最小単位は 1.0 なので，最小値の 5 が最初の階級に入るように，$5 - \dfrac{1.0}{2} = 4.50$ と最初の階級のスタートを決めます．そして，4.5に区間幅 6.0 を加えて，第 1 階級区間を 4.5〜10.5 とします．順に 10.5に階級幅 6.0 を加えて 16.5 とし，第 2 階級区間 10.5〜16.5 を求めます．以降順に階級区間を表 2.3 のように決めます．最終の第 7 階級区間は，40.5〜46.5 となります．

表 2.3　表 2.2 のデータの度数分布表

	階級分類	階級値	度数	相対度数	累積度数	相対累積度数	分類集計欄
1	4.5〜10.5	7.5	1	0.025	1	0.025	/
2	10.5〜16.5	13.5	4	0.100	5	0.125	////
3	16.5〜22.5	19.5	7	0.175	12	0.300	7//L //
4	22.5〜28.5	25.5	11	0.275	23	0.575	7//L 7//L /
5	28.5〜34.5	31.5	8	0.200	31	0.775	7//L ///
6	34.5〜40.5	37.5	6	0.150	37	0.925	7//L /
7	40.5〜46.5	43.5	3	0.075	40	1.000	///
	計		40	1.000			

手順 4　これらの階級分類に従って，40 個のデータの値を該当階級に分類し，集計欄に "/" の記号を用いて数え，表 2.3 の度数分布表の形に整理します．

手順 5　横軸に階級分類，縦軸に度数を取って集計結果を棒グラフで描くと図 2.4 のようなヒストグラムが完成します．

図 2.4 のヒストグラムから，このコンビニの 1 日の売上高は 22.5〜28.5 万円の度数が多く出現確率（相対度数）は 27.5％，売上げの悪いときは 4.5〜10.5 万円で 2.5％，良いときは 40.5〜46.5 万円で 7.5％となります．売上高の分布はほぼ左右対称で一般形を示しています．

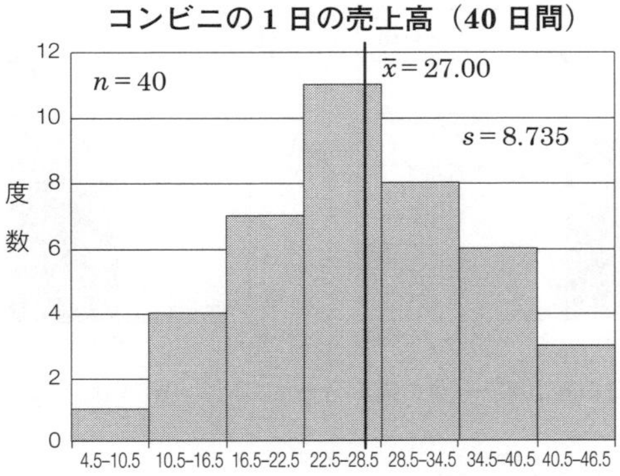

2.3 データの確率分布 49

コンビニの 1 日の売上高（40 日間）

図 2.4　表 2.2 のコンビニの 1 日の売上高
データのヒストグラム

2.3.2　確率密度関数

そこで，ヒストグラム全体の面積が 1 となるように調整し，横軸の階級分類の売上高を確率変数 x とし，縦軸をその確率変数 x の出現確率（相対度数）とした図 2.5(a) を描くと，その図はコンビニ 1 日の売上高 x を確率変数とした確率分布となります．サンプル数をもっと多く集めて $n = 300$ におけるヒストグラムを作成すると図 2.5(b) のようになり，更に，$n = \infty$ のヒストグラムを作成すると，図 2.5(c) のように輪郭が滑らかな曲線となります．

この曲線 $f(x)$ の関数を**確率密度関数**（density distribution function, 以下，密度関数という）と呼び，この曲線は $f(x) \geqq 0$ であり，曲線と x 軸に囲まれた曲線全体の面積は 1 なので，式(2.8) のようにこの面積を求めるのに x の $-\infty$ から ∞ まで $f(x)$ を積分した式として**累積分布関数** $F(x)$（cumulation distribution function, 以下，分布関数という）が定義できます．

$$F(x) = \int_{-\infty}^{\infty} f(x)dx = 1 \tag{2.8}$$

そして，$F(x)$ と $f(x)$ の関係は，式(2.9) のようになります．

$$\frac{\partial F(x)}{\partial x} = f(x) \tag{2.9}$$

また，変数 x が a と b との間に入る確率は式(2.10) で定義できます．

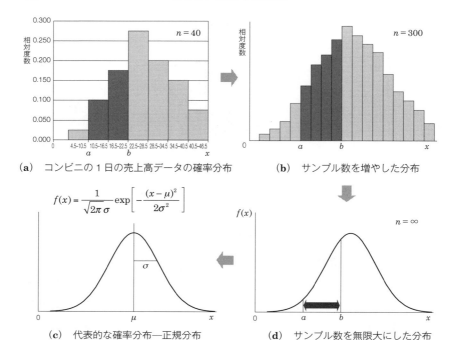

(a) コンビニの1日の売上高データの確率分布
(b) サンプル数を増やした分布
(c) 代表的な確率分布—正規分布
(d) サンプル数を無限大にした分布

図 2.5　ヒストグラムからデータの確率分布

$$\Pr(a \leq x \leq b) = F(a \leq x \leq b) = \int_a^b f(x)dx \tag{2.10}$$

この密度関数 $f(x)$ は，$n = \infty$ で集団サンプルの全数における曲線なので，母集団の分布を表します．変数 x の母集団分布の中心的位置を表す指標としての期待値 $E(x)$ は式 (2.11) のように定義でき，この $E(x)$ を変数 x の母平均とも呼びます．$E(x)$ の性質は式 (2.12) となります．

$$E(x) = \int_{-\infty}^{\infty} xf(x)dx \tag{2.11}$$

$$E(ax+b) = aE(x) + b \quad (a, b \text{ は定数}) \tag{2.12}$$

一方，変数 x の母集団のバラツキの大きさを表す指標としての母分散 $V(x)$ は式 (2.13) のように定義でき，この $V(x)$ の性質は式 (2.14) となります．

$$V(x) = E\{[x - E(x)]^2\} \tag{2.13}$$

2.3 データの確率分布　　51

$$V(x) = E(x^2) - \left[E(x)\right]^2$$
$$V(ax + b) = a^2 V(x) \quad (a, b \text{ は定数})$$
$$\left.\right\} \quad (2.14)$$

2.3.3　正　規　分　布

統計解析の代表的な確率分布は**正規分布**（normal distibution）と呼ばれるもので，その**正規分布の密度関数** $f(x)$ は式(2.15)のように表せます.

$$f(x) = \frac{1}{\sqrt{2\pi}\,\sigma} \exp\left[-\frac{(x-\mu)^2}{2\sigma^2}\right] = \frac{1}{\sqrt{2\pi}\,\sigma} e^{-\frac{(x-\mu)^2}{2\sigma^2}} \quad (-\infty < x < \infty) \quad (2.15)$$

ここで π は円周率（3.141592…）を示し，e は自然対数の底で 2.71828… を示します. $f(x)$ は，母数の中心位置を表す母平均 μ とバラツキの大きさを表す母標準偏差 σ の2つを含みます. σ を2乗した σ^2 は母分散と呼び，この正規分布を $N(\mu, \sigma^2)$ と表記します. そして，式(2.11)と式(2.13)から式(2.15)を用いて，期待値 $E(x)$ と分散 $V(x)$ を計算すると次の式(2.16)と式(2.17)を得ます.

$$E(x) = \int_{-\infty}^{\infty} x f(x) dx = \mu \tag{2.16}$$

$$V(x) = E\left[(x-\mu)^2\right] = \int_{-\infty}^{\infty} (x-\mu)^2 f(x) dx = \sigma^2 \tag{2.17}$$

正規分布の誕生 [1), 2), 3)]

　正規分布はガウス分布とも呼ばれているので，ドイツ人の天才数学者の C.F. ガウス（1777–1855）が誤差の研究をしているときに見つけた分布だと思われていますが，実は，最初に $f(x)$ の形状式を導いたのはフランス人の A.de. モアブル（1667–1754）なのです. 彼は，二項分布[*]の極限の確率密度関数の近似式として正規分布の式を導きました. 当時，彼は，宗教の関係からフランスからイギリスへと逃亡し，イギリスのギャンブラーを相手に，カードやサイコロ賭博で，どの目にかけるべきかを決めるための確率計算をすることで生計を立てていました. たくさんのサイコロを同時に投げた場合には，特定のサイコロの目の出現確率を簡単には計算できません. そこで，一度に投げるサイコロの数が多い場合に，式(2.15)の数式で出現確率が近似できることを発見したのです.

52 第2章 統計学の知識

> * **二項分布**とは，品質管理の場合では，サンプル数が n で，そのうちに不良品が出る確率を p としたときの確率分布です． n 個のうち r 個が不良になる確率 $\Pr(x=r)$ の密度関数を求めると，良品の確率は $q=(1-p)$ となるので，
> $$\Pr(x=r) = {}_nC_r\, p^r (1-p)^{n-r} \quad (r=0, 1, 2, \cdots, n)$$
> となります． ${}_nC_r$ は， n 個から不良品を r 個取り出すときの組合せの個数を表し，この密度関数を持つ分布を**二項分布**（binominal distribution）と呼びます．上記の式は n と p で決まるので，この密度関数を $B(n, p)$ と表します．

2.3.4　標準正規分布

母平均 μ，母分散 σ^2 の正規分布は $N(\mu, \sigma^2)$ と表しますが，データの数値は単位により変わります．例えば，男子大学生の身長を，cm（センチメートル）で表すと平均値が 175 cm，分散が 10 cm なら $N(175, 10^2)$ となりますが，m（メートル）なら，平均値は 1.75 m，分散は 0.1 m となり $N(1.75, 0.1^2)$ となり，データの単位により表記が変わります．そこで単位による影響をなくすための手続きが考えられました．それが**標準化**です．

標準化の手続きは，確率変数 x が正規分布 $N(\mu, \sigma^2)$ に従うとき，確率変数 x を式 (2.18) のような z に変換することで，常に，z の平均値が $\mu=0$ で，標準偏差 $\sigma=1$ になります．

$$z = \frac{x - \mu}{\sigma} \tag{2.18}$$

元の確率変数 x からその平均値 μ を引くことによって μ だけずれるから確率変数 $(x-\mu)$ の平均値が 0 になります．そして，それを，バラツキ具合を表す標準偏差 σ で割ることにより適当に広がっていたバラツキ具合が 1 に統一されます．この新しく $\mu=0$，$\sigma=1$ となる正規分布を**標準正規分布**(standard normal distribution) と呼び，$N(0, 1^2)$ で表記します．統計解析では，この標準正規分布の密度関数を ϕ（分布関数を Φ）で表す習慣があるので，標準正規分布の確率変数を z として，密度関数の $\phi(z)$ を式で表すと式 (2.19) になります．

$$\phi(z) = \frac{1}{\sqrt{2\pi}} \exp\left(-\frac{z^2}{2}\right) \tag{2.19}$$

2.3 データの確率分布

どのような確率変数 x も，この標準化の手続きにより確率変数 z による標準正規分布になるので，標準正規分布に基づいて，様々な確率計算をすることができます．この標準正規分布の密度関数を**標準正規曲線**と呼び，標準正規曲線を平面上に描くとき，横軸を z 軸とすると，標準正規曲線と z 軸で囲まれた z の範囲を指定するときの図形の面積は，計算結果がまとめられた**標準正規分布の数値表**（国際的な数値表）として示されています．そして，その面積の値は，確率変数 z の値が指定された範囲に入る確率になります．

図 2.6 は，上部に $N(0, 1^2)$ の標準正規曲線を示し，下部の図の $\Pr\{z > 1.43\}$ は，下部右側の網掛け部分の面積に相当することを示しています．この $z = 1.43$ 以上の確率を，左側にある国際的に定められている数値表から求めるには，$z = 1.43$ の小数点第 1 位の 1.4 を数値表の最も左側の列に求め，小数点第 2 位の数 3 を最も上の行に求め，それらから右横及び，下方にたどり交差するところにある .0764 を求めます．この 0.0764 が $\Pr\{z > 1.43\}$ の確率の値になります．つまり，z が 1.43 以上の値になる確率が 7.64% になるということです．

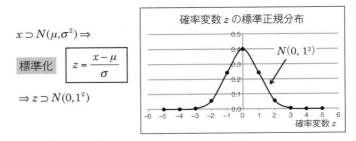

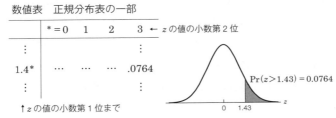

図 2.6 正規分布の数値表から確率を読み取る方法

2.3.5 共分散と相関係数

いま, n 個の変量 x_i と変量 y_i ($i = 1, 2, \cdots, n$) があるとき, この 2 変量を標準化して z_{xi}, z_{yi} から共分散 $\mathrm{Cov}(z_x, z_y)$ を式(2.7)の下方に説明してある共分散 $\mathrm{Cov}(x, y)$, すなわち $\mathrm{Cov}(x, y) = \dfrac{S_{xy}}{n-1}$ と同じように求めると, 式(2.20)のように展開できて, 式(2.7)より変量 x_i と変量 y_i の相関係数 r になります.

$$
\left.
\begin{aligned}
& z_{xi} = \frac{x_i - \bar{x}}{s_x}, \quad z_{yi} = \frac{y_i - \hat{y}}{s_y} \quad \Rightarrow \\
& \mathrm{Cov}(z_x, z_y) = \frac{S_{z_x z_y}}{n-1} = \frac{\sum z_{xi} z_{yi}}{n-1} = \frac{1}{n-1} \sum \left(\frac{x_i - \bar{x}}{s_x} \right) \left(\frac{y_i - \bar{y}}{s_y} \right) \\
& \qquad = \frac{\sum (x_i - \bar{x})(y_i - \bar{y})}{(n-1) s_x s_y} = \frac{S_{xy}}{\sqrt{(n-1) s_x^2} \sqrt{(n-1) s_y^2}} \\
& \qquad = \frac{S_{xy}}{\sqrt{S_{xx}} \sqrt{S_{yy}}} = r
\end{aligned}
\right\} \quad (2.20)
$$

多変量解析では多くの変量を扱うので, 単位による結果の影響をなくすために, 各変量は標準化することが一般的です. そして観測データを標準化した後に, 分散と共分散を求めるので, 相関係数の出番が多くなります.

データの確率分布には, 一般的に連続的な変量データを確率変数とした場合には正規分布を仮定しますが, 他にも機器の寿命や故障間動作時間を確率変数とした指数分布などもあります. また離散的な計数データを確率変数とした場合には, 製品の不良品数や不良率を確率変数とした二項分布, 新品レンズのキズ数や欠点数を確率変数としたポアソン分布などがあります. これらの確率分布の確率計算を精度よく計算するサイトとして, **"高精度計算サイト・CASIO"** があるので, 利用するとよいでしょう.

いずれも統計解析する場合には, 正規近似をしてアプローチするので, 正規分布をしっかり理解しておけばよいでしょう.

2.4 2次元分布から多変量分布へ

2.4.1 2次元分布

2つの確率変数 x と y を2次元で同時に考えた場合にも，確率は負にはならないので $f(x, y) \geqq 0$ で，また x, y の全域での確率が1なので，同時分布関数の式(2.21)が示せます．この $f(x, y)$ を (x, y) の**同時確率密度関数**（simultaneous probability density function，以下，**同時密度関数**という）と呼びます．

$$F(x, y) = \int_{-\infty}^{\infty} \int_{-\infty}^{\infty} f(x, y)\, dx\, dy = 1 \tag{2.21}$$

そして，式(2.22)の $f_x(x)$ を x の**周辺確率密度関数**，式(2.23)の $f_y(y)$ を y の周辺確率密度関数と呼びます．

$$f_x(x) = \int_{-\infty}^{\infty} f(x, y)\, dy \tag{2.22}$$

$$f_y(y) = \int_{-\infty}^{\infty} f(x, y)\, dx \tag{2.23}$$

(x, y) の関数 $u(x, y)$ の期待値を式(2.24)で定義します．

$$E\big[u(x, y)\big] = \int_{-\infty}^{\infty} \int_{-\infty}^{\infty} u(x, y) f(x, y)\, dx\, dy \tag{2.24}$$

特に，$u(x, y) = x$，$u(x, y) = ax + by$ の期待値は，式(2.22)と式(2.23)を用いると，次の式(2.25)と式(2.26)のようになります．

$$E(x) = \int_{-\infty}^{\infty} \int_{-\infty}^{\infty} x f(x, y)\, dx\, dy = \int_{-\infty}^{\infty} x f(x)\, dx \tag{2.25}$$

$$E(ax + by) = \int_{-\infty}^{\infty} \int_{-\infty}^{\infty} (ax + by) f(x, y)\, dx\, dy$$

$$= a \int_{-\infty}^{\infty} x f(x)\, dx + b \int_{-\infty}^{\infty} y f(y)\, dy = aE(x) + bE(y) \tag{2.26}$$

また，x と y の関連度合いを表す指標として式(2.27)で示す共分散があり，それに基づいて**母相関係数**の式(2.28)が定義できます．

$$\mathrm{Cov}(x, y) = E\{[x - E(x)][y - E(y)]\} \tag{2.27}$$

$$\rho_{xy} = \frac{\mathrm{Cov}(x, y)}{\sqrt{V(x)V(y)}} \tag{2.28}$$

母相関係数 ρ_{xy} は $-1 \leqq \rho_{xy} \leqq 1$ を満たし，共分散・分散に関しては式(2.29)のような性質があります．

56　　　　　　　　　第2章　統計学の知識

$$\left.\begin{array}{l} \mathrm{Cov}\,(x,y) = E(x,y) - E(x)E(y) \\ V(ax+by) = a^2V(x) + b^2V(y) + 2ab\,\mathrm{Cov}\,(x,y) \end{array}\right\} \quad (2.29)$$

$f(x, y)$ の全域で，同時密度関数 $f(x, y)$ と周辺確率密度関数 $f_x(x)$，$f_y(y)$ とが式(2.30)の関係にあるとき，x と y は互いに独立であるといいます．

$$f(x, y) = f_x(x)\,f_y(y) \quad (2.30)$$

独立な場合には，式(2.31)のような性質が成り立ちます．

$$\left.\begin{array}{l} E(xy) = E(x)E(y), \quad \mathrm{Cov}\,(x,y) = 0, \quad \rho_{xy} = 0 \\ V(ax+by) = a^2V(x) + b^2(y) \end{array}\right\} \quad (2.31)$$

2.4.2　多変量分布

このことは一般的な p 変量の場合についても容易に拡張することができます．いま，p 個の確率変数 $x_1, x_2, \cdots, x_p$ があるとき，確率は負ではなく $f(x_1, x_2, \cdots, x_p) \geqq 0$ で，また $x_1, x_2, \cdots, x_p$ の全域での確率が1なので，この同時分布関数は式(2.32)のようになります．

$$F(x_1,x_2,\cdots,x_p) = \int_{-\infty}^{\infty}\int_{-\infty}^{\infty}\cdots\int_{-\infty}^{\infty} f(x_1,x_2,\cdots,x_p)dx_1dx_2\cdots dx_p = 1 \quad (2.32)$$

$f(x_1, x_2, \cdots, x_p)$ は密度関数です．

2.4節の解説は難しかったかも知れません．要は，多変量分布も，1変量分布と2次元分布からの拡張版であるということを知っておいてください．

2次元正規分布から多変量正規分布を展開するには，線形代数の行列とベクトル表記で進めると理解しやすいので第3章で線形代数を解説しますが，この節でも説明をわかりやすくするために，その表記を用います．まず2変量の正規分布について述べます．確率変数（ベクトル）を式(2.33)のようにおきます．

$$X = \left[\begin{array}{c} x_1 \\ x_2 \end{array}\right] \quad (2.33)$$

式(2.33)に対して2変量正規分布の密度関数は式(2.34)により定義されます．

2.4 2次元分布から多変量分布へ

$$f(X) = f(x_1, x_2) = \frac{1}{2\pi |\Sigma|^{1/2}} \exp\left[-\frac{1}{2}(X-\mu)^T \Sigma^{-1}(X-\mu)\right] \qquad (2.34)$$

Σ は式(2.35)の対称行列を表し，Σ^{-1} は式(2.36)のような Σ の逆行列を表します．

$$\Sigma = \begin{bmatrix} \sigma_{11} & \sigma_{12} \\ \sigma_{21} & \sigma_{22} \end{bmatrix} \quad (\sigma_{12} = \sigma_{21}) \qquad (2.35)$$

$$\Sigma^{-1} = \begin{bmatrix} \sigma^{11} & \sigma^{12} \\ \sigma^{21} & \sigma^{22} \end{bmatrix} \qquad (2.36)$$

Σ^{-1} についても $\sigma^{12} = \sigma^{21}$ が成り立ち，対称行列となります．また μ は式(2.37)なるベクトルであり，exp の指数部は式(2.38)の2次形式となります．

$$\mu = \begin{bmatrix} \mu_1 \\ \mu_2 \end{bmatrix} \qquad (2.37)$$

$$(X-\mu)^T \Sigma^{-1}(X-\mu) = \sigma^{11}(x_1-\mu_1)^2 + 2\sigma^{12}(x_1-\mu_1)(x_2-\mu_2) + \sigma^{22}(x_2-\mu_2)^2 \qquad (2.38)$$

すなわち，定義した関数式(2.34)は密度関数の性質を満たし，ここに示す μ は X の平均ベクトルとなり，Σ は X の分散共分散行列となります．

これを一般の p 変量に拡張します．すなわち p 変量からなる確率変量ベクトルを式(2.39)のようにおきます．

$$X = \begin{bmatrix} x_1 \\ x_2 \\ \vdots \\ x_p \end{bmatrix} \qquad (2.39)$$

X が正規分布に従うとき，その密度関数 $f(X)$ は，X の平均ベクトルを μ，分散共分散を Σ とした式(2.40)から，式(2.34)と同じように式(2.41)が定義できます．

$$
\boldsymbol{\mu} = \begin{bmatrix} \mu_1 \\ \mu_2 \\ \vdots \\ \mu_p \end{bmatrix}, \quad \boldsymbol{\Sigma} = \begin{bmatrix} \sigma_{11} & \sigma_{12} & \cdots & \sigma_{1p} \\ \sigma_{21} & \sigma_{22} & \cdots & \sigma_{2p} \\ \vdots & \vdots & \vdots & \vdots \\ \sigma_{p1} & \sigma_{p2} & \cdots & \sigma_{pp} \end{bmatrix} \tag{2.40}
$$

$$
f(\boldsymbol{X}) = f(x_1, x_2, \cdots, x_p) = \frac{1}{(2\pi)^{p/2} |\boldsymbol{\Sigma}|^{1/2}} \exp\left[-\frac{1}{2}(\boldsymbol{X} - \boldsymbol{\mu})^T \boldsymbol{\Sigma}^{-1}(\boldsymbol{X} - \boldsymbol{\mu}) \right]
$$
$$\tag{2.41}$$

この式(2.41)が，**多変量正規分布**（multivariate normal distribution）です．要は，多変量解析の多くの手法は，この多変量正規分布を前提としています．また，多変量正規分布の周辺分布や独立性に関しても，先に述べた2次元分布の場合と同じように扱えます．

2.5 統計量の確率分布——推定と検定

データが確率的な変動をする分布なら，そこから計算された統計量も確率変動し，統計量の確率分布が存在します．統計量の確率分布を用いることで，求めた標本集団の統計量は，母集団の母数を言い当てているのかどうか，誤る確率を基準に推定・検定ができます．まず，推定と検定の考え方を解説します．

2.5.1 推　　定

いま，大阪在住のサラリーマン3人に月の小遣いを尋ねたら，4万円，5万円，6万円だったとします．これをもとに大阪全体のサラリーマンの小遣いを平均値で代表して推定すると5万円です．これは1つの数値（点）の推定なので**点推定**と呼びます．点推定では，判断がどれだけ正しいのかわかりません．そこで，大阪のサラリーマンの小遣いの分布は分散が1の正規分布に従うものとして，大阪在住のサラリーマンの小遣いは3.87万円〜6.13万円の間にあるとしますと，もっともらしさが増します．これは，正しい判断が95％の確率でなされるようにして求めた**区間推定**なのです．"正規母集団の平均

2.5 統計量の確率分布——推定と検定

値についての定理：抽出した大きさ n の平均値 $\bar{x}$ に対して，信頼度95％では $\bar{x} - \dfrac{1.96}{\sqrt{n}} \leqq \mu \leqq \bar{x} + \dfrac{1.96}{\sqrt{n}}$ である”に，$\bar{x} = 5.0$，$n = 3$ を代入して求めています．区間推定では，判断がどれくらい正しいかの確率が与えられ，ほとんど全体の姿を示すことができます．

　以前，筆者が勤めた製造企業の研究所で臭いを吸収するフィルターを開発していました．既に自社品があり，ある家電メーカーの冷蔵庫に採用されていましたが，他社が自社品よりも優れた防臭フィルターを出したのを機に，その家電メーカーの冷蔵庫内のフィルターは他社品に置き換わったのです．ちょうど筆者がその研究所に SQC（Statistical Quality Control）手法の活用指導を行っていたときの出来事です．研究所は，その他社品を取り寄せ，また関係者の英知を集めて，より優れた防臭フィルターの開発を鋭意推進しました．その結果，他社品の製法特許に侵害しない方法で，より優れた新防臭フィルターが開発できました．

　そこで，その新防臭フィルターが，どれくらいの防臭性能を示すのかを性能の平均値だけでなく95％の信頼区間を求めました．その結果を持って家電メーカーへ説明に行き，信頼区間95％の下限値でも，他社品の防臭性能の平均値と同じであることを示したのです．性能の良さを数値で示すことで，家電メーカーには非常に信用され，再び冷蔵庫のフィルターが新自社品に置き換わったことがありました．このように**“推定”**は，性能にはバラツキがあるものの，そのバラツキを考慮しても，どれくらいの性能を常に持っているのかが示せて，新商品の実力を表現できます．

2.5.2　検　　定

“検定”においても，かつての所属企業で同じようなことがありました．ある工場の改善活動の成果発表会に出席した際に，若い技術者が“特殊糸において従来より強度単位で5だけ増した”という報告をしました．筆者は，この技術者に“この効果を検定で確認しましたか”と尋ねました．すると，彼から

"そんなことをしなくても，これくらいの変化があれば効果がある"という答えが返ってきました．特殊糸の専門家でない筆者には黙っていてほしいという態度でした．

　そこで，筆者は"ここに1枚の100円硬貨があります．いま私が10回投げたら表が7回出ました．この硬貨は表が出やすいように細工してあると思いますか"と尋ねました．彼は，返事に困ったようでした．"硬貨の表の出る確率は1/2，したがって10回投げて，表が4～6回くらいなら細工のない硬貨．表が9～10回なら細工がしてあると疑います．このように，起こったことが偶然の範疇なのか，ある原因（細工）による範疇なのかを，確率という基準により判定することが検定です"と説明すると，彼は，"この糸の強度の改善効果を検定で確かめます"と答えてくれました．

　検定は，このような"打った改善策は効果があるのか"，"A製品とB製品との品質には差があるのか"といった問題に答えるためのもので，起こった事実が偶然を超えていることを確認して，自信を持って次の施策に移るために必要な方法なのです．

　この100円硬貨の検定をもう少し詳しく解説します．検定においては，帰無仮説 H_0："この硬貨は正常な硬貨である"というように，検討したいことを仮説として表します．そして，10回中表又は裏が7回以上出る確率を求めます．表裏が7回以上出ることは表の回数を X とすると，X が10, 9, 8, 7, 3, 2, 1, 0のとき，平均5との差は $|X-5| \geqq 2$ で，その確率は，

$$\Pr(|X-5| \geqq 2) = 2 \times \left[{}_{10}C_{10}\left(\frac{1}{2}\right)^{10}\left(\frac{1}{2}\right)^{0} + \cdots + {}_{10}C_{7}\left(\frac{1}{2}\right)^{7}\left(\frac{1}{2}\right)^{3} \right]$$

$$= 2 \times (0.001 + 0.010 + 0.044 + 0.117) = 0.344$$

となります．

　一方，表裏の出る回数が10, 9, 1, 0となると，その確率は，

$$\Pr(|X-5| \geqq 4) = 2 \times \left[{}_{10}C_{10}\left(\frac{1}{2}\right)^{10}\left(\frac{1}{2}\right)^{0} + {}_{10}C_{9}\left(\frac{1}{2}\right)^{9}\left(\frac{1}{2}\right)^{1} \right]$$

$$= 0.022$$

2.5 統計量の確率分布——推定と検定　　　61

となります．以上より，10回中7回程度の表裏の出方なら起こる確率は高く，仮説は採用となります．一方，表裏の出方が9回以上なら起こる確率は0.022と極めて低く，この場合は仮説は誤りだったと否定して，"片方が出やすい硬貨"と判断することになります．すなわち，ある仮定のもとで"起こりにくいことが起きたときには何らかの理由があると考えてその仮説を捨てる"という発想が"統計的検定の基本哲学"なのです．

"この硬貨は正常な硬貨"なら，10回中表裏が9回以上出る確率は2.2%で稀であることがわかります．このことから逆に，この仮説は本当は正しいのに誤って仮説を捨ててしまう確率が2.2%あるといえます．このような2.2%を**危険率**と呼び，また，低い確率のことが起きたという意味から，偶然ではなく必然的な意味があるとして，この確率2.2%のことを**有意水準**とも呼びます．

2.5.3　各統計量とその分布

いま，母集団分布 $N(\mu, \sigma^2)$ の母集団から n 個のデータ $x_1, x_2, \cdots, x_n$ をランダムに採取したとき，そのデータから計算された各統計量は，次の分布に従います．

母分散 σ^2 が既知のとき，統計量の平均値 $\bar{x}$ は，正規分布 $N(\mu, \sigma^2/n)$ に従い，$\bar{x}$ を標準化すれば，式(2.42)は標準正規分布 $N(0, 1^2)$ に従います．

$$z = \frac{\bar{x} - \mu}{\sqrt{\sigma^2/n}} \tag{2.42}$$

また母分散 σ^2 が未知で，母分散の代わりにデータからの分散 $s_x^2 = V_x$ を用いるとき，統計量の平均値 $\bar{x}$ は，

$$t = \frac{\bar{x} - u}{\sqrt{s_x^2/n}} \tag{2.43}$$

自由度 $\nu = n-1$ の式(2.43)の t 分布に従います．

---

t 分布の統計量の確率分布は，図 2.7 に示す関係式(2.44)において，自由度 ν と有意水準 P から $t_P(\nu)$ を求める国際的な数値表が用意されています．統計解析では，母分散 σ^2 が未知の場合が多いので，集めたデータから計算した平均値 $\bar{x}$ が母集団の母平均 μ を言い当てているのか，有意水準 P を基準に検定を行い，平均値 $\bar{x}$ の区間推定にも用いられます．

$$\Pr[|t| \geq t_P(\nu)] = P \tag{2.44}$$

統計量の平方和 S_{xx} に関して S_{xx}/σ^2 とおけば，この値である式(2.45)は自由度 $\nu = n-1$ の χ^2 分布に従います．

$$\chi^2 = \frac{S_{xx}}{\sigma^2} \tag{2.45}$$

χ^2 分布の統計量の確率分布は，図 2.8 に示す関係式(2.46)において，自由度 ν と有意水準 P から $\chi_P^2(\nu)$ を求める国際的な数値表が用意されています．統計解析では，集めたデータから計算した分散 V_x が母集団の母分散 σ^2 を言い当てているのか，有意水準 P を基準に検定を行い，分散 V_x の区間推定にも用いられます．

$$\Pr[\chi^2 \geq \chi_P^2(\nu)] = P \tag{2.46}$$

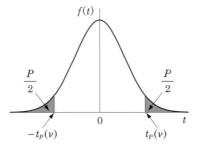

図 2.7　t 分布の両側確率

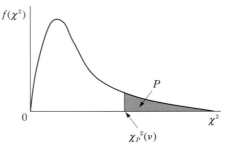

図 2.8　χ^2 分布の上側確率

2.5 統計量の確率分布——推定と検定

> 正規分布する標本集団Iの $N(\mu_1, \sigma_1^2)$ から採取した n_1 個の標本データ $x_{11}, x_{12}, \cdots, x_{1n_1}$ と，正規分布する標本集団IIの $N(\mu_2, \sigma_2^2)$ から採取した n_2 個の標本データ $x_{21}, x_{22}, \cdots, x_{2n_2}$ とが互いに独立なとき，
>
> $$F = \frac{\chi_1^2/\nu_1}{\chi_2^2/\nu_2} = \frac{\dfrac{S_1/\sigma_1^2}{n_1-1}}{\dfrac{S_2/\sigma_2^2}{n_2-1}} = \frac{s_1^2/\sigma_1^2}{s_2^2/\sigma_2^2} = \frac{V_1/\sigma^2}{V_2/\sigma^2} \quad (V_1 \geqq V_2) \qquad (2.47)$$
>
> は，自由度 $(\nu_1 = n_1 - 1,\ \nu_2 = n_2 - 1)$ の F 分布に従います．

F 分布の統計量の確率分布は，図 2.9 に示す関係式 (2.48) において，自由度 (ν_1, ν_2) と有意水準 P から $F_P(\nu_1, \nu_2)$ を求める国際的な数値表が用意されています．統計解析では，標本集団Iのデータから計算した分散 V_1 と，標本集団IIのデータから計算した分散 V_2 において $(V_1 > V_2)$，それら 2 つの母分散が異なるかどうか，F 値 $(V_1 > V_2)$ から有意水準 P を基準に検定を行い，また，F 値の区間推定にも用いられます．

$$\Pr[F \geqq F_P(\nu_1, \nu_2)] = P \qquad (2.48)$$

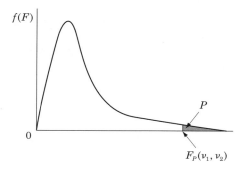

図 2.9 F 分布の上側確率

2.5.4 独立性の検定

ある対象の個体の数 n に対して，2つの異なる特性項目 A_i, B_j における分類された細目における各該当数（度数）を同時に測定します．いま，A_i ($i=1$, 2, $\cdots$, a) には A_1, A_2, $\cdots$, A_a の a 個の細目，B_j ($j=1$, 2, $\cdots$, b) には B_1, B_2, $\cdots$, B_b の b 個の細目があるとします．特性項目 A_i, B_j 間の関連性は，A_i, B_j の各細目の該当数（度数）f_{ij} の集計から考察します．

集計表は，表 2.4 のような形式の $a \times b$ に**分割された表**になり，特性項目 A_i と B_j との関連性を見ることは "B_1, B_2, $\cdots$, B_b の細目が発生する確率 P_{ij} は，A_1, A_2, $\cdots$, A_a の細目によって違いがない（一様である）といえる" かどうかを調べることになります．

表 2.4　分割表の形式　$a \times b$ 分割表

A_i の細目 ＼ B_j の細目	B_1	B_2	$\cdots$	B_b	計
A_1	f_{11}	f_{12}	$\cdots$	f_{1b}	$f_{1\cdot}$
A_2	f_{21}	f_{22}	$\cdots$	f_{2b}	$f_{2\cdot}$
$\vdots$	$\vdots$	$\vdots$	$\vdots$	$\vdots$	
A_a	f_{a1}	f_{a2}	$\cdots$	f_{ab}	$f_{a\cdot}$
計	$f_{\cdot 1}$	$f_{\cdot 2}$	$\cdots$	$f_{\cdot b}$	n

検定は，帰無仮説 $H_0 : P_{1j} = P_{2j} = \cdots = P_{aj}$ の下で，期待度数 t_{ij} を計算して，実測値の f_{ij} との差を測った式 (2.49) の $\chi_0{}^2$ 値を求めます．n が大きいとき，式 (2.49) の $\chi_0{}^2$ 値は，自由度 $\nu = (a-1)(b-1)$ の χ^2 分布に従うことがわかっているので，これより検定をします．

$$\chi_0{}^2 = \sum_a \sum_b \frac{(f_{ij} - t_{ij})^2}{t_{ij}} \tag{2.49}$$

ここで，期待度数 t_{ij} は，$t_{ij} = \dfrac{f_{i\cdot} \times f_{\cdot j}}{n}$ から計算します．

また，"A_i のいかんにかかわらず，B_j への出方の分布が一様であるかどうか" を，個体が A_i と B_j とに分類される確率 P_{ij} において，$P_{i\cdot}$ は個体が A_i と分

2.5 統計量の確率分布——推定と検定 65

類される確率，$P_{.j}$ は個体が B_j と分類される確率とみなし，帰無仮説を H_0：$P_{ij} = P_{i.} \times P_{.j}$ $(i = 1, 2, \cdots, a ; j = 1, 2, \cdots, b)$ として考えることもできます．この分割表による検定を**独立性の検定**と呼び，本書では，特に第9章のコレスポンデンスアナリシスで，この方法が出てきます．

2.5.5 ウィシャート分布

多変量正規分布における統計量の分布はどのようになるのか，紹介します．

いま，$x_i (p \times 1)$ $(i = 1, 2, \cdots, N)$ $(N \geqq p)$ を互いに独立で，p 次元の正規分布（平均 **0**，共分散行列 Σ）に従うベクトル（行列とベクトルの詳細は第3章を参考のこと）としたとき，式(2.50)の A の分布を自由度 $n = N-1$，母数 Σ で表すと，式(2.51)のような分布関数になります．

$$A = \sum_i^N x_i x_i \tag{2.50}$$

式(2.51)を導出したのがJ.ウィシャート（John Wishart, 1898–1956）で，彼の名前をとって**ウィシャート分布**（Wishart distribution）と呼びます．

$$f(A) = \frac{|A|^{\frac{n-p-1}{2}} \exp\left(-\frac{1}{2} \operatorname{tr} \Sigma^{-1} A\right)}{2^{\frac{pn}{2}} \pi^{\frac{p(p-1)}{4}} |\Sigma|^{\frac{p}{2}} \prod_{i=1}^p \Gamma\left(\frac{n+1-i}{2}\right)}, \quad (n = N-1) \tag{2.51}$$

ここで，tr は行列のトレースで，Γ はガンマ分布を示します．

ウィシャート分布は，p, n, Σ をパラメータとして $W(\Sigma, p, n)$ と表記されます．以上より p 変量の多変量正規母集団 $N(\mu, \Sigma)$ から抽出した大きさ N の標本における統計量・標本分散共分散行列 V において，$(N-1)V$ が $W(\Sigma, p, N-1)$ のウィシャート分布に従うことになります．ここは難しいと思いますので，実務家が多変量解析を学ぶ上では，"**多変量正規分布に従う標本から導かれた分散共分散行列 V はウィシャート分布に従う**"ということを知っておけばよいでしょう．

そして，$(N-1)V$ は1変量の場合には平方和 S となります．S/σ^2 とおけ

ば式(2.45)の χ^2 分布となります．これより，ウィシャート分布は χ^2 分布を多変量に拡張したものといえます．

LINEAR ALGEBRA

第3章
線形代数と Excel による演算

　多変量解析の解法を線形代数の行列とベクトルで表記すると，記述がスムーズになります．また多変量解析では固有値問題が頻繁に出てきます．固有値問題とは，各変数の観測データが持つ情報（分散共分散行列）から特徴のある量（固有値）を求める問題です．

　本章では，特に固有値と固有ベクトルの求め方とその意味を理解してください．

3.1 行列とベクトル

多変量解析のデータの形式は，第1章や第2章でも紹介しましたが，一般的には表 3.1 のように，縦（行が変わる方向）に n 個のサンプル数が並び，横（列が変わる方向）に p 個の変量のデータが並びます．

表 3.1 多変量解析のデータとその行列

そのデータ部分を X とおけば，X は n 行×p 列の**行列** $\underset{n \times p}{X}$ で表記できます．

一方，ベクトルは一般的に式(3.1)の左側のように列ベクトルで表しますが，書籍などで表記するときは，列ベクトルのままだと紙面をとるので，行ベクトルで表します．行ベクトルで表すときは，式(3.1)の右側のように**転置**の記号（^{T}）を用います．すなわち，転置とは行を列に置き換える記号です．

$$\boldsymbol{x} = \begin{bmatrix} x_1 \\ x_2 \\ \vdots \\ x_n \end{bmatrix}, \quad \boldsymbol{x}^T = \begin{bmatrix} x_1 & x_2 & \cdots & x_n \end{bmatrix}^T \tag{3.1}$$

そして，行列 $\underset{n \times p}{X}$ を $n \times 1$ の列ベクトル $\boldsymbol{x}_j \ (j = 1, \cdots, p)$ を並べた形で表すと式(3.2)となります．

$$\underset{n \times p}{X} = \begin{bmatrix} \boldsymbol{x}_1, & \boldsymbol{x}_2, & \cdots, & \boldsymbol{x}_p \end{bmatrix} = \begin{bmatrix} x_{11} & x_{12} & \cdots & x_{1p} \\ x_{21} & x_{22} & \cdots & x_{2p} \\ \vdots & \vdots & \ddots & \vdots \\ x_{n1} & x_{n2} & \cdots & x_{np} \end{bmatrix} \tag{3.2}$$

3.1 行列とベクトル

2つの行列 A と B の掛算と転置については式(3.3)が成り立ちます.

$$(AB)^T = B^T A^T \tag{3.3}$$

転置した行列が元の行列と同じとき,すなわち $A^T = A$ となるとき,A を**対称行列**と呼びます.

次に,2つの $n \times 1$ ベクトル $x = [x_1, x_2, \cdots, x_n]^T$ と $y = [y_1, y_2, \cdots, y_n]^T$ の**内積**を式(3.4)のように定義(i 行が変わる)します.

$$x^T y = \begin{bmatrix} x_1, & x_2, & \cdots & x_n \end{bmatrix} \begin{bmatrix} y_1 \\ y_2 \\ \vdots \\ y_n \end{bmatrix} = x_1 y_1 + x_2 y_2 + \cdots + x_n y_n = \sum_{i=1}^{n} x_i y_i \tag{3.4}$$

また,ベクトル x の長さ(ノルムとも呼ぶ)は,内積を用いて次式(3.5)のように表現します.

$$\| x \| = \sqrt{x^T x} = \sqrt{x_1^2 + x_2^2 + \cdots + x_n^2} = \sqrt{\sum_{i=1}^{n} x_i^2} \tag{3.5}$$

多変量解析では得られた p 変量データ $\underset{n \times p}{X}$ を標準化することが多いので,k 番目の変量ベクトル x_{ik} と l 番目の変量ベクトル x_{il} を式(3.6)のように標準化し,$x_{ik}{}^*$ と $x_{il}{}^*$ で定義します.

$$x_{ik}{}^* = \frac{1}{s_k} \begin{bmatrix} x_{1k} - \overline{x}_k \\ x_{2k} - \overline{x}_k \\ \vdots \\ x_{nk} - \overline{x}_k \end{bmatrix}, \quad x_{il}{}^* = \frac{1}{s_l} \begin{bmatrix} x_{1l} - \overline{x}_l \\ x_{2l} - \overline{x}_l \\ \vdots \\ x_{nl} - \overline{x}_l \end{bmatrix} \tag{3.6}$$

ここでは $p \geq l \geq k \geq 1$ とし,s_k は k 番目の変量データ x_{ik} の標準偏差,s_l は l 番目の変量データ x_{il} の標準偏差とします.このとき $x_{ik}{}^*$ と $x_{il}{}^*$ の内積から共分散と,$x_{ik}{}^*$ と $x_{il}{}^*$ の各分散を求めると式(3.7)のようになります.すなわち,式(3.7)は x_{ik} と x_{il} の相関係数を示します[式(2.7)及び式(2.20)を参照].

$$\mathrm{Cov}(\boldsymbol{x}_{ik}^{*T}\boldsymbol{x}_{il}^{*}) = \frac{1}{(n-1)s_k s_l}\sum_{j=1}^{n}(x_{ik}-\overline{x}_k)(x_{il}-\overline{x}_l) = \frac{S_{x_k x_l}\big/(n-1)}{\sqrt{s_k^{\,2}}\sqrt{s_l^{\,2}}}$$

$$= \frac{S_{x_k x_l}\big/(n-1)}{\sqrt{\dfrac{S_{x_k x_k}}{n-1}\times\dfrac{S_{x_l x_l}}{n-1}}} = \frac{S_{x_k x_l}}{\sqrt{S_{x_k x_k}\times S_{x_l x_l}}} = r_{x_k x_l} = r_{kl} \tag{3.7}$$

$$V(\boldsymbol{x}_{ik}^{*}) = \frac{1}{n-1}\boldsymbol{x}_{ik}^{*T}\boldsymbol{x}_{ik}^{*} = \frac{1}{(n-1)s_k^{\,2}}\sum_{i=1}^{n}(x_{ik}-\overline{x}_k)^2 = \frac{s_k^{\,2}}{s_k^{\,2}} = 1 \tag{3.8}$$

$$V(\boldsymbol{x}_{il}^{*}) = \frac{1}{n-1}\boldsymbol{x}_{il}^{*T}\boldsymbol{x}_{il}^{*} = \frac{1}{(n-1)s_l^{\,2}}\sum_{i=1}^{n}(x_{il}-\overline{x}_l)^2 = \frac{s_l^{\,2}}{s_l^{\,2}} = 1 \tag{3.9}$$

以上より，多変量解析の p 変量データ $\underset{n\times p}{\boldsymbol{X}}$ を標準化した場合の $\boldsymbol{x}_{ik}^{*}$ と $\boldsymbol{x}_{il}^{*}$ の分散共分散行列 $\underset{p\times p}{\boldsymbol{\Sigma}^{*}}$ は，式 (3.10) の p 行 p 列（正方行列）の相関係数行列 $\boldsymbol{R}$ となります．

$$\underset{p\times p}{\boldsymbol{\Sigma}^{*}} = \begin{bmatrix} 1 & r_{12} & \cdots & \cdots & r_{1l} & \cdots & r_{1p} \\ r_{21} & 1 & \cdots & \cdots & r_{2l} & \cdots & r_{2p} \\ \vdots & \vdots & 1 & \vdots & \vdots & \vdots & \vdots \\ r_{k1} & r_{k2} & \cdots & 1 & r_{kl} & \cdots & r_{kp} \\ \vdots & \vdots & \vdots & \vdots & 1 & \vdots & \vdots \\ \vdots & \vdots & \vdots & \vdots & \vdots & \ddots & \vdots \\ r_{p1} & r_{p2} & \cdots & \cdots & r_{pl} & \cdots & 1 \end{bmatrix} = \boldsymbol{R} \tag{3.10}$$

このような行数と列数が同じ行列を**正方行列**と呼びます．

3.2 行列式と逆行列

p 次の正方行列において**行列式**という計算式を考え，それにより，ある実数を対応させることができます．行列 $\boldsymbol{A}$ の行列式を $|\boldsymbol{A}|$ と表記します．1 次の行列 $\boldsymbol{A}=[a_{11}]$ なら $|\boldsymbol{A}|=a_{11}$ であり，2×2 の 2 次の場合には式 (3.11) のようになります．

$$\boldsymbol{A} = \begin{bmatrix} a_{11} & a_{12} \\ a_{21} & a_{22} \end{bmatrix} \quad \Rightarrow \quad |\boldsymbol{A}| = a_{11}a_{22} - a_{12}a_{21} \tag{3.11}$$

3.2 行列式と逆行列 71

p 次の $p \times p$ 行列 A に対しては，$(p-1) \times (p-1)$ 次の行列 A に対して式 (3.12) の行列式を定義して，帰納的に p 次を定義します.

$$A = \begin{bmatrix} a_{11} & a_{12} & \cdots & a_{1\,p-1} \\ a_{21} & a_{22} & \cdots & a_{2\,p-1} \\ \vdots & \vdots & \ddots & \vdots \\ a_{p-11} & a_{p-12} & \cdots & a_{p-1\,p-1} \end{bmatrix} \tag{3.12}$$

すなわち，$\quad A = \begin{bmatrix} a_{11} & a_{12} & \cdots & a_{1p} \\ a_{21} & a_{22} & \cdots & a_{2p} \\ \vdots & \vdots & \ddots & \vdots \\ a_{p1} & a_{p2} & \cdots & a_{pp} \end{bmatrix}$

に対して，式 (3.12) を前提に式 (3.13) で表します.

$$|A| = \begin{vmatrix} a_{11} & a_{12} & \cdots & a_{1p} \\ a_{21} & a_{22} & \cdots & a_{2p} \\ \vdots & \vdots & \ddots & \vdots \\ a_{p1} & a_{p2} & \cdots & a_{pp} \end{vmatrix} = a_{i1}A_{i1} + a_{i2}A_{i2} + \cdots + a_{ip}A_{ip}$$

$$\text{ただし，} \quad A_{ij} = (-1)^{i+j} \begin{vmatrix} a_{11} & \cdots & a_{1\,j-1} & a_{1\,j+1} & \cdots & a_{1p} \\ \vdots & \ddots & \vdots & \vdots & & \vdots \\ a_{i-11} & \cdots & a_{i-1\,j-1} & a_{i-1\,j+1} & \cdots & a_{i-1\,p} \\ a_{i+11} & \cdots & a_{i+1\,j-1} & a_{i+1\,j+1} & \cdots & a_{i+1\,p} \\ \vdots & \vdots & \vdots & \vdots & \ddots & \vdots \\ a_{p1} & \cdots & a_{p\,j-1} & a_{p\,j+1} & \cdots & a_{pp} \end{vmatrix} \left.\right\} \tag{3.13}$$

式 (3.13) における A_{ij} は，行列 A の第 i 行，第 j 列を除いた $n-1$ 次の行列の行列式に $(-1)^{i+j}$ を掛けたもので，行列の成分要素 a_{ij} の **余因子** と呼びます.

数値例 3-① 次の行列 A の行列式 $|A|$ を式 (3.13) より求めましょう.

$$A = \begin{bmatrix} 1 & 2 & -2 \\ 3 & -1 & 2 \\ -1 & 4 & 1 \end{bmatrix}$$

72　第 3 章　線形代数と Excel による演算

数値例 3–①　$|A|$ は式 (3.13) より,

$$\begin{vmatrix} 1 & 2 & -2 \\ 3 & -1 & 2 \\ -1 & 4 & 1 \end{vmatrix} = 1 \times (-1)^{1+1} \begin{vmatrix} -1 & 2 \\ 4 & 1 \end{vmatrix} + 2 \times (-1)^{1+2} \begin{vmatrix} 3 & 2 \\ -1 & 1 \end{vmatrix}$$

$$+ (-2) \times (-1)^{1+3} \begin{vmatrix} 3 & -1 \\ -1 & 4 \end{vmatrix}$$

$$= 1 \times (-1 \times 1 - 2 \times 4) - 2 \times [3 \times 1 - 2 \times (-1)]$$

$$+ (-2)[3 \times 4 - (-1)^2]$$

$$= -9 - 10 - 22 = -41$$

となります.

また, $p \times p$ 行列の正方行列 A に対して, 式 (3.14) を満たす行列 A^{-1} を A の**逆行列**と呼びます.

$$AA^{-1} = A^{-1}A = I_p = \begin{bmatrix} 1 & 0 & \cdots & 0 \\ 0 & 1 & \cdots & 0 \\ 0 & 0 & \ddots & \vdots \\ 0 & 0 & \cdots & 1 \end{bmatrix} \tag{3.14}$$

（I_p：p 次の**単位行列**と呼びます）

　しかし, 正方行列に対して逆行列は常に存在するとは限らず, もし存在するのなら一意に決まります. 例えば, 式 (3.11) の 2×2 行列 A の逆行列は, 式 (3.15) のようになります. ただし, $a_{11}a_{22} - a_{12}a_{21} = 0$ の場合には逆行列は存在しません.

$$A = \begin{bmatrix} a_{11} & a_{12} \\ a_{21} & a_{22} \end{bmatrix} \tag{3.15}$$

$$\Leftrightarrow A^{-1} = \frac{1}{|A|} \begin{bmatrix} a_{22} & -a_{12} \\ -a_{21} & a_{11} \end{bmatrix} = \frac{1}{a_{11}a_{22} - a_{12}a_{21}} \begin{bmatrix} a_{22} & -a_{12} \\ -a_{21} & a_{11} \end{bmatrix}$$

$p \times p$ 行列 A に対して, A の逆行列が存在しないことと, $|A| = 0$ となるこ

3.2 行列式と逆行列　　73

ととは同値です．逆に，A の逆行列が存在するためには，$|A| \neq 0$ となります．逆行列が存在する行列のことを**正則行列**と呼び，$|A| \neq 0$ のときの $p \times p$ 行列 A の逆行列は，成分要素 a_{ij} の余因子 A_{ij} を用いて式(3.16)のように表せます．

$$A = \begin{bmatrix} a_{11} & a_{12} & \cdots & a_{1p} \\ a_{21} & a_{22} & \cdots & a_{2p} \\ \vdots & \vdots & \ddots & \vdots \\ a_{p1} & a_{p2} & \cdots & a_{pp} \end{bmatrix} \text{のとき，} \quad A^{-1} = \begin{bmatrix} \dfrac{A_{11}}{|A|} & \dfrac{A_{21}}{|A|} & \cdots & \dfrac{A_{p1}}{|A|} \\ \dfrac{A_{12}}{|A|} & \dfrac{A_{22}}{|A|} & \cdots & \dfrac{A_{p2}}{|A|} \\ \vdots & \vdots & \ddots & \vdots \\ \dfrac{A_{1p}}{|A|} & \dfrac{A_{2p}}{|A|} & \cdots & \dfrac{A_{pp}}{|A|} \end{bmatrix}$$

$$(3.16)$$

逆行列が存在する同じ次数の行列 A, B において次の式(3.17)，式(3.18)，式(3.19)が成り立ちます．

$$(AB)^{-1} = B^{-1}A^{-1} \tag{3.17}$$

$$(A^T)^{-1} = (A^{-1})^T \tag{3.18}$$

$$|AB| = |A| |B|, \quad |A^T| = |A| \tag{3.19}$$

ここで，重回帰分析（第4章）や正準（重）判別分析（第7章）で解説する次の連立方程式を考えてみます．

$$\left. \begin{array}{l} a_{11}x_1 + a_{12}x_2 + \cdots + a_{1p}x_p = b_1 \\ a_{21}x_1 + a_{22}x_2 + \cdots + a_{2p}x_p = b_2 \\ \qquad\qquad \vdots \\ a_{p1}x_1 + a_{p2}x_2 + \cdots + a_{pp}x_p = b_p \end{array} \right\} \tag{3.20}$$

式(3.20)を行列とベクトルを用いて表すと，式(3.21)の右側の式のように表せます．

$$\begin{bmatrix} a_{11} & a_{12} & \cdots & a_{1p} \\ a_{21} & a_{22} & \cdots & a_{2p} \\ \vdots & \vdots & \ddots & \vdots \\ a_{p1} & a_{p2} & \cdots & a_{pp} \end{bmatrix} \begin{bmatrix} x_1 \\ x_2 \\ \vdots \\ x_p \end{bmatrix} = \begin{bmatrix} b_1 \\ b_2 \\ \vdots \\ b_p \end{bmatrix} \quad \Leftrightarrow \quad Ax = b \tag{3.21}$$

74 第3章 線形代数と Excel による演算

式(3.21)より，行列 A の逆行列が存在するのなら，式(3.20)の連立方程式の解は式(3.22)と表記できて一意に求められます．

$$x = A^{-1}b \tag{3.22}$$

数値例 3-② 次の行列 A の逆行列 A^{-1} を式(3.16)より求めましょう．

$$A = \begin{bmatrix} 1 & 2 & -1 \\ 0 & 2 & 0 \\ 1 & 3 & 1 \end{bmatrix}$$

数値例 3-② A の行列式は $|A| = 4$ となるので，式(3.16)より，

$$A^{-1} = \begin{bmatrix} \dfrac{\begin{vmatrix} 2 & 0 \\ 3 & 1 \end{vmatrix}}{4} & \dfrac{-\begin{vmatrix} 2 & -1 \\ 3 & 1 \end{vmatrix}}{4} & \dfrac{\begin{vmatrix} 2 & -1 \\ 2 & 0 \end{vmatrix}}{4} \\[3mm] \dfrac{-\begin{vmatrix} 0 & 0 \\ 1 & 1 \end{vmatrix}}{4} & \dfrac{\begin{vmatrix} 1 & -1 \\ 1 & 1 \end{vmatrix}}{4} & \dfrac{-\begin{vmatrix} 1 & -1 \\ 0 & 0 \end{vmatrix}}{4} \\[3mm] \dfrac{\begin{vmatrix} 0 & 2 \\ 1 & 3 \end{vmatrix}}{4} & \dfrac{-\begin{vmatrix} 1 & 2 \\ 1 & 3 \end{vmatrix}}{4} & \dfrac{\begin{vmatrix} 1 & 2 \\ 0 & 2 \end{vmatrix}}{4} \end{bmatrix} = \begin{bmatrix} \dfrac{1}{2} & -\dfrac{5}{4} & \dfrac{1}{2} \\[3mm] 0 & \dfrac{1}{2} & 0 \\[3mm] -\dfrac{1}{2} & -\dfrac{1}{4} & \dfrac{1}{2} \end{bmatrix}$$

となります．

3.3 行列の階数と直交行列

p 個のベクトル $a_1, a_2, \cdots, a_p$ について，式(3.23)が $(c_1, c_2, \cdots, c_p) = (0, 0, \cdots, 0)$ 以外では成り立たないとき，p 個のベクトル $a_1, a_2, \cdots, a_p$ は**一次独立**であるといいます．

$$c_1 a_1 + c_2 a_2 + \cdots + c_p a_p = 0$$

（0：全ての要素が 0 のゼロ行列・ベクトル） (3.23)

逆に，式(3.23)が $(c_1, c_2, \cdots, c_p) = (0, 0, \cdots, 0)$ 以外で成り立つとき，**一次**

従属であるといいます.

$p \times p$ 行列 $A = [a_1, a_2, \cdots, a_p]$（各 a_i は $p \times 1$ ベクトル）で，一次独立となるベクトルの最大個数を行列 A の**階数**又は**ランク**（rank）と呼び，**rank A** と表示されます．そして，行列 A のランクが p（行の数）に等しいのなら，すなわち，$a_1, a_2, \cdots, a_p$ が一次独立なら行列 A の逆行列 A^{-1} が存在します.

また，別の $p \times p$ の正方行列を $L = [l_1, l_2, \cdots, l_p]$ と表し，式(3.24)が成り立つとき，L を**直交行列**と呼びます.

$$
L^T L = \begin{bmatrix} l_1 \\ l_2 \\ \vdots \\ l_p \end{bmatrix} \begin{bmatrix} l_1 & l_2 & \cdots & l_p \end{bmatrix}
$$
$$
= \begin{bmatrix} l_1^T l_1 & l_1^T l_2 & \cdots & l_1^T l_p \\ l_2^T l_1 & l_2^T l_2 & \cdots & l_2^T l_p \\ \vdots & \vdots & \ddots & \vdots \\ l_p^T l_1 & l_p^T l_2 & \cdots & l_p^T l_p \end{bmatrix} = \begin{bmatrix} 1 & 0 & \cdots & 0 \\ 0 & 1 & \cdots & 0 \\ \vdots & \vdots & \ddots & \vdots \\ 0 & 0 & \cdots & 1 \end{bmatrix}
\tag{3.24}
$$

これを行列表記すると，式(3.25)のようになります.

$$
L^T L = L L^T = I_p \tag{3.25}
$$

式(3.25)は $L^T = L^{-1}$ を意味しています．そして，前出の式(3.19)を用いることにより，式(3.26)が成り立ちます.

$$
|L^T L| = |L^T| \, |L| = |L|^2 = |I_p| = 1 \quad \Rightarrow \quad |L| = \pm 1 \tag{3.26}
$$

また，式(3.24)と式(3.26)より，$l_i^T l_i = 1$ $(i = 1, 2, \cdots, p)$，$l_i^T l_j = 0$ $(i \neq j)$ となり，L の各列ベクトルは，長さが 1 で互いに直交していることがわかります.

3.4　行列のトレースと 2 次形式

$p \times p$ 行列 A の対角要素の和を A の**トレース**と呼び，$\mathrm{tr}\, A$ と表記します．すなわち，式(3.27)となります.

$$
A = \begin{bmatrix} a_{11} & a_{12} & \cdots & a_{1p} \\ a_{21} & a_{22} & \cdots & a_{2p} \\ \vdots & \vdots & \ddots & \vdots \\ a_{p1} & a_{p2} & \cdots & a_{pp} \end{bmatrix} \implies \mathrm{tr}\,A = a_{11} + a_{22} + \cdots + a_{pp} = \sum_{i=1}^{p} a_{ii}
$$

$$(3.27)$$

トレースについては，式(3.28)，式(3.29)，式(3.30)の性質が成り立ちます．

$$\mathrm{tr}\,(A+B) = \mathrm{tr}\,A + \mathrm{tr}\,B \tag{3.28}$$

$$\mathrm{tr}\,AB = \mathrm{tr}\,BA \quad （ただし，\ AB\ 及び\ BA\ が計算可能な場合） \tag{3.29}$$

$$\mathrm{tr}\,C = C \quad （ただし，\ C\ は1つの数値で表されるスカラー値） \tag{3.30}$$

次に，$p \times p$ の対称行列 A と，$p \times 1$ のベクトル x に対して次式(3.31)で定義する形式を **2 次形式** と呼びます．

$$
x^T A x = \begin{bmatrix} x_1, & x_2, & \cdots, & x_p \end{bmatrix} \begin{bmatrix} a_{11} & a_{12} & \cdots & a_{1p} \\ a_{21} & a_{22} & \cdots & a_{2p} \\ \vdots & \vdots & \ddots & \vdots \\ a_{p1} & a_{p2} & \cdots & a_{pp} \end{bmatrix} \begin{bmatrix} x_1 \\ x_2 \\ \vdots \\ x_p \end{bmatrix} = \sum_{i=1}^{p} \sum_{j=1}^{p} a_{ij} x_i x_j
$$

$$(3.31)$$

この式(3.31)は1つの関数又は数値（スカラー量）となります．したがって，式(3.29)と式(3.30)より式(3.32)が成り立ちます．

$$x^T A x = \mathrm{tr}\,(x^T A x) = \mathrm{tr}\,(A x x^T) \tag{3.32}$$

そして，ゼロベクトルでない全ての x に対して $x^T A x > 0$ が成り立つとき，A を **正定値行列** と呼び，等号の＝が入る $x^T A x \geqq 0$ が成り立つとき，A を **非負定値行列** と呼びます．

3.5　固有値と固有ベクトル

任意の $p \times p$（正方）行列 A に対して $L \neq 0$ のとき，次式(3.33)の右端の方程式を **固有方程式** と呼び，この方程式の根 λ を A の **固有値** と呼びます．

3.5 固有値と固有ベクトル

$$AL = \lambda L \Rightarrow (A - \lambda I_p)L = 0 \Rightarrow |A - \lambda I_p| = \begin{vmatrix} a_{11} - \lambda & a_{12} & \cdots & a_{1p} \\ a_{21} & a_{22} - \lambda & \cdots & a_{2p} \\ \vdots & \vdots & \ddots & \vdots \\ a_{p1} & a_{p2} & \cdots & a_{pp} - \lambda \end{vmatrix} = 0$$

(3.33)

この方程式の1つの根を λ_0 とすると，$(A - \lambda_0 I_p)L = 0$ は，$|A - \lambda_0 I_p| = 0$ のとき $l_0{}^T = [l_{01} \quad l_{02} \quad \cdots \quad l_{0p}]$（$p$ 次元 0 ベクトル）の **0** 以外の解を持ちます．この l_0 のことを固有値 λ_0 に対する行列 A の **固有ベクトル** と呼びます．

特に，$p \times p$ 行列 A が正則で対称行列の場合には，式(3.33)の固有方程式から，p 個の非負の固有値 $\lambda_1 \geqq \lambda_2 \geqq \cdots \geqq \lambda_p \geqq 0$ が求まることがわかっています．そして，その固有値については式(3.34)が成り立ちます．

$$\mathrm{tr}\,A = \lambda_1 + \lambda_2 + \cdots + \lambda_p \tag{3.34}$$

また，異なる固有値に対応する固有ベクトルはお互いに直交することがわかっています．

そこで，全て異なる固有値 $\lambda_1, \lambda_2, \cdots, \lambda_p$ に対応する長さ1の固有ベクトルを $l_1, l_2, \cdots, l_p$ とし，これらのベクトルを並べた行列 $L = [l_1, l_2, \cdots, l_p]$ を置けば，L は直交行列となり，前出の式(3.25)を満たします．そして，固有値を対角要素に並べ，それ以外の要素を0とおいた行列 Λ を定義して，次のように展開します．

$$
\begin{aligned}
& Al_1 = \lambda_1 l_1, \quad Al_2 = \lambda_2 l_2, \quad \cdots, \quad Al_p = \lambda_p l_p \\
& \Leftrightarrow \quad A[l_1, l_2, \cdots, l_p] = [l_1, l_2, \cdots, l_p]\begin{bmatrix} \lambda_1 & 0 & 0 & 0 \\ 0 & \lambda_2 & \cdots & 0 \\ \vdots & \vdots & \ddots & \vdots \\ 0 & 0 & \cdots & \lambda_p \end{bmatrix} \\
& \Leftrightarrow \quad AL = L\Lambda \quad \Leftrightarrow \quad L^T AL = \Lambda
\end{aligned}
\tag{3.35}
$$

式(3.35)は，対称行列 A が直交行列 L を用いて対角行列に変換できることを示しており，式(3.35)を対称行列 A の **対角化** と呼びます．

対称行列の対角化は，固有値の中に重根があり必ずしも固有値全てが相異な

78   第 3 章　線形代数と Excel による演算

らなくても，重根に対する固有ベクトルを適当に取れば成り立ちます．

さらに，式(3.35)より式(3.36)が成り立ち，式(3.36)を A の**スペクトル分解**と呼びます．

$$AL = LA \quad \Leftrightarrow \quad A = LAL^T = \lambda_1 l_1 l_1^T + \lambda_2 l_2 l_2^T + \cdots + \lambda_p l_p l_p^T \qquad (3.36)$$

数値例 3-③　行列 A の固有値と固有ベクトルを求めましょう．

$$A = \begin{bmatrix} 1 & 0.5 & 0.5 \\ 0.5 & 1 & -0.5 \\ 0.5 & -0.5 & 1 \end{bmatrix} \Rightarrow |A - \lambda I| = \begin{vmatrix} 1-\lambda & 0.5 & 0.5 \\ 0.5 & 1-\lambda & -0.5 \\ 0.5 & -0.5 & 1-\lambda \end{vmatrix} = 0$$

数値例 3-③　行列式は $|A - \lambda I| = 0$ となるので，式(3.13)より

$$|A - \lambda I| = (1-\lambda) \times \begin{vmatrix} 1-\lambda & -0.5 \\ -0.5 & 1-\lambda \end{vmatrix} - 0.5 \times \begin{vmatrix} 0.5 & -0.5 \\ 0.5 & 1-\lambda \end{vmatrix} + 0.5 \times \begin{vmatrix} 0.5 & 1-\lambda \\ 0.5 & -0.5 \end{vmatrix}$$

$$= (1-\lambda)^3 - 0.25(1-\lambda) - 0.25(1-\lambda) - 0.5^3 - 0.5^3 - 0.25(1-\lambda)$$

$$= 1 - 3\lambda + 3\lambda^2 - \lambda^3 - 0.25 + 0.25\lambda - 0.25 + 0.25\lambda - 0.125$$

$$\quad - 0.125 - 0.25 + 0.25\lambda$$

$$= -2.25\lambda + 3\lambda^2 - \lambda^3 = -\lambda(\lambda^2 - 3\lambda + 2.25) = -\lambda(\lambda - 1.5)^2$$

より，$\lambda_1 = 1.5$，$\lambda_2 = 1.5$，$\lambda_3 = 0.0$ と解が求まります．

ここで，固有値 λ_1, λ_2 に対応する長さ 1 の固有ベクトルを l_1, l_2 とおきます．

(1)　$\lambda_1 = 1.5$ に対応する固有ベクトル $l_1^T = [l_{11}, l_{12}, l_{13}]$ を

$$l_1^T l_1 = 1 \Rightarrow l_{11}^2 + l_{12}^2 + l_{13}^2 = 1 \quad と \quad \begin{bmatrix} 1 & 0.5 & 0.5 \\ 0.5 & 1 & -0.5 \\ 0.5 & -0.5 & 1 \end{bmatrix} = 1.5 \begin{bmatrix} l_{11} \\ l_{12} \\ l_{13} \end{bmatrix} \text{ の連立方程}$$

式から導くと，

$$l_{11} = \frac{1}{\sqrt{1.5}} = 0.816, \quad l_{12} = \frac{1}{2\sqrt{1.5}} = 0.408, \quad l_{13} = \frac{1}{2\sqrt{1.5}} = 0.408$$

となります．

(2)　$\lambda_2 = 1.5$ に対応する固有ベクトル $l_2^T = [l_{21}, l_{22}, l_{23}]$ を，同様にして，

$$\boldsymbol{l}_2{}^T\boldsymbol{l}_2 = 1 \Rightarrow l_{21}{}^2 + l_{22}{}^2 + l_{23}{}^2 = 1 \quad \text{と} \begin{bmatrix} 1 & 0.5 & 0.5 \\ 0.5 & 1 & -0.5 \\ 0.5 & -0.5 & 1 \end{bmatrix} = 1.5 \begin{bmatrix} l_{21} \\ l_{22} \\ l_{23} \end{bmatrix}, \quad \text{それに}$$

$\boldsymbol{l}_1{}^T\boldsymbol{l}_2 = 0$ の直交条件である $l_{11}l_{21} + l_{12}l_{22} + l_{13}l_{23} = 0$ とから解を導くと,

$$l_{21} = \frac{0}{\sqrt{1.5}} = 0.000, \quad l_{22} = \frac{1}{\sqrt{2.0}} = 0.707, \quad l_{23} = \frac{-1}{\sqrt{2.0}} = -0.707$$

となります.

3.6 ベクトルと行列についての偏微分

最後に,ベクトルと行列との,主要な偏微分の関係式を示しておきます.

$$\frac{\partial(\boldsymbol{x}^T\boldsymbol{a})}{\partial \boldsymbol{x}} = \boldsymbol{a} \tag{3.37}$$

$$\frac{\partial(\boldsymbol{x}^T\boldsymbol{x})}{\partial \boldsymbol{x}} = 2\boldsymbol{x} \tag{3.38}$$

$$\frac{\partial(\boldsymbol{Ax})}{\partial \boldsymbol{x}} = \boldsymbol{A} \tag{3.39}$$

$$\frac{\partial \boldsymbol{x}^T\boldsymbol{Ax}}{\partial \boldsymbol{x}} = 2\boldsymbol{Ax} \tag{3.40}$$

3.7 行列の演算ソフト

多変量解析では,これまで解説してきた逆行列の計算や行列の固有値・固有ベクトルを求める作業があります.行列の次数が少し大きくなると手計算では困難で,必然的に Excel の活用や,専用の解析ソフトが必要となります.

しかし,本書の目的は,多変量解析の各種手法の考え方と解法プロセスを理解することにあります.したがって,次数の多い行列の演算などの複雑な解析部分はブラックボックス化して,専門の解析ソフトに任せ,データのインプッ

トの仕方と解析結果の見方が理解できればよいとします．そして，多変量解析の演算プロセスを理解するために，3次程度の行列を用いて，その演算過程をExcelを用いて解説します．一度，Excelで確認してください．

なお，専門の解析ソフトについては，次項に簡単に触れておきます．

3.7.1 市販の解析ソフトの概要

市販の代表的な解析ソフトを表3.2のような一覧にして，簡単に紹介します．最近は，これ以外にもMATLAB（MathWorks社）などの機械学習を含めた解析ソフトが多数出てきています．各解析ソフトにはそれぞれの特徴があ

表 3.2　多変量解析ソフト一覧

解析ソフト名	販売会社	概　　要
SAS	SAS Institute Japan Ltd.	1976年創業．古くから医学・工学・科学技術分野を中心に広く愛用されてきている．解析手法は豊富である．
JMP	SAS Institute Japan Ltd.	高校・大学などの教育用に展開されていて，本体のSASに比べて使いやすい．
SPSS	IBM	1968年に開発され，古くから社会科学系研究者を中心に愛用されている．多くの解析手法が盛り込まれている．
STATISTICA	TIBCO Software Inc.	1991年に開発され，統計処理に加えてグラフィック機能を充実させている．統計学の専門家が活用している．
S–PLUS	(株)NTTデータ数理システム	ベル研究所で開発されたデータ解析言語"S"を用いた汎用のデータ解析ソフト．企業で1980年代頃から広く数値データ処理に使われている．
StatWorks	(株)日本科学技術研修所	統計的品質管理分野から生まれたデータ解析ソフト．1980年代頃から製造業で広く使われ始めており，手軽で使いこなしやすい．
EXCEL多変量解析	(株)エスミ	Excelとリンクさせたデータ解析ソフトで幾つかの種類がある．安価であるため個人で購入できて活用しやすい．

3.7 行列の演算ソフト

りますが，紙面の都合上，本書では詳しく紹介しません．読者の方が用いたい手法を中心に，インターネットなどで解析ソフトの内容を検索してみてください．また，企業にお勤めの方は，一度自社内でデータ解析に関係すると思われる部署に問い合わせください．結構，有効なソフトを所有していたりします．学生なら，教務課などに問い合わせてください．社会科学系の大学でも，表3.2 にある SAS や SPSS などのソフトが装備されていたりします．意外と身近にあります．Excel と対応できる安価なソフトも多く出回っています．

参考までに，本書で用いた解析ソフトは，SPSS, StatWorks, Excel です．

3.7.2 フリーの解析ソフト

オープンソースでフリーな統計解析ソフトなら，まず "R" です．"R" とはR言語で，1996 年にニュージーランドのオークランド大学の Ross Ihaka とRobert Clifford Gentleman によりデータ解析用に開発されたソフトです．言語のソースコードは主に S 言語，C 言語，FORTRAN と関連しています．現在では R Development Core Team によりメンテナンスと拡張がなされています．インターネットで検索するとすぐに出てきて，インストールする方法も簡単にわかります．"R" は無料で，機能が豊富でインストール法や学習資料も無料で入手できますが，操作する上においては簡単なプログラムを作成しなければならないのが難点です．ただ，急速に拡大普及しており，また機械学習分野の解析アルゴリズムも追加されて増えてきており，将来的にますます発展するものと考えられます．"R" の "Rcmdr"（R コマンダー）を用いて多変量解析を実施したい方は，荒木孝治著『R と R コマンダーではじめる多変量解析』（日科技連出版社）などを参考にするとよいでしょう．基礎統計解析では，荒木孝治著『フリーソフトウェア R による統計的品質管理入門 第 2 版』（日科技連出版社）があります．

また，Excel で多変量解析を計算する方法について紹介した書籍も多く出回っています．これらの書籍を購入すると Excel で解析できるソフトのソースが示されています．書籍の指示に従うと簡単にダウンロードができ，解説に従っ

82   第3章　線形代数とExcelによる演算

て操作すれば解析ができます．活用しやすそうな書籍を選んで試みるのもよい
でしょう．参考までに，筆者が使いやすいと思った書籍は，菅民郎著『Excel
で学ぶ多変量解析入門 第2版』(オーム社) でした．

3.7.3　Excelによる固有値，固有ベクトルの求め方

　3次以上の行列から固有値と固有ベクトルを求めるのは大変で，手計算する
のにも無理があります．数値例3-④の3次行列からExcelのソルバーを用い
て，固有値と固有ベクトルを求める方法を紹介します．この数値例3-④の3
次行列は，第11章の多次元尺度構成法の数値例11-①に出てくる行列の数値
と同じです．第11章を終えてから求めてもよいでしょう．

数値例 3-④　次の行列 S^* の固有値と固有ベクトルを Excel を用いて求
めましょう．

$$S^* = A = \begin{bmatrix} 8/9 & -10/9 & 2/9 \\ -10/9 & 44/9 & -34/9 \\ 2/9 & -34/9 & 32/9 \end{bmatrix}$$

$$= \begin{bmatrix} 0.88889 & -1.11111 & 0.22222 \\ -1.11111 & 4.88889 & -3.77778 \\ 0.22222 & -3.77778 & 3.55556 \end{bmatrix}$$

数値例 3-④　Excel のソルバーを用いて固有値を求めます．

手順1　図 3.1 のように，Excel のワークシートに行列 S^* を行列 A と置
き，各成分をセル B1〜D3 に入力します．

手順2　固有値の未知数 λ を入力するセルを E4 に決めて，適当な初期値
(今回は 5，目安としては行列 A の対角成分の合計約 10 の約半分程度)
を入力します．

手順3　行列 I をセル B5〜D7 に入力します．

手順4　**手順2**で準備した未知数 λ を使って行列 $A-\lambda I$ を作ります．セ

3.7 行列の演算ソフト

ル B9 に B9=B1-$E$4*B5 と入力し（E4 のみ絶対参照），これをセル D11 までコピー・貼り付けをします．

手順 5　行列式の $\det(A-\lambda I)$ を未知数 λ を使って表します．セル E12 にワークシート関数 E12=MDETERM(B9:D11) を書き込みます．

	A	B	C	D	E
1		0.88889	-1.11111	0.22222	
2	S^*=A=	-1.11111	4.88889	-3.77778	← 手順1
3		0.22222	-3.77778	3.55556	
4					5.00000 ← 手順2
5		1.00000	0.00000	0.00000	
6	I=	0.00000	1.00000	0.00000	← 手順3
7		0.00000	0.00000	1.00000	
8					
9		-4.11111	-1.11111	0.22222	
10	$(A-\lambda I)$=	-1.11111	-0.11111	-3.77778	← 手順4
11		0.22222	-3.77778	-1.44444	
12					61.6667 ← 手順5

E12=MDETERM(B9:D11)

図 3.1　固有値を求める入力準備

手順 6　ツールバーからソルバーを選び，図 3.2 のように，ソルバーのダイアログボックスの目的セルに \$E\$12 を，変化させるセルには手順 2 で入力した固有値のセル \$E\$4 を入れます．

手順 7　目標値は 0 を入れます．

手順 8　まず第 1 固有値 λ_1 を求めたいので，入力した未知数 $\lambda=5$ より

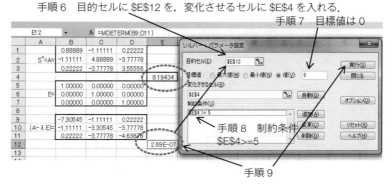

図 3.2　ソルバーで固有値を求める

84　　　第 3 章　線形代数と Excel による演算

も大きい固有値があると仮定して，制約条件に \$E\$4>=5 を入れます．

手順 9　実行します．図 3.2 は実行した後の図です．答えは，E4=8.19434 と第 1 固有値 λ_1 が求まります．解の精度は E12 に表れ，2.69E-07＝2.69×10^{-7} で限りなく 0 に近いこともわかります．

(**数値例 3–④**)　第 1 固有値 $\lambda_1 = 8.19434$ の固有ベクトルを求めます．

手順 10　固有値に対応する固有ベクトルの行列の積 $A l_1 = \lambda_1 l_1 \Rightarrow (A - \lambda_1 I) l_1 = 0$ を作ります．図 3.3 のように，求めたい第 1 固有値 $\lambda_1 = 8.19434$ の固有ベクトルの解 l_1 が入るセルを F9:F11 に用意し，適当な初期値として F9=0.5，F10=−0.5（負の固有ベクトルもあり得る，F11=0.5 などを入力します．また，ソルバーの制約条件として $|l_1| = 1$（多変量解析では固有ベクトルの 2 乗和を 1 とする解が多い）とするためにセル F12 に ＝SUMSQ(F9:F11) を入力します．

手順 11　Excel のワークシートで行列の積を求める関数は MMULT です．$(A - \lambda_1 I) l_1$ の演算結果をセル G9〜G11 に書き込むには，セル G9 を軸として G9 に ＝MMULT(B9:D11,F9:F11) を書き込んだ後に，G9〜G11 を図 3.3 のように反転させておき，Ctrl キーと Shift キーを押しながら Enter を押します．すると，図 3.3 の⇨のようにセル G9〜G11 に $(A - \lambda_1 I) l_1$ の計算結果が表れます．$(A - \lambda_1 I) l_1 = 0$ となる固有ベクトル l_1

手順 10　初期値入れ，F12=SUMSQ(F9:F11) とする．

	A	B	C	D	E	F	G		G
1		0.88889	−1.11111	0.22222					
2	S⁺=A=	−1.11111	4.88889	−3.77778			手順 11		
3		0.22222	−3.77778	3.55556			G12=SUMSQ(G9:G11)		
4					8.19434		とする．		
5		1.00000	0.00000	0.00000					
6	E=	0.00000	1.00000	0.00000					
7		0.00000	0.00000	1.00000					
8									
9		−7.30545	−1.11111	0.22222		0.50000	−2.98606		−2.98606
10	(A−λE)	−1.11111	−3.30545	−3.77778		−0.50000			−0.79172
11		0.22222	−3.77778	−4.63878		0.50000			−0.31939
12					2.69E-07	0.75000			9.645382

図 3.3　第 1 固有値の固有ベクトルを求める入力準備

3.7 行列の演算ソフト 85

を求めるわけですから，セル G12 に =SUMSQ(G9:G11) を入力します．

手順 12　ソルバーで固有ベクトルを求める準備ができました．メニューツールでソルバーを選択して，図 3.4 のように，目的セルに $G$12 を入れ，目標値を 0 とします．変化させるセルは $F$9:$F$11 で，制約条件には $F$12=1 を入れます．

手順 13　実行すると，固有値 $\lambda_1 = 8.19434$ に対応する固有ベクトル l_1 が図 3.4 のセル F9〜F11 に $l_1 = [0.13551, -0.76506, 0.62954]$ として求まります．解の精度はセル G12 に表れ，4.97E-09 = 4.97×10^{-9} なので 0 に近いことがわかります．

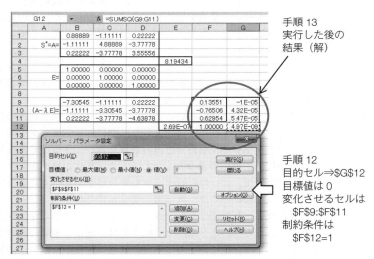

図 **3.4**　固有ベクトルを求めるソルバーの実行

(数値例 3-④)　第 2 固有値，固有ベクトルを求めます．

手順 14　第 2 固有値を求めるには，また元の手順 1 に戻ります．今度は，**手順 2** の固有値の未知数 λ の入るセル E4 には，目安としては，行列 **A** の対角成分の合計約 10 から求まった第 1 固有値の約 8 を引いた 2 を入力します．また，**手順 8** の制約条件には $E$4<3 を入れてから実行します．すると，第 2 固有値 $\lambda_2 = 1.13900$ が求まります．

Excel のソルバーで初期値を与えて解を導く場合に，Excel 2003，2007 では比較的安定した解が得られますが，Excel 2010，2013 は初期値の与え方により解がうまく求められないときがあります．その点を考慮して，上記の数値例は Excel 2003 で実行しました．

筆者の統計学や多変量解析との出会い

　大学では統計学の授業がありましたが，難しく，統計学には興味が持てませんでした．卒業後に，東洋紡へ入社して繊維研究所へ配属となりました．研究所内では"ファッションの流行予測"を研究している先輩たちが，既に多変量解析を活用していました．

　あるとき，その研究の中心的な存在にあった先輩が，日本科学技術連盟が開催する"多変量解析セミナー"を受講することになっていましたが，その開催当日に，高熱を出して参加できなくなりました．急遽，ろくに仕事をしていなかった筆者にセミナー参加が回ってきました．セミナーに参加しましたが，これもまた難しく 1/3 程度しか理解できませんでした．しかし，多変量解析を勉強しておくと将来きっと役立つのではと直感的に感じました．これが，筆者が多変量解析や統計学に関心を持ち始めた最初です．

　これを機に，筆者の仕事の内容はいろいろと変わりましたが，業務報告の際には，極力，表やグラフで示すように心掛けました．特に，量的データを集めて報告する際には，わかりやすそうな自分好みの書籍を買ってきて，それを見ながら，データ数や平均値，標準偏差などを示しました．2 つの質的データの関係はクロス集計表で表して，2 つの質的データの変数関連が見やすいようにしました．職場が変わってもこのスタンスは変えませんでした．

　上司の中には，そんなことしなくてもデータをよく見ればわかるとか，統計量の計算なんて不要という方もいました．そういう方は，後には筆者の周りからはやがていなくなりました．特に偉い方（重役）に説明する際には，この見やすさを意識して報告しました．わかりやすいと好まれました．ずっと続けていると，部門の異なる重役からも調査や資料のまとめの仕事が回ってきました．

　確かに，基礎統計学から始めて，次に実験計画法，そして多変量解析へと，順序立てて学習することも大切ですが，統計学は学習範囲が広いので，順序立てを大切にすると途中で嫌になります．最初から全てがわかるはずはないので，わからないものは，そのまま残して次に進めればよいのです．とにかく，現実に必要となった統計手法から取り組めばよいのです．

　筆者は，結局，ファッション研究の手伝いをすることになり，主成分分析の

3.7 行列の演算ソフト

学習から始めました．よくわからないこともありましたが，そのときに必要な事項だけが説明できればよいとして進めました．したがって，読者の方も，実験計画法から始めてもよいし，1つの多変量解析の手法を取り組み，計算ソフトの力を借りて自分で説明できるような報告書を作ることから始めてもよいでしょう．どのような業務でも統計手法を活用しようと思えばできます．とにもかくにも実践しながら学ぶことです．実践することは，学ぼうとすることへの集中力を高めてくれます．そして，簡単にマスターできない統計手法もあるので気長にやることです．

特に職場の偉い方（重役）に報告する際には，手法の解説は不要なので，統計手法を用いて表やグラフで結果を見やすくし，検討した内容を報告すればよいのです．必ずよく聞いていただけるはずです．場合により手法のことも質問されますが，手法の考え方の説明にとどめ，数式などの展開を示さないようにします．

人によって学び方が異なるので，自分にとって興味がある，あるいは必要な統計手法から取り組めばよいのです．途中で，たくさんの壁にぶつかることもありますが，継続することを忘れないでください．できればどなたか統計学の先生と親しくなれば，わからないことが聞けます．筆者は，企業人でしたが，神戸大学名誉教授の磯貝恭史先生や大阪大学名誉教授の石井博昭先生らとつながりを持つようにしました．いまや大切な友人です．

このように，統計学や多変量解析を使えるツールとするには，自分の業務の分野で必要とする統計手法は何かを見つけて，とにかく実践することです．業務報告の際には極力，表やグラフなどで結果をわかりやすくし，業務担当が変わっても，このことを継続していけば，知らぬ間に統計学というスキルが身に付いていることにある時点で気付くはずです．とにかく実践しましょう．

MULTIPLE REGRESSION ANALYSIS

第 4 章
重 回 帰 分 析

　量的なデータ 1 つを目的変数（外的基準）とし，複数の変数を説明変数（層別因子を含む）とする重回帰分析を取り上げます．

　重回帰分析をよく理解するために，まず説明変数が 1 つの場合の回帰分析を示し，その後に説明変数が多くなった重回帰分析を解説します．

　本章では，重回帰分析の考え方を理解した上で，数値例 4–①により，重回帰分析の解法を確認してください．

4.1 相関から回帰

表 4.1 は，ゴールトンが考えた式 [（父親の身長＋母親の身長×1.08）/2] による両親の身長 x（cm）と成人したその子の平均身長 y（cm）との関係を示したデータ表です．散布図を描くと図 4.1 になり，この散布図から親と子の身長には正の相関がありそうだとわかります．

表 4.1 両親の身長 x とその子の平均身長 y との関係

No.	x：両親の身長 （cm）	y：子の平均身長 （cm）	x^2	y^2	xy
1	172.1	177.0	29618.41	31329.00	30461.70
2	180.5	176.3	32580.25	31081.69	31822.15
3	169.1	175.0	28594.81	30625.00	29592.50
4	170.8	168.5	29172.64	28392.25	28779.80
5	160.0	166.3	25600.00	27655.69	26608.00
6	163.2	170.5	26634.24	29070.25	27825.60
7	175.5	170.0	30800.25	28900.00	29835.00
8	165.6	173.9	27423.36	30241.21	28797.84
9	174.6	172.7	30485.16	29825.29	30153.42
10	169.3	171.3	28662.49	29343.69	29001.09
11	185.0	183.0	34225.00	33489.00	33855.00
12	169.1	167.4	28594.81	28022.76	28307.34
13	166.4	171.0	27688.96	29241.00	28454.40
14	171.3	172.3	29343.69	29687.29	29514.99
15	160.1	164.2	25632.01	26961.64	26288.42
	2552.6	2579.4	435056.08	443865.76	439297.25

4.1.1 相関係数の計算

そこで，第 2 章の式(2.7)から相関係数を求めます．表 4.1 の下欄の合計値を利用し偏差平方和 S_{xx}, S_{yy}, S_{xy} を求めると，

$\sum x = 2552.6$ と $\sum x^2 = 435056.08$ から，

$$S_{xx} = 435056.08 - \frac{(2552.6)^2}{15} = 671.6293$$

$\sum y = 2579.4$ と $\sum y^2 = 443865.76$ から，

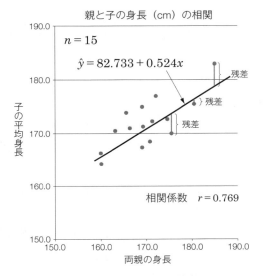

図 4.1 親と子の身長の散布図

$$S_{yy} = 443865.76 - \frac{(2579.4)^2}{15} = 312.1360$$

また，$\sum x = 2552.6$，$\sum y = 2579.4$，$\sum xy = 439297.25$ から，

$$S_{xy} = 439297.25 - \frac{2552.6 \times 2579.4}{15} = 352.154$$

そこで，S_{xx}, S_{yy}, S_{xy} の各値を式(2.7)に代入すると，相関係数 r として，

$$r = \frac{352.154}{\sqrt{671.6293 \times 312.1360}} = 0.769$$

が求まります．

4.1.2　因果関係の検討

　相関係数の値が高いからといって，常に2つの変数には相関があると考えずに，2つの変数間の関係を考える場合には，必ず固有技術の立場からその関係を確認します．相関には，偽相関（見せかけ）の場合があり，実際は何ら関

係がないのにあたかも関係があるかのように見える場合があります.

この見せかけの例としては，例えば"足の遅い（50 m 走の時間がかかる）人は，給料が高い"というのがあり，これは第3の要因（変数）として年齢が関与しています．すなわち，年齢が高くなると足が遅くなり，給料も高くなるので，"足の遅い人は給料も高い"という関係が現れたのです．年齢の影響を除くと関係は全くなくなります．第3の要因が年齢である例には，"血圧が高い人は給料が高い"などもあります．また第3の要因が気温である場合には，"プールでの事故死が多いとアイスクリームの売上げが上がる"や"水難事故が多いとビールの売上げが上がる"などがあります．気温が上がるといずれも増える関係であり，示した2つの要因には何ら因果関係はありません.

このような見せかけの関係には他にも多くの例があり，相関係数が真に関係を示しているかは，固有技術の立場から十分検討する必要があります．相関係数は，直線的な関係を見るものです.

4.1.3 最小 2 乗法

実際に，図 4.1 の親と子の身長の散布図上に直線を描いてみます．図 4.1 に描いてあるようなデータの真ん中辺りを通る直線を引くのが妥当と考えられます．決して，散布図の点群から離れた上側や下側には直線は描かないでしょう．すなわち，散布図に描かれた全ての点にできるだけ近いところを通る直線を引きます．この考え方が**最小 2 乗法**です．C.F. ガウス（1777–1855）は，最小 2 乗法により，散布図上に直線を引くことを考え，直線の式を式(4.1)のようにおきました．この直線式を**回帰直線**又は**回帰方程式**と呼びます.

$$\hat{y}_i = a + b x_i \quad (i = 1, 2, \cdots, n) \tag{4.1}$$

式(4.1)は親子の身長の関係式で，子の身長 y が**目的変数**，親の身長 x が**説明変数**です．この関係式が求められれば，親の身長に b を掛けて a を加えると，その子が成人したときに，どれくらいの身長になるのかが予測できます.

最小 2 乗法の原理は，図 4.1 に示すように，引こうとしている直線と，個々のデータのズレ（**残差**）が最小になるような直線の傾き b や切片 a を求める

ことになります．残差の数はデータ数だけあるので，全体の残差は，これらを一気に足すことになります．しかし，残差をそのまま足したのでは，＋と－とで相殺されて0になり全体の残差の大きさは捉えられません．そこで，個々の残差を平方して全て足し，その値で残差の大きさを捉えます．そして，この残差平方和を最小にするa, bの式を求めることになります．これが最小2乗法の考え方です．残差平方和の式をbとaで微分するとa, bの式が導けますが，微分とは別に，中学で習った数学の知識で導けるので，その過程を示します．

4.1.4　回帰直線の求め方

表4.2は対になっている2変数x, yの観測データで，yは目的変数，xは説明変数，xのデータ$x_1, x_2, \cdots, x_n$の平均を$\bar{x}$，yのデータ$y_1, y_2, \cdots, y_n$の平均を$\bar{y}$とします．図4.2はその散布図です．

表4.2　2変数のデータ

番号	x	y
1	x_1	y_1
2	x_2	y_2
⋮	⋮	⋮
i	x_i	y_i
⋮	⋮	⋮
n	x_n	y_n
平均	$\bar{x}$	$\bar{y}$

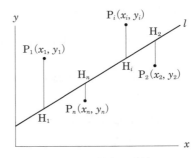

図4.2　最小2乗法

［出所：野口博司・又賀喜治共著(2007)：社会科学のための統計学，日科技連出版社］

図4.2の平面上に直線$l : \hat{y}_i = a + bx_i$を引き，各点$P_i(x_i, y_i)$からy軸に平行な直線を引き直線lとの交点をH_i，H_iの座標を$(x_i, \hat{y}_i)$とします．このとき線分$P_i H_i$の長さの2乗$\overline{P_i H_i}^2$の和をe^2と表すと，式(4.2)のようになります．

$$e^2 = \sum_{i=1}^{n} \overline{P_i H_i}^2 = \sum_{i=1}^{n} \left[y_i - (bx_i + a) \right]^2 \tag{4.2}$$

e^2の値は，直線lの位置が動くに従って変化しますが，e^2の値を最小にする

ような直線 l を求めれば，それが回帰直線となります．点 H_i の座標は $(x_i, a + bx_i)$ ですから，式(4.2)は式(4.3)のように変形されます．

$$
\begin{aligned}
e^2 &= \sum_{i=1}^{n} \overline{\mathrm{P}_i \mathrm{H}_i}^2 = \sum_{i=1}^{n} \left[y_i - (bx_i + a) \right]^2 \\
&= \sum_{i=1}^{n} \left[(y_i - \bar{y}) - b(x_i - \bar{x}) - (b\bar{x} + a - \bar{y}) \right]^2 \\
&= \sum_{i=1}^{n} (y_i - \bar{y})^2 + b^2 \sum_{i=1}^{n} (x_i - \bar{x})^2 + n(b\bar{x} + a - \bar{y})^2 - 2b \sum_{i=1}^{n} (x_i - \bar{x})(y_i - \bar{y}) \\
&\quad \underline{- 2(b\bar{x} + a - \bar{y}) \left[\sum_{i=1}^{n} (y_i - \bar{y}) - b \sum_{i=1}^{n} (x_i - \bar{x}) \right]}
\end{aligned} \tag{4.3}
$$

式(4.3)における下線の最後の項 [　] 内は偏差の和が 0 なので 0 になります．

$S_{xx} = \sum_{i=1}^{n} (x_i - \bar{x})^2$ のような偏差平方和 S_{xx} の記号を用いて，式(4.3)を書き改めると式(4.4)のようになります．

$$
\begin{aligned}
e^2 &= S_{yy} + b^2 S_{xx} + n(b\bar{x} + a - \bar{y})^2 - 2b S_{xy} \\
&= S_{xx} \left(b - \frac{S_{xy}}{S_{xx}} \right)^2 + n(b\bar{x} + a - \bar{y})^2 + S_{yy} - \frac{\left(S_{xy} \right)^2}{S_{xx}}
\end{aligned} \tag{4.4}
$$

a と b を変化させるとき，e^2 が最小になるのは，$S_{xx} > 0$ なので，平方完成されている項が 0 となるときです．したがって，式(4.5)が成り立つときになります．

$$
\begin{aligned}
b - \frac{S_{xy}}{S_{xx}} = 0 &\quad \Rightarrow \quad b = \frac{S_{xy}}{S_{xx}} \\
b\bar{x} + a - \bar{y} = 0 &\quad \Rightarrow \quad a = \bar{y} - b\bar{x}
\end{aligned} \tag{4.5}
$$

回帰直線の公式が示されたので，表 4.1 のデータを用いて図 4.1 の具体的な回帰直線を求めます．

先の相関係数のところで，

$$
S_{xx} = 671.6293, \quad S_{xy} = 352.1540
$$

でしたので,

$$b = \frac{352.1540}{671.6293} = 0.524$$

と回帰直線の傾き b が導けます. 次に,

$$\bar{x} = \frac{\sum x}{n} = \frac{2552.6}{15} = 170.1733 , \quad \bar{y} = \frac{\sum y}{n} = \frac{2579.4}{15} = 171.9600$$

なので,

$$a = 171.9600 - 0.524 \times 170.1733 = 82.789$$

と導けます. すなわち, 表 4.1 のデータから回帰直線は $\hat{y} = 82.789 + 0.524x$ となります. この回帰直線により, 親の身長から, 生まれた子供がどれだけの身長になるのかが予測できます.

4.1.5 回帰直線の精度

ここで, 予測した値を**予測値**と呼び, 元の目的変数の値を**実測値**とすれば, 実測値, 予測値, 残差 (実測値と予測値の差) については, 式(4.6)が成り立ちます.

$$\text{実測値の分散}＝\text{予測値の分散}＋\text{残差の分散} \tag{4.6}$$

回帰直線は, 全ての点にできるだけ近いところを通る直線で, 全てのデータの残差平方の和が最小になる直線です. すなわち, 残差の分散をできるだけ小さくする直線であり, その値が小さいほど精度のよい直線となります. そこで, **決定係数 (寄与率)** R^2 が式(4.7)のように定義でき, R^2 は回帰直線の精度を示す指標となります.

$$R^2 = \frac{\text{予測値の分散}}{\text{実測値の分散}} \tag{4.7}$$

残差分散が小さいほど, 予測値の分散は実測値の分散に近づき, 式(4.7)の R^2 の値は 1 に近い値になります.

96   第 4 章　重回帰分析

───────────────────────── 回帰という言葉の誕生 [1),2),3)] ─────

　直線を"回帰"（regression）直線と名付けたのは F. ゴールトン（1822–
1911）です．ゴールトンは，1822 年にイギリスのバーミンガムの名門資産
家の家庭に生まれました．彼のいとこには，進化論で有名な C. ダーウィン
（1809–1882）がいました．このダーウィンが，1859 年に"生物は，突然変異
と自然淘汰によって進化してきた"という内容の『種の起源』という本を出版
しました．ゴールトンは，ダーウィンのこの本を読み，とても感動して，ダー
ウィンの内容を統計学を使って証明してみようと思い立ったのです．以後，ゴー
ルトンは，生物学的な統計の世界にのめり込んでいき，研究を重ねて，後の
偉大な統計学者となっていくのです．
　そして，研究の一環で，ゴールトンは，親の身長から子供の身長を予測す
るために，ロンドンで多くの親子（子供の人数では 928 人）を測定しました．
得られたデータについての検討を重ねた結果，彼は 1885 年に"全体の傾向は，
身長の高い親からは身長の高い子供が生まれ，低い親からは低い子供が生まれ
るが，これは当然である．しかし，身長がとても高い親からは，親よりも高い
子供は生まれず，その親よりやや低い子供が生まれる．逆にとても低い親から
はやや高い子供が生まれる"ことを見いだします．すなわち，彼の説は，"も
し，背の高い親からはもっと背の高い子供が次々と生まれるのなら，世代を重
ねていくと，とてつもなく背の高い人や背の低い人が現れ，ヒトという種を維
持できなくなる．現実には，そのようなことにはなっておらず，極端な遺伝形
質も次世代には平均的な方向に近づく"というものでした．
　ゴールトンは，この現象を平均や先祖への**回帰**（regression）と名付け，回
帰直線の回帰方程式を誕生させたのです．

───

4.2　重回帰分析とは

4.1 節で解説した回帰直線では，目的変数が"子の身長"で，それに対し
て"親の身長"の説明変数が 1 つでした．**重回帰分析**（multiple regression
analysis）は，1 つの目的変数に対して，説明変数が 2 つ以上ある場合の予測
式を求めるものです．

4.3 重回帰分析の考え方

図 4.3 は,目的変数が Y:中古マンションの価格であり,説明変数が X_1:広さ(m^2),X_2:築年数(年),X_3:最寄駅までの所要時間(分),X_4:車の駐車可能台数(台)の 4 つである例を示しています.

図 4.3 の左側の表はその数値データ表です.右側には,目的変数の Y:中古マンションの価格の低い順から並び換えた値を折れ線グラフで示し,それに対応させた 4 つの説明変数を折れ線グラフで示しています.折れ線グラフからは,"中古マンションの価格は,広く,駐車可能台数が多いほど高くなり,逆に,築年数が古く,最寄りの駅までの所要時間がかかるほど安くなる"ことがわかります.

重回帰分析は,目的変数に対して,説明変数を折れ線グラフで対応させてその関係を見るという考え方です.

右図から,"中古マンションの価格は,X_1:広く,X_4:駐車可能な車の台数が多いと高くなり,X_2:築年数が古く,X_3:駅までの所要時間がかかると安くなる"ことがうかがえます.このような関係を定量的に捉えるのが重回帰分析です.

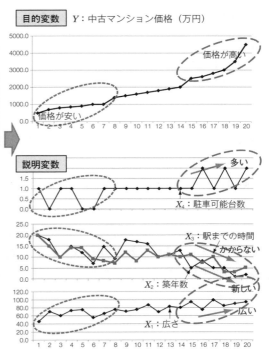

図 4.3 重回帰分析の考え方

98   第 4 章　重回帰分析

　重回帰分析は，このような目的変数の挙動に，どの説明変数がどのように対
応するのかを，目的変数と説明変数との定量的な関係で捉えようとする手法で
す．定量的な関係を導く原理は，**最小 2 乗法**を用います．

4.4　重回帰分析の解法

4.4.1　重 回 帰 式

　いま，n 人の販売員の営業成績として売上高 y_i $(i = 1, 2, \cdots, n)$ 万円/月があ
り，販売員の活動要因として顧客訪問回数 x_{i1}，販売経験年数 x_{i2}，営業マン研
修の受講有無 x_{i3}，$\cdots$，残業時間 x_{ip} などの p 個の変数があるとします．これら
を n 組のデータとして表 4.3 の左側に示します．

表 4.3　重回帰分析の n 組のデータ（左側）と数値例 4–①のデータ（右側）

No.	説明変数					目的変数	No.	訪問回数 x_{i1} 回／月	研修（済・未） $x_{i2 \cdot k}$		売上 y_i 万円／月
	x_{i1}	x_{i2}	x_{i3}	$\cdots$	x_{ip}	y_i					
1	x_{11}	x_{12}	x_{13}	$\cdots$	x_{1p}	y_1	1	15	0	1	200
2	x_{21}	x_{22}	x_{23}	$\cdots$	x_{2p}	y_2	2	10	1	0	300
3	x_{31}	x_{32}	x_{33}	$\cdots$	x_{3p}	y_3	3	20	済 0	未 1	400
$\vdots$	$\vdots$	$\vdots$	$\vdots$	$\vdots$	$\vdots$	$\vdots$	4	15	1	0	400
n	x_{n1}	x_{n2}	x_{n3}	$\cdots$	x_{np}	y_n	5	10	1	0	200

　販売員の活動要因 $x_{i1}, x_{i2}, x_{i3}, \cdots, x_{ip}$ から，最小 2 乗法の原理で，営業成績 y_i
値をできるだけ再現できる関数式 $f(x_{i1}, x_{i2}, x_{i3}, \cdots, x_{ip})$ を導くのが重回帰分析
です．ここで，$\varepsilon_i = y_i - f(x_{i1}, x_{i2}, x_{i3}, \cdots, x_{ip})$ とおけば，この残差 ε_i ができるだ
け小さくなるような関数式 $f(x_{i1}, x_{i2}, x_{i3}, \cdots, x_{ip})$ を求めることになります．残
差 ε_i の平方和が最小になる関数式 $f(x_{i1}, x_{i2}, x_{i3}, \cdots, x_{ip})$ を求める式は，式(4.8)
となります．

$$\min S = \sum_{i=1}^{n} \varepsilon_i^2 = \sum_{i=1}^{n} \left[y_i - f(x_{i1}, x_{i2}, x_{i3}, \cdots, x_{ip}) \right]^2 \qquad (4.8)$$

　重回帰分析では，説明変数 $x_{i1}, x_{i2}, x_{i3}, \cdots, x_{ip}$ から，目的変数である売上高 y_i

万円/月を最も再現する関数式 $f(x_{i1}, x_{i2}, x_{i3}, \cdots, x_{ip})$ として，式(4.9)のような重回帰の線形モデル式（以下，重回帰式という）が成り立つと仮定します．

$$y_i = \beta_0 + \beta_1 x_{i1} + \beta_2 x_{i2} + \cdots + \beta_p x_{ip} + \varepsilon_i \quad (i = 1, 2, \cdots, n) \tag{4.9}$$

この β_0，各 $\beta_j (j=1, 2, \cdots, p)$ を **偏回帰係数** (partial regression coefficient) と呼びます．この重回帰式は，目的変数 $y_i (i=1, 2, \cdots, n)$ と偏回帰係数の母数 β_0，各 $\beta_j (j=1, 2, \cdots, p)$ とが線形関係であり，説明変数は，log (x_{ij})，x_{ij}^2，$e^{-x_{ij}}$，$\cdots$ などの対数や高次曲線などに置き換えて，極力残差平方 ε^2 の和が小さくなるような目的変数に対する説明変数の関数を設定します．

4.4.2 偏回帰係数の導出

式(4.9)をベクトルと行列の形で表現すると式(4.10)となり，目的変数 y_i の列ベクトルを $\boldsymbol{y}$，説明変数 x_{ij} に定数1を加えた行列を $\boldsymbol{X}$，偏回帰係数 β_0 と各 β_j の列ベクトルを $\boldsymbol{\beta}$，残差 ε_i の列ベクトルを $\boldsymbol{\varepsilon}$ とすると，式(4.10)は式(4.11)のような簡単な形で表すことができます．

$$\begin{bmatrix} y_1 \\ y_2 \\ \vdots \\ y_n \end{bmatrix} = \begin{bmatrix} 1, & x_{11}, & x_{12}, & \cdots, & x_{1p} \\ 1, & x_{21}, & x_{22}, & \cdots, & x_{2p} \\ \vdots & \vdots & \vdots & \vdots & \vdots \\ 1, & x_{n1}, & x_{n2}, & \cdots, & x_{np} \end{bmatrix} \begin{bmatrix} \beta_0 \\ \beta_1 \\ \vdots \\ \beta_n \end{bmatrix} + \begin{bmatrix} \varepsilon_1 \\ \varepsilon_2 \\ \vdots \\ \varepsilon_n \end{bmatrix} \tag{4.10}$$

$$\Uparrow \qquad\qquad \Uparrow \qquad\qquad \Uparrow \qquad \Uparrow$$
$$\boldsymbol{y} \quad = \qquad\qquad \boldsymbol{X} \qquad\quad \boldsymbol{\beta} \ + \ \boldsymbol{\varepsilon}$$

$$\boldsymbol{y} = \boldsymbol{X}\boldsymbol{\beta} + \boldsymbol{\varepsilon} \tag{4.11}$$

ここで，$x_{i1}, x_{i2}, x_{i3}, \cdots, x_{ip}$ に対応する y_i の予測式 $\hat{y}_i$ を式(4.12)とおきます．

$$\hat{y}_i = b_0 + b_1 x_{i1} + b_2 x_{i2} + \cdots + b_p x_{ip} \tag{4.12}$$

最小2乗法を適用して予測式(4.12)を求めることは，次式(4.13)の目的変数の実測値 y_i と予測値 $\hat{y}_i$ との差の平方和 S が最小となる偏回帰係数 b_0, b_i を求めることになります．

$$S = \sum_{i=1}^{n} \varepsilon_i^{\,2} = \sum_{i=1}^{n} (y_i - \hat{y}_i)^2 = \sum_{i=1}^{n} (y_i - b_0 - b_1 x_{i1} - b_2 x_{i2} - \cdots - b_p x_{ip})^2 \tag{4.13}$$

100　　　　　　　　　　第4章　重回帰分析

　式(4.13)を b_0，各 b_j の各々で偏微分したものを 0 とおいた正規方程式を導き，その b_0，各 b_j の連立方程式から偏回帰係数 b_0，各 b_j を解けば b_0，各 b_j の値が求められます．しかし，その導出式を 1 つずつ示すと手間取るので，式(4.11)で示したベクトルと行列の表記を用います．式(4.12)を式(4.11)と同様にして，$Y_i = \hat{y}_i$ と置き換えて，式(4.14)とします．

$$Y = Xb \tag{4.14}$$

これより，式(4.13)も式(4.15)のように表せます．

$$S = (y - Y)^T (y - Y) = y^T y - 2b^T X^T y + b^T X^T X b \tag{4.15}$$

　式(4.15)を最小にする b を求めるには式(4.15)を b（すなわち b_0，各 b_j）で偏微分して 0（ゼロベクトル）とおけばよいので，式(4.16)のようになります．

$$\frac{\partial S}{\partial b} = -2X^T y + 2X^T X b = 0 \tag{4.16}$$

　式(4.16)から式(4.17)のように展開できて，b が求められます．

$$X^T X b = X^T y \quad \Rightarrow \quad b = (X^T X)^{-1} X^T y \tag{4.17}$$

　式(4.17)の右側の式の $X^T X$ は説明変数の平方和（回帰直線では S_{xx}）に相当します．また，$X^T y$ は目的変数と説明変数の共平方和（回帰直線では S_{xy}）に相当します．このことから，回帰直線の傾きを示す回帰係数は $b = S_{xy}/S_{xx}$ で求められたように，式(4.17)の b も，$(X^T X)^{-1}$，すなわち $X^T X$ を分母に，分子に $X^T y$ とおくことになります．すなわち，重回帰式の偏回帰係数 b も，回帰直線と同じような式(4.17)で示せることがわかります．

　説明変数 X は，常に計量値である必要はなく，男性・女性等のカテゴリーデータなら男性を 1，女性を 0 とします．また，建築デザインの洋式，和洋折衷，和式の 3 分類なら，洋式を $(0, 0)$，和洋折衷を $(0, 1)$，和式を $(1, 1)$ と数値化すれば，式(4.17)より b を導くことができます．

4.4.3　ラスー法，機械学習

　説明変数の数 p が 10 以上と多くなった場合には，式(4.17)の $X^T X$ が特異（この逆行列が 0 に近づき b の値が不安定）となり偏回帰係数 b が安定して求

4.5 重回帰分析の数値例 101

められません.

その解決策として，詳細は省略しますが，$b=(X^TX-kI)^{-1}X^Ty$（k は定数，I は単位行列）とおき，X^TX に含まれる余分な変動を取り除く**リッジ回帰**（ridge regression trace）**法**や，$(X^TX)^{-1}$ を安定して求められるように，X^TX の行列を正則化（逆行列を存在させる）して，安定した b を求める**ラスー**（lasso）**法**などがあります.

また，**機械学習**では，ある訓練標本から重回帰式を求め，適宜数学モデルを組み入れながら，別の新規な標本においても適合できるように偏回帰係数を逐次調整学習して求めることも行われています.

4.5　重回帰分析の数値例

数値例で，実際に重回帰（層別因子を含む）分析の偏回帰係数を求めてみます.

数値例 4–①　表 4.3（p.98）の右側にある数値データ表のように，販売員の 1 か月の営業成績があるとします. 販売員の活動要因である x_{i1}：顧客への訪問回数/月と $x_{i2 \cdot k}$：：販売研修の済・未修から，営業成績である売上高 y_i（万円/月）を予測する式を求めてみましょう.

数値例 4–①　表 4.3 の右側は販売員 5 人，$n=5$ の各データです. 目的変数 y_i は，営業成績の月当たりの売上高で，説明変数は，訪問回数 x_{i1} の月当たりの顧客への訪問回数と販売研修の済・未修 $x_{i2 \cdot k}$（$k=1, 2$）の 2 つです. 販売研修の変数は，済なら済に 1，未修に 0，未修なら済に 0，未修に 1 とおきます. 2 つのカテゴリーに対する質的データは，いずれか一方の情報があれば済か未修かがわかるので，表 4.3 の販売研修の済・未修の 2 列ある最初の列を削除して，説明変数の行列 X を構成します.

102 第4章 重回帰分析

手順1 式(4.17)から，X^TXを求めます．

$$X^TX = \begin{bmatrix} 1, & 1, & 1, & 1, & 1 \\ 15, & 10, & 20, & 15, & 10 \\ 1, & 0, & 1, & 0, & 0 \end{bmatrix} \begin{bmatrix} 1, & 15, & 1 \\ 1, & 10, & 0 \\ 1, & 20, & 1 \\ 1, & 15, & 0 \\ 1, & 10, & 0 \end{bmatrix} = \begin{bmatrix} 5, & 70, & 2 \\ 70, & 1050, & 35 \\ 2, & 35, & 2 \end{bmatrix}$$

$$= \begin{bmatrix} a_{11}, & a_{12}, & a_{13} \\ a_{21}, & a_{22}, & a_{23} \\ a_{31}, & a_{32}, & a_{33} \end{bmatrix} \qquad \text{この行列の逆行列を求めます．} \tag{4.18}$$

手順2 X^TX の逆行列 $(X^TX)^{-1}$ の各要素を求めます．

行列式 $|X^TX|$ は，

$$\begin{vmatrix} 5 & 70 & 2 \\ 70 & 1050 & 35 \\ 2 & 35 & 2 \end{vmatrix} = 5 \times (-1)^{1+1} \begin{vmatrix} 1050 & 35 \\ 35 & 2 \end{vmatrix} + 70 \times (-1)^{1+2} \begin{vmatrix} 70 & 35 \\ 2 & 2 \end{vmatrix}$$

$$+ 2 \times (-1)^{1+3} \begin{vmatrix} 70 & 1050 \\ 2 & 35 \end{vmatrix}$$

$$= 5 \times (1050 \times 2 - 35 \times 35) - 70 \times (70 \times 2 - 35 \times 2)$$

$$+ 2 \times (70 \times 35 - 1050 \times 2)$$

$$= 4375 - 4900 + 700 = 175$$

X^TX の逆行列の各要素は，

$$a^{11} = (-1)^{1+1} \times \frac{1050 \times 2 - 35 \times 35}{175} = \frac{875}{175}$$

$$a^{12} = (-1)^{1+2} \times \frac{70 \times 2 - 35 \times 2}{175} = \frac{-70}{175}$$

$$a^{13} = (-1)^{1+3} \times \frac{70 \times 35 - 1050 \times 2}{175} = \frac{350}{175}$$

$$a^{21} = (-1)^{2+1} \times \frac{70 \times 2 - 35 \times 2}{175} = \frac{-70}{175}$$

$$a^{22} = (-1)^{2+2} \times \frac{5 \times 2 - 2 \times 2}{175} = \frac{6}{175}$$

$$a^{23} = (-1)^{2+3} \times \frac{5 \times 35 - 70 \times 2}{175} = \frac{-35}{175}$$

$$a^{31} = (-1)^{3+1} \times \frac{70 \times 35 - 1050 \times 2}{175} = \frac{350}{175}$$

$$a^{32} = (-1)^{3+2} \times \frac{5 \times 35 - 70 \times 2}{175} = \frac{-35}{175}$$

$$a^{33} = (-1)^{3+3} \times \frac{5 \times 1050 - 70 \times 70}{175} = \frac{350}{175}$$

手順3 これより，$(\boldsymbol{X}^T\boldsymbol{X})^{-1}$ と $\boldsymbol{X}^T\boldsymbol{Y}$ を求めます．

$$(\boldsymbol{X}^T\boldsymbol{X})^{-1} = \frac{1}{175} \times \begin{bmatrix} 875, & -70, & 350 \\ -70, & 6, & -35 \\ 350, & -35, & 350 \end{bmatrix}$$

$$\boldsymbol{X}^T\boldsymbol{Y} = \begin{bmatrix} 1, & 1, & 1, & 1, & 1 \\ 15, & 10, & 20, & 15, & 10 \\ 1, & 0, & 1, & 0, & 0 \end{bmatrix} \begin{bmatrix} 200 \\ 300 \\ 400 \\ 400 \\ 200 \end{bmatrix} = \begin{bmatrix} 1500 \\ 22000 \\ 600 \end{bmatrix} \tag{4.19}$$

手順4 式(4.19)の $(\boldsymbol{X}^T\boldsymbol{X})^{-1}$ と $\boldsymbol{X}^T\boldsymbol{Y}$ より，式(4.17)の偏回帰係数 $\boldsymbol{b}$ を計算します．

$$\boldsymbol{b} = (\boldsymbol{X}^T\boldsymbol{X})^{-1}\boldsymbol{X}^T\boldsymbol{y} = \frac{1}{175} \times \begin{bmatrix} 875, & -70, & 350 \\ -70, & 6, & -35 \\ 350, & -35, & 350 \end{bmatrix} \begin{bmatrix} 1500 \\ 22000 \\ 600 \end{bmatrix}$$

$$= \frac{1}{175} \times \begin{bmatrix} -17500 \\ 6000 \\ -35000 \end{bmatrix} = \begin{bmatrix} -100 \\ 34.3 \\ -200 \end{bmatrix} \tag{4.20}$$

偏回帰係数 $\boldsymbol{b}$ が $(-100, 34.3, -200)$ と求められます．

手順5 重回帰式を求めます．

重回帰式は，式(4.21)のようになります．

$$Y_j = -100.0 + 34.3 \times x_{i1} + 0.0 \times x_{i2\cdot1} - 200.0 \times x_{i2\cdot2} \qquad (4.21)$$

ここで，$x_{i2\cdot1}$, $x_{i2\cdot2}$ にかかっている $(0.0, -200.0)$ は**カテゴリーウェイト**（category weight）と呼びます．

手順6 重回帰式の有効性を検定します．

式(4.21)を用いて販売員の活動内容（説明変数）から売上高（目的変数）を予測した値と実測値との比較結果が表4.4です．

表4.4 重回帰式からの予測値と実測値との比較

No.	実測値 y_j	重回帰式からの予測値 Y_j	残差 ε_j	$\varepsilon_j{}^2$
1	200	$Y_1 = -100.0 + 34.3 \times 15 - 200 = 214.5$	-14.5	210.25
2	300	$Y_2 = -100.0 + 34.3 \times 10 + 0 = 243.0$	57.0	3249.00
3	400	$Y_3 = -100.0 + 34.3 \times 20 - 200 = 386.0$	14.0	196.00
4	400	$Y_4 = -100.0 + 34.3 \times 15 + 0 = 414.5$	-14.5	210.25
5	200	$Y_5 = -100.0 + 34.3 \times 10 + 0 = 243.0$	-43.0	1849.00
計	（平均 300）	1501.0 （平均 300.2）	0.0	5714.50

次に，この重回帰式が，予測式として信頼できるかを検定します．検定法の考え方は，サンプル数 $n = 5$ において，目的変数が持つ全データの情報 S_T（y_i の偏差平方和）を，重回帰式で予測できる重回帰式の説明分 $S_R = S_Y$（Y_i の偏差平方和）と残差の平方和 S_ε に分解して，重回帰式の説明分は残差の平方和に比べて有意かを検定します．表4.4より，全データが持つ全変動 S_T は平均 300 なので，

$$S_T = (200-300)^2 + (300-300)^2 + (400-300)^2 + (400-300)^2$$
$$+ (200-300)^2$$
$$= 40000$$

となります．次に重回帰式の説明変動分 $S_R = S_Y$ は，

$$S_R = S_Y = (214.5-300.2)^2 + (243.0-300.2)^2 + (386.0-300.2)^2$$
$$+ (414.5-300.2)^2 + (243.0-300.2)^2$$
$$= 34314.30 \fallingdotseq 34300$$

となります．

4.5 重回帰分析の数値例

　残差変動 S_ε は表 4.4 の右側の列より $S_\varepsilon = 5714.50 \fallingdotseq 5700$ となります．数値の若干の違いは，x_{1j} の偏回帰係数の $34.28\cdots$ を 34.3 としたからです．すなわち，$S_T = S_R + S_\varepsilon = 34300 + 5700 = 40000$ が成り立ちます．

　全体の情報が S_T の 40000，そのうち，重回帰式で説明できたのが 34300．説明できなかった残差の分は 5700 となります．したがって，この回帰式の**寄与率**すなわち**決定係数** R^2（coefficient of determination）は，$R^2 = 34300 / 40000 = 0.858$ となります．また R^2 の平方根 R は，実測値と予測値との相関係数に等しく，**重相関係数**（multiple correlation coefficient）と呼びます．重相関係数は，$R = \sqrt{R^2} = \sqrt{0.858} = 0.927$ となります．表 4.5 は，これらをまとめた分散の値を示した**分散分析表**になります．

表 4.5 数値例 4–①の分散分析表

変動要因	偏差平方和	自由度	不偏分散	F_0 値
重回帰式の説明分	$S_R = 34300$	$p = 2$	$V_R = 34300 / 2$ $= 17150$	$17150 / 2850$ $= 6.018$
説明できなかった分	$S_\varepsilon = 5700$	$n-p-1 = 2$	$V_\varepsilon = 5700 / 2$ $= 2850$	
全変動	$S_T = 40000$	$n-1 = 4$		

　残差に対する重回帰式の説明分の比は，数値表から有意となる基準は 19.0 以上であり，F_0 値 $= 6.018 < F_{0.05}(2, 2) = 19.0$ なので，重回帰式は有意（有効）になりません．この F_0 値 6.018 が有意となるには，数値表の $F_{0.05}(2, 5) = 5.79$ で残差の自由度 $n-p-1 = n-2-1 = 5$ から，サンプル数 n は最低 8 必要となります．サンプル数が少ない場合の重回帰式は予測精度がかなりよくないと有意とはなりません．また，サンプル数 n と説明変数 p とが $n = p+1$ の関係なら，式 (4.9) からわかるように $R^2 = 1.000$ となる重回帰式が求まります．重回帰式は多くのサンプルで成り立つ式を求めることが目的なので，一般に $n \geqq 2p+1$ の条件下で重回帰式を活用すべきとされています．

4.6 重回帰分析の指標

4.6.1 決 定 係 数

決定係数 R^2 は，$R^2 = 1 - (S_\varepsilon / S_T)$ ですが，この式のままだと説明変数を増やすと R^2 の値はどんどん1に近づきます．そこで説明変数の数を増やした分だけ重回帰式の有意性を下げるペナルティを課す

$$R^{*2} = 1 - \frac{S_\varepsilon / (n - p - 1)}{S_T / (n - 1)}$$

という**自由度調整済み寄与率**が生まれました．しかし，この自由度調整済み寄与率でも説明変数の数を増やせば寄与率は高くなります．そこで，更にペナルティを課した**二重自由度調整済み寄与率** R^{**2} が生まれました．それが式(4.22)です．

$$R^{**2} = 1 - \frac{(n + p + 1)S_\varepsilon / (n - p - 1)}{(n + 1)S_T / (n - 1)} \tag{4.22}$$

この二重自由度調整済み寄与率 R^{**2} は，ある最適な説明変数の組合せのときには寄与率はピークとなり，その後は説明変数を増やすと寄与率は下がり，最適な説明変数の組合せが導けます．

数値例 4-① この数値例の二重自由度調整済み寄与率 R^{**2} を計算します．

式(4.22)に，$n = 5$，$p = 2$，$S_e = 5714.50$，$S_T = 40000$ を代入します．

$$R^{**2} = 1 - \frac{(5 + 2 + 1) \times 5714.50 / (5 - 2 - 1)}{(5 + 1) \times 40000 / (5 - 1)} = 1 - \frac{4 \times 5714.50}{60000}$$

$$= 1 - 0.381 = 0.619$$

となります．

4.6.2 偏回帰係数の検定

各説明変数の偏回帰係数を計算したら，その値が有意かを検定する必要があ

4.6 重回帰分析の指標　　107

ります．その検定法では，帰無仮説として偏回帰係数は意味がないとして，式(4.17)で導かれた $\boldsymbol{b}$ ベクトルの上から順に j 番目の要素を b_j としたとき，$H_0 : b_j = 0$ とおき，逆に対立仮説を $H_1 : b_j \neq 0$ と意味があるとおきます．そして，偏回帰係数の検定には式(4.23)を用います．

$$t^{j*} = \frac{|b_j|}{\sqrt{a^{jj}V_\varepsilon}} \tag{4.23}$$

ここに，b_j : j 番目の偏回帰係数

　　　　a^{jj} : j 番目の b_j に対応する $j \times j$ の要素の逆行列

数値例 4-①　　この数値例の偏回帰係数の**検定**を行います．

　重回帰式が有意でなかったので，各説明変数も有意とはなりませんが，ここでは検定法の確認のために計算します．この数値例では式(4.20)が式(4.17)に対応します．

　x_{i1} : 訪問回数の偏回帰係数は 34.3 で，式(4.20)の 2 番目の b の要素に対応します．したがって，$a^{22} = 6/175$ から，

$$t^{2*} = \frac{|b_2|}{\sqrt{a^{22}V_\varepsilon}} = \frac{34.3}{\sqrt{\dfrac{6}{175} \times 2850}} \fallingdotseq 3.470$$

となります．

　$x_{i2 \cdot k}$: 販売研修（未）の偏回帰係数相当は -200.0 で，式(4.20)の 3 番目の b の要素に対応します．したがって，$a^{33} = 350/175$ から，

$$t^{3*} = \frac{|b_3|}{\sqrt{a^{33}V_\varepsilon}} = \frac{200.0}{\sqrt{\dfrac{350}{175} \times 2850}} \fallingdotseq 2.650$$

となります．

　いずれの t^{2*} 値，t^{3*} 値も t 分布の数値表の値 $t_{0.05}(n-p-1) = t_{0.05}(5-2-1) = 4.303$ よりも値が小さいので有意とはなりません．すなわち，帰無仮説 $H_0 : b_j = 0$ を捨てられません．

4.6.3 回帰診断

重回帰分析のモデル式の残差 ε_i は，誤差を表す確率変数であり，次の4つの条件を満たしていると仮定されています．

① 独立性：サンプルごとの $\varepsilon_1, \varepsilon_2, \cdots, \varepsilon_n$ は互いに独立である．

② 不偏性：ε_i の期待値 $E(\varepsilon_i) = 0$ となり，全て0である．

③ 等分散性：$V(\varepsilon_i) = \sigma^2$ であり，分散は全て等しい．

④ 正規性：ε_i は正規分布する．

求めた重回帰式においては，残差 ε_i が上記の4つの条件を満たしているかどうかを診断しなければならず，この診断を**回帰診断**（regression diagnostics）と呼びます．残差 ε_i を特に調べるので**残差分析**ともいいます．紙面の都合上詳細な解説は省略しますが，上記の①は**ダービンワトソン比**[*]の値から判断し，②は偏りがないようにデータ採取をし，③は横軸に各説明変数のデータを並べ，縦軸に残差 ε_i の値をプロットして各説明変数のデータに対して残差 ε_i が均等に並んでいるかを調べます．④の正規性は残差 ε_i の正規確率プロットによりプロットが対角線上に並んでいるかで判断します．

4.6.4 変数選択

重回帰分析で，多くの説明変数を用いると，説明変数間に相関（関係）の強いものが混ざり，偏回帰係数が不安定になり重回帰式としての妥当性を欠くことは述べました．そこで，多くの説明変数の中から変数選択を行わなければなりません．重回帰式の活用目的や，対象とした分野の固有技術的な判断，あらかじめ相関係数を調べて重複するものはどちらか1つを選択する，などによって行うのもよいのですが，その判断が困難なことも多く，説明変数の選択が主観的になされる危険性もあります．したがって，説明変数選択には，前述の二重自由度調整済み寄与率を用いる方法や，自動的に説明変数の選択を行う方

---

[*]　**ダービンワトソン比**とは，ダービンとワトソンが作成した (d_L, d_U) の表と比較して検定することで，一般的に d は $0 < d < 4$ で，$\varepsilon_1, \varepsilon_2, \cdots, \varepsilon_n$ が独立なら d は2に近い値を取り，隣同士に正の系列相関があれば0に近くなり，負の系列相関があれば4に近くなります．

法などが提案されています．自動的に変数選択する方法としては，変数増加法，変数減少法，**変数増減法（ステップワイズ法**，Stepwise procedure），変数減増法などがあります．そのうちの代表的な変数増減法について解説します．

[**変数増減法**]

p 個の説明変数の中から，目的変数 y との相関係数が一番大きいものをまず選び，それを $x_{(1)}$ とします．次に残りの $p-1$ 個の変数から，$x_{(1)}$ と合わせて y の重回帰式を作ったときに重相関係数 R が最大になるものを選び $x_{(2)}$ とします．次も，$x_{(1)}$, $x_{(2)}$ と組み合わせて y を説明するのに最も有効な変数 $x_{(3)}$ を選びます．同様にして説明変数を 1 つずつ追加していき，決定係数 R^2 を大きくしていきます．しかし，ある段階においては決定係数の増加をもたらした変数も，他の幾つかの変数を後から取り入れられたことにより，それほど重要でなくなる場合が出てきます．まだ取り入れられていない他の変数と入れ替えたほうがよい場合もあります．そこで，変数増加していく各段階で，取り入れられている r 個の変数の中から 1 つを取り除いたときの決定係数の減少量が最小の変数を求め，その減少量がある基準 F 値（通常は 2.00 で，残差に対するその変数の説明分が残差の 2 倍あるという基準）より小さければ，その変数を取り除くというのが変数増減法です．決定係数の減少量は，自由度が $(1, n-p-1)$ の F 分布に従うことがわかっているので F 検定が可能となります．

変数選択のその他の方法として，情報量基準 AIC（An Information Criterion）や予測平方和 PSS（Prediction Sum of Square）による選択，それに予測値の平均 2 乗誤差を最小にするマローズの C_p プロットによる変数選択の基準などがあります．しかし，n が大きいときは，既述の F 値を 2.00 とした基準による変数選択が，これらとよく一致することがわかっているので，通常は F 値 2.00 による変数増減法や変数減増法による変数選択が行われます．

4.7 重回帰分析の活用事例 [4),5)]

筆者が以前勤務していた企業のTQC活動推進を担当していた頃に，現場の人たちと一緒に取り組んだ改善事例を紹介します．この企業は，繊維素材をはじめとし，バイオ関連・海水淡水化事業・フイルム・バイロンなどの機能材料などを製造する総合化学素材メーカーです．繊維素材では，東南アジアなどでは作れない高級生地を製造販売していました．

その高級生地において，染色加工時のシワ不良が慢性化しており根本的な対策が打てないでいました．対策を打てなかったのは，染色加工の工程が長く，加工結果とそのプロセスの要因とにはタイムラグがあり，その対応を取るのが困難だったからです．また，設備の機械には，安全上からカバーが施されており，工程中の加工状況が観察できず，要因のデータも取れない状況でした．そこで，工場の関係者が集まり協議した結果，一定期間，機械設備の覆いを取り外して，設備と製造担当者とで，工程を観察することになりました．

観察の結果，染色加工工程は漂白→染色→仕上→検査の中で，シワが入るのは主に漂白工程で多いことがわかり，図4.4に示す漂白工程の現場観察を強化し，漂白工程のスチーマ出口と工程出口でのシワ発生状況を記録しました．シ

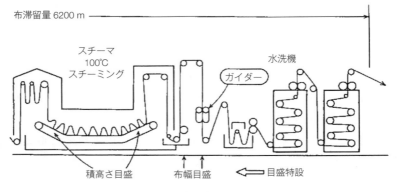

図4.4 漂白工程の観察強化

[出所：吉澤正・芳賀敏郎編(1992)：多変量解析事例集 第1集，日科技連出版社，p.185]

4.7 重回帰分析の活用事例

ワ発生は"片寄りシワ"が大半を占め，それとスチーマ出口での"ガイダー外れ"（ガイダーのセンタリング装置から生地が外れる現象）とが関係していることが推察されました．実際に"片寄りシワ"が生じたときは，ほとんどガイダー外れを起こしていました．

そこで，"片寄りシワ"と"ガイダー外れ"の関係を検証しました．図 4.4 に示したガイダーを故意に外し，生地にマークを入れ，それを次の染色工程上がりまで追跡し，シワがマーク上に残っているかを調べました．その結果，"片寄りシワ"が起こる要因は"ガイダー外れ"にあり，ガイダー外れは，その前工程のスチーマで，生地が片寄るからだと確認できたのです．

そして，生地の片寄り量を目的変数として重回帰分析を行いました．取り上げた説明変数（要因とカテゴリー）は，図 4.5 の 12 変数です．説明変数のうち，数値データの取れない変数は，C_2, C_4, C_5 のように，積み形状や引出しの状態をカテゴリー化し，どのカテゴリー化になるかでデータ化しました．x_8 から x_{10} はいずれも出口のシワですが，位置ごとに発生個数を数え，別々の説明変数としました．図 4.6 は説明変数の箇所を示しています．また，スチーマ

C_1： 積みくずれ　　　　　1： なし　　2： あり

C_2： 入口積み形状　　　　1： ∨　　2： ✓　　3： ＼

x_3： スチーマタイミング(分)

C_4： 出口積み形状　　　　1： ∧　　2： ∧　　3： ／

C_5： 引出し状況　　　　　1： 〜　　2： 〜

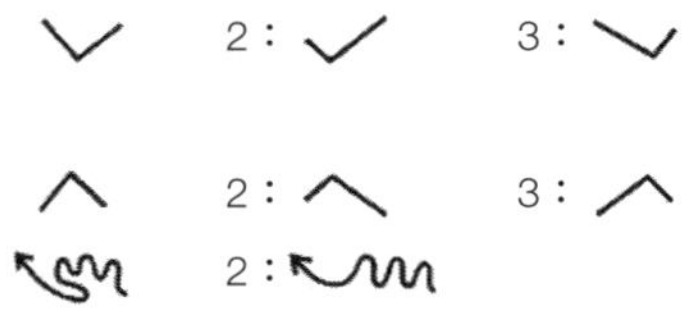

x_6： 入口積み量

x_7： スチーマ出口布幅(インチ)

x_8： 出口のシワの発生個数(右側)

x_9： 出口のシワの発生個数(中央)

x_{10}： 出口のシワの発生個数(左側)

x_{11}： 出口積み量

C_{12}： プレータ　　　　　　1： 不使用　　2： 使用

図 4.5　説明変数の内容

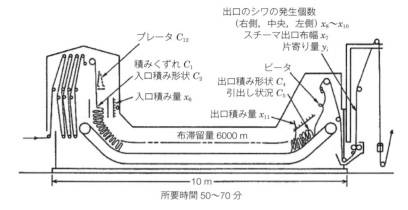

図 4.6 説明変数の設備での箇所
［出所：吉澤正・芳賀敏郎編(1992)：多変量解析事例集 第 1 集，日科技連出版社，p.190］

の入口と出口では 70 分間隔のタイミングをとってサンプリングしました．観測間隔は 1〜3 時間で，1 か月半にわたって観測を続け，表 4.6 のように，サンプル数 $n = 95$ のデータを得ました．

　解析ソフトには Statworks を用いました．結果の要点を示します．12 個の説明変数に対して，変数選択の基準を F 値 $= 2.00$ として，変数増減法で変数選択を行った結果，x_{10}（出口積み量）と C_4（出口積み形状）が選択され，重回帰式は式(4.24)で，二重自由度調整済み寄与率は $R^{**2} = 0.248$ となりました．

$$Y = 1.608 + \begin{bmatrix} 0.000\,(C_4 = 1) \\ -0.307\,(C_4 = 2) \\ 1.164\,(C_4 = 3) \end{bmatrix} + 0.321 x_{10} \qquad (4.24)$$

ところが $C_4 = 2$ の観測値が 2 件しかないので，$C_4 = 1$ と $C_4 = 2$ の 2 つのカテゴリーを併合して解析し直し，再び次の重回帰式(4.25)を得ました．

$$Y = 1.602 + \begin{bmatrix} 0.000\,(C_4 = 1, 2) \\ 1.170\,(C_4 = 3) \end{bmatrix} + 0.322 x_{10} \qquad (4.25)$$

二重自由度調整済み寄与率は $R^{**2} = 0.263$ です．式(4.24)の結果と比べると，係数はほとんど変わらず，二重自由度調整済の寄与率は少しよくなってい

4.7 重回帰分析の活用事例

表 4.6 解析用に採取したデータ表

No.	c_1:積みくずれ	c_2:入口積み形状	x_3:スチーマタイミング	c_4:出口積み形状	c_5:引出し状況	x_6:入口積み量	x_7:スチーマ出口布幅	x_8:出口のシワの発生個数(右側)	x_9:出口のシワの発生個数(中央)	x_{10}:出口のシワの発生個数(左側)	x_{11}:出口積み量	c_{12}:ブレータ	y:生地の片寄り量
1	2	2	3	70.0	3	2	-1.5	46.0	0	0	0	3.0	2	10.0
2	2	2	1	70.0	3	2	-1.5	43.0	0	0	1	2.0	1	5.0
3	2	2	1	70.0	3	2	-1.5	40.0	2	2	2	2.5	1	2.0
4	2	1	1	70.0	3	1	-1.5	46.0	2	0	2	2.5	1	3.0
5	2	2	2	70.0	1	2	-1.5	44.0	0	0	1	2.5	1	0.0
6	2	2	2	70.0	1	2	-1.0	42.5	0	2	1	1.5	1	2.5
7	2	2	2	70.0	1	1	-1.0	43.5	0	0	0	0.5	1	1.5
8	2	1	1	70.0	1	2	-1.5	46.0	0	0	0	-1.0	1	2.0
9	2	1	3	25.0	1	2	1.5	44.5	0	0	3	-1.0	2	2.5
10	2	1	1	25.0	3	2	1.5	43.5	0	0	1	-2.5	2	1.5
11	1	1	3	25.0	2	2	1.5	46.5	0	0	0	-2.5	2	0.5
12	1	1	3	25.0	2	1	2.0	46.0	0	1	0	-2.5	2	0.5
13	2	1	3	25.0	1	2	1.0	46.0	0	0	0	-2.0	2	1.0
14	2	2	3	25.0	1	2	1.0	46.5	0	0	0	-2.0	2	0.5
15	1	1	3	25.0	1	1	1.0	46.5	0	0	0	-2.0	2	1.5
16	2	2	1	25.0	3	2	1.0	45.5	1	0	0	-2.5	2	0.5
17	1	1	3	25.0	3	2	1.0	46.0	0	0	1	-2.0	2	1.0
18	1	1	3	25.0	3	1	1.0	45.0	0	0	0	-2.0	2	1.0
19	1	1	1	25.0	1	2	0.5	43.0	0	0	1	-2.5	2	3.0
20	2	1	3	25.0	3	2	0.5	45.0	0	0	3	-2.0	2	3.0
21	3	1	3	25.0	1	1	1.0	46.0	0	0	0	-2.0	2	0.0
22	3	1	1	25.0	1	2	1.0	46.0	0	0	0	-2.5	2	1.0
23	2	1	3	25.0	3	2	1.0	46.0	0	0	1	-2.0	2	2.0
24	1	1	3	25.0	1	2	0.5	46.0	0	0	1	-2.5	2	2.0
25	1	1	1	25.0	1	2	0.5	45.4	0	0	1	-2.0	2	0.5
26	3	1	3	25.0	1	2	0.5	46.0	0	0	0	-2.0	2	1.0
27	1	1	1	25.0	3	1	0.5	42.5	0	0	2	-2.5	2	1.5
28	1	1	3	25.0	1	2	0.5	45.5	1	0	2	-2.5	2	2.5
29	1	1	1	25.0	1	2	0.5	46.0	0	0	0	-2.0	2	1.0
30	1	1	3	25.0	1	2	0.5	46.0	0	0	0	-2.5	2	1.0
31	1	1	1	25.0	1	2	0.5	46.5	0	0	0	-2.5	2	0.5
32	1	1	1	25.0	1	2	0.5	46.0	0	0	1	-2.5	2	1.0
33	2	2	3	25.0	3	1	0.5	43.0	0	0	0	-2.5	2	3.0
34	1	1	1	25.0	1	2	0.5	45.0	1	0	1	-2.0	2	1.0
35	1	1	3	25.0	1	2	0.5	45.0	0	0	0	-2.5	2	1.0
36	1	1	1	25.0	1	2	0.5	45.0	0	0	0	-2.0	2	1.0
37	1	1	1	25.0	1	2	0.0	45.5	0	0	1	-2.0	2	1.0
38	1	1	1	25.0	3	2	0.5	46.0	0	0	0	-2.5	2	2.0
39	2	1	3	25.0	1	2	1.0	45.0	0	0	1	-2.5	2	1.0
40	1	1	1	25.0	1	2	0.5	45.0	0	0	0	-2.0	2	1.0
41	1	1	1	25.0	1	1	0.5	44.0	0	0	0	-2.5	2	4.0
42	1	1	3	25.0	1	1	0.5	46.0	1	0	1	-2.5	2	2.0
43	2	1	1	25.0	1	2	0.5	46.0	0	0	0	-3.0	2	1.0
44	2	2	3	25.0	1	2	0.5	46.5	0	0	0	-3.5	2	1.0
45	1	1	1	25.0	1	2	0.0	46.0	0	0	0	-2.5	2	0.5
46	1	1	1	25.0	1	2	0.0	46.0	0	0	0	-2.0	2	0.0
47	1	1	3	25.0	1	2	0.5	46.0	0	0	0	-2.0	2	1.0
48	1	1	1	25.0	1	2	0.0	45.0	0	0	0	-2.0	2	1.0
49	2	2	3	25.0	1	1	0.0	45.5	0	0	1	-2.5	2	0.5
50	2	1	1	25.0	1	2	-0.5	46.0	0	0	0	-2.0	2	1.0

114　第 4 章　重回帰分析

表 4.6（続き）

No.	c_1: 積みくずれ	c_2: 入口積み形状	x_4: スチーマタイミング	c_3: 出口積み形状	c_5: 引出し状況	x_6: 入口積み木量	x_7: スチーマ出口布幅	x_8: 捆口のシワの発生個数（右側）	x_9: 捆口のシワの発生個数（中央）	x_{10}: 捆口のシワの発生個数（左側）	x_{11}: 出口積み木量	c_{12}: プレータ	y: 生地の片寄り量
51	1	1	25.0	1	1	-1.0	40.5	0	0	2	-2.0	2	2.5
52	1	1	25.0	1	2	-1.0	45.0	0	0	2	-2.0	2	1.0
53	1	1	25.0	1	1	-1.0	46.0	0	0	1	-2.5	2	1.0
54	2	1	25.0	1	1	-1.0	45.5	0	0	0	-2.0	2	0.5
55	1	3	25.0	1	2	-1.0	46.0	0	0	0	-2.0	1	0.0
56	1	3	25.0	1	2	-1.0	46.0	0	0	0	-2.5	1	0.0
57	1	3	25.0	3	2	-0.5	46.0	0	0	0	-2.5	1	0.0
58	1	3	25.0	1	1	-0.5	46.0	0	0	0	-2.5	1	0.0
59	1	3	25.0	1	2	0.0	46.0	0	0	0	-2.0	1	1.0
60	1	3	25.0	1	2	-0.5	46.0	0	0	0	-2.0	1	1.0
61	1	3	25.0	3	2	0.0	46.0	0	0	0	-2.0	1	2.0
62	1	3	25.0	3	1	0.0	46.0	0	0	0	-3.5	1	1.0
63	1	3	25.0	1	2	0.5	45.0	0	0	0	-3.5	1	1.0
64	1	1	25.0	1	2	1.0	45.5	0	1	0	-3.5	1	0.5
65	1	1	25.0	1	2	1.0	44.0	2	0	0	-3.5	1	0.0
66	1	1	25.0	1	2	1.0	44.5	0	0	0	-4.0	1	0.0
67	1	1	25.0	1	2	1.0	44.5	0	0	0	-3.5	1	0.5
68	1	1	25.0	1	2	1.0	44.5	0	0	0	-4.0	1	0.5
69	1	1	25.0	1	2	1.0	44.5	0	0	0	-4.0	1	2.5
70	1	1	70.0	1	2	-1.0	46.0	0	0	0	0.0	2	2.0
71	2	1	70.0	1	2	-1.0	46.0	0	0	0	0.0	2	2.0
72	2	1	70.0	1	2	-1.0	46.0	0	0	0	0.0	2	1.0
73	2	1	70.0	1	2	-1.0	46.0	0	0	0	-1.0	2	0.0
74	2	1	70.0	1	1	-1.0	46.0	0	0	0	0.0	2	0.0
75	2	1	70.0	1	2	-1.0	45.5	0	0	0	-1.0	2	1.5
76	2	1	70.0	1	2	-1.0	46.0	0	0	0	1.0	2	1.0
77	2	1	70.0	1	2	-1.0	46.0	0	0	0	-1.0	2	1.0
78	1	1	70.0	1	2	-0.5	46.0	0	0	0	1.0	2	0.0
79	1	1	70.0	1	1	-1.0	45.5	0	0	1	-0.5	2	0.5
80	2	1	70.0	1	2	-1.0	45.5	0	0	1	0.0	2	1.5
81	2	1	70.0	1	2	-1.0	45.5	0	0	0	-1.0	2	0.5
82	2	1	70.0	1	2	-1.0	46.5	0	0	0	0.0	2	1.5
83	2	1	70.0	1	2	-1.0	45.5	0	0	0	0.0	2	2.5
84	2	1	70.0	1	2	-1.0	40.0	0	0	1	0.0	2	2.0
85	1	1	70.0	1	2	-1.0	46.0	1	0	0	-1.0	2	2.0
86	1	3	70.0	1	2	-1.0	46.0	0	0	0	2.0	2	1.0
87	1	3	70.0	1	2	-1.0	45.0	1	0	0	2.5	2	1.0
88	2	3	70.0	3	1	-0.5	46.0	0	0	0	2.0	2	2.0
89	2	3	70.0	1	2	-1.0	42.5	0	0	0	3.0	2	1.5
90	2	3	70.0	1	1	-1.0	39.5	0	0	1	3.0	2	1.5
91	2	3	70.0	3	2	-0.5	46.0	0	0	3	3.0	2	3.0
92	1	3	70.0	3	1	-0.5	44.5	0	0	2	3.0	2	1.5
93	2	3	70.0	3	2	-2.0	45.0	1	1	0	3.5	2	2.0
94	2	3	70.0	3	2	-1.5	46.0	0	0	0	3.5	2	4.0
95	2	3	70.0	3	2	-1.5	46.0	0	0	0	3.0	2	8.0

ます．したがって，式(4.25)を採用しました．式(4.25)の分散分析表などの結果は，表 4.7 のとおりです．

表 4.7 重回帰式(4.25)の分散分析表などの結果

目的変数名	重相関係数	寄与率 R^2	R^{*2}	R^{**2}	残差自由度	残差標準偏差
y：生地の片寄り量	0.541	0.293	0.278	0.263	92	1.407

要因	平方和	自由度	分散	分散比	検定	P 値（上側）
回　帰	75.558	2	37.779	19.080	**	0.000
残　差	182.126	92	1.980			
計	257.684	94		[**：1%有意　*：5%有意]		

表 4.7 の分散分析表からわかるように，この重回帰式(4.25)は有意水準 1% で有意です．また，観測データは時系列なので，残差の時系列プロットを取ってみました．そのプロット図が図 4.7 です．No.1, 94, 95 のサンプルの残差が大きく，測定開始と観測最後が異常に大きいです．残差が大きいのは，測定の最初と最後なので，サンプリングした当時を振り返り，そのときの隠れている要因について再度吟味しましたが，No.1, 94, 95 の y の大きな変化に連動する要因の変化は見いだせませんでした．

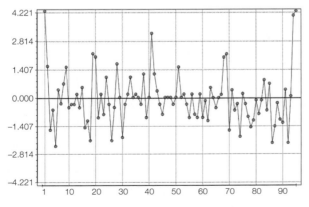

図 4.7 残差の時系列プロット

116   第4章　重回帰分析

　工夫してサンプリングしたつもりでも隠れている要因がまだ残っており，真
実の姿を捉えるには，より測定時の精細な記録が必要であることを教えてくれ
ました．残された要因解析は今後の課題としました．

　生地の片寄りに与える要因を十分抽出できませんでしたが，得られた重回
帰式は有意であることから，"ガイダー外れ"の要因となるスチーマ内での生
地の片寄りは，要因 C_4（出口積み形状）と x_{10}（出口積み量）に起因すると考
え，片寄りを少なくするには出口積み量を少なくし，積み形状が片高にならな
いように左右の高さを揃えることとしました．

　そして，ガイダー外れ対策として，スチーマのコンベヤへの生地の出口積み
量を制限規定設定により標準化し，また生地の積み形状の安定化のために，生
地の供給ガイドのセンタリングガイドの設営策を実施しました．その改善策を
実施して，加工をしたところ，表4.8に示すように高級ブロード生地における
ガイダー外れ回数が減少し，対象製品のシワ不良が大幅に減少するという対策
効果が顕著に表れました．

　シワ発生の減少により，不良による生地のスクラップや，生地の再加工など
がなくなり，加工賃だけで年間で，800万円の削減を達成しました．

表4.8　改善効果

ガイダー外れ回数比較

	改善前	改善後
外れ回数	17	0
総サンプル数	120	47

データ採取生地：高級ブロード（D2770）

　この改善事例報告を，当時のトップ診断で，担当者たちが報告したところ，
トップから，"困難な慢性不良のテーマにチャレンジしたことは素晴らしい．
そして，悪さ現象の観察に努め，現場のデータを取る工夫を行い，検証と要因
解析を繰り返すことにより，それらしい要因を見つけ，その対策を実施するこ
とで，期待以上の大きな成果を生んだ"として非常に高く称賛されました．

本事例の後日談

　その後，本改善事例に対して，テーマに取り組んだ設備と製造担当者たちに，その年の改善活動の社長賞が与えられました．本社で授賞式があり，工場の担当者たちの喜びを目の当たりにして筆者も非常に感動しました．筆者はTQC活動推進のスタッフです．データ解析のお手伝いはしたものの黒子です．授賞式が終わり，会議室から社長や副社長らの役員が退席されるのを，我々関係者は出口でお見送りしていました．すると，副社長が突然私の前に来られ，ニコッと微笑んで，筆者に"よくやったな"と手を差し伸べていただいたのです．この握手に，筆者は非常に感激しました．トップの方は黒子を知っておられたのですね．筆者は，より一層各部門の改善活動のお手伝いをしなければならないと思った瞬間です．その副社長の手のぬくもりは今も忘れていません．本事例を契機に，改善活動に多変量解析を含むSQCの活用がより一層見直されました．この事例は，英語で海外向けの雑誌[5]に掲載されました．

4.8　重回帰分析の活用

　現場の製造データによる重回帰分析では，二重自由度調整済の寄与率 R^{**2} が 0.50 を超えるような値が得られることは稀です．サンプル数が 100 程度あり，説明変数が 15 程度から始めて変数選択後に，妥当な説明変数が 4 ないし 5 に絞られた重回帰式なら，今回の事例のように R^{**2} が 0.30 くらいでも，目的変数に対して効いている説明変数を特定できます．

CONJOINT ANALYSIS

第5章
コンジョイント分析

　目的変数のデータが，好み等の順位の場合に，その順位を決めた要因（説明変数）は何かを探る手法がコンジョイント分析です．顧客の人気順位だけからその人気の要因がわかるとして，顧客分析によく用いられます．この手法の解法は，一般的には直交表や重回帰分析で代用されますが本来は異なります．

　本書では，まず本来の解法を紹介し，最終的に重回帰分析を応用したN法を代用すればよいことを解説します．

5.1 コンジョイント分析[1] とは

重回帰分析では，目的変数は量的データであったが，好みの順位などが目的変数となった場合，その順位を決めた主な要因（説明変数）は何かや，逆に新しい標本のこれらの要因（説明変数）データから，順位を予測するのに用いる手法が，**コンジョイント分析**（conjoint analysis）[1] です．筆者らは，既にこのコンジョイント分析の全体をまとめた論文[1] を報告しています．詳しくはそれを見ていただくことにして，本書では，コンジョイント分析の代表的な解法を解説します．

―― コンジョイント分析の誕生 ――

1964 年に米国の社会科学者のダンカン・ルース（R.D. Luce, 1925–2012）と統計学者ジョン・テューキ（J.W. Tukey, 1915–2000）とが，"Simultaneous Conjoint Measurement"[2] としてコンジョイント分析の公理論的体系を発表したのが始まりです．

コンジョイント分析は，数理心理学の分野において開発された一種の尺度構成法で，あらかじめ用意した諸要因の組合せに対する全体評価から，各要因に対する個別評価の尺度（部分効用値）を求める手法です．すなわち，消費者に，要因である"色柄"，"品質"，"価格"などの個別の評価をさせないで，どの商品を買ったかの選好順位結果だけから，なぜそのような結果になったのかの各要因の寄与度を導きます．

このことから，コンジョイント分析は，商品開発やマーケティング分野などで，選好結果だけから要因を探ることができるとして，非常に注目されています．

5.2 コンジョイント分析の考え方

コンジョイント分析の考え方を理解するために，図 5.1 のようなパック旅行の例を取り上げます．

コンジョイント分析では，あらかじめ計画した要因を組み合わせて，商品を構成するコンジョイントカード（実際には写真やデザインなど）を用意しま

5.2 コンジョイント分析の考え方

す．そのカードを対象者に見せて，どれが一番気に入ったかの選好順位を答えてもらいます．今回は旅行先に，ヨーロッパ・東南アジア・ハワイを，旅行の日数に，6日間・10日間・14日間を計画して，その組合せのカードを見せ，図5.1の右上の結果（表）を得たとします．この結果の表はヨーロッパの14日間が選好1番（選好得点として10点），ヨーロッパの10日間が2番（選好得点として9点），…，9番目の東南アジアの6日間（選好得点として2点）までの人気順を示し，選好得点が高いほど好まれるとします．

コンジョイント分析は，この選好得点の全体評価に一致するように，要因である旅行先，日数の各カテゴリーに"部分効用値"を配点します．そこで，旅行先のヨーロッパに4点，東南アジアに1点，ハワイに2点，日数の6日間に1点，10日間に5点，14日間に6点を配点すると，全体評価の順（得点）

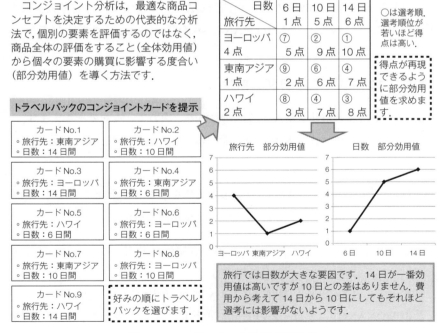

図 5.1 コンジョイント分析の考え方

122　　　　　　　　　第 5 章　コンジョイント分析

と一致します.

　例えば，ハワイの 14 日間の選好順は 3 位で得点が 8 点です．ハワイの配点 2 点と 14 日間の配点 6 点とを加えると，2＋6＝8 点となり一致します．そして，各要因のカテゴリーに配点された得点を折れ線グラフ（図 5.1）で示すと，配点のレンジの大きい要因である "日数" が，要因の "旅行先" より選好に効いていることがわかります．また，同じ要因内のカテゴリーでは，日数では 14 日間と 10 日間の好みの差と旅行先ではハワイとアメリカの好みの差は，1 点なので，あまり差がないこともわかります.

　コンジョイント分析は多次元尺度構成法（第 11 章）を応用したもので，集計モデルでは MONANOVA[3] や TRADEOFF[4],[5] などがあり，個人差モデルでは LINMAP（LINear programming techniques for Multidimensional Analysis of Preference）[6],[7] などがありますが，本書では，米国のジョゼフ・クラスカル（J.B. Kruskal, 1928–2010）が開発したコンジョイント分析の代表的な手法の MONANOVA（MONotone ANalysis Of VAriance）[3] を解説します.

5.3　コンジョイント分析の解法

MONANOVA の解法を解説する上において，次のような記号を与えます.

　$\boldsymbol{y}^T = (y_1, y_2, \cdots, y_n)^T$：順位尺度で測られた選好ベクトル．$n$ は商品数.

$$\boldsymbol{D} = \begin{bmatrix} d_{11} & d_{12} & \cdots & d_{1m} \\ d_{21} & d_{22} & \cdots & d_{2m} \\ \vdots & \vdots & \ddots & \vdots \\ d_{n1} & d_{n2} & \cdots & d_{nm} \end{bmatrix}$$：全要因の属性を示す 0–1 デザイン行列．m は全要因の属性数の計.

　$\boldsymbol{b}^T = (b_1, b_2, \cdots, b_m)^T$：求める全要因の各属性の効用パラメータベクトル（部分効用値）.

　$\boldsymbol{Z}^T = (z_1, z_2, \cdots, z_n)^T$：選好ベクトル y_i の単調変換値ベクトル.

　この MONANOVA では，$\boldsymbol{Z}$ のモデル式として式(5.1)をおき，その予測値を $\hat{\boldsymbol{Z}}$ とします.

5.3 コンジョイント分析の解法

$$Z = \hat{Z} + \varepsilon = Db + \varepsilon \tag{5.1}$$

$\bar{\hat{Z}} = (\bar{\hat{z}}_i)$ ：$\hat{z}_i$ の平均値ベクトル.

次に Kruskal のストレス（stress）値という適合度基準を式(5.2)と定義します.

$$S_{(\text{stress})} = \sqrt{\frac{(Z - \hat{Z})^T (Z - \hat{Z})}{(\hat{Z} - \bar{\hat{Z}})^T (\hat{Z} - \bar{\hat{Z}})}} \tag{5.2}$$

このストレス値が小さいほど適合度は高いと判断します．そして，**Z が y と単調増加に関係する（Z と y の順位が一致する）という単調性の制約のもとで S が最小となるような b を求めます**．そこで，$\hat{Z} = Db$ より，式(5.3)をおくと，

$$\begin{aligned} V &= (Z - Db)^T (Z - Db) \\ W &= (Db - \bar{\hat{Z}})^T (Db - \bar{\hat{Z}}) \end{aligned} \tag{5.3}$$

式(5.2)は，式(5.3)より式(5.4)となります.

$$S_{(\text{stress})} = \sqrt{\frac{V}{W}} = \frac{V^{1/2}}{W^{1/2}} \tag{5.4}$$

式(5.4)より S を b で偏微分すると，式(5.5)となります.

$$\frac{\partial S}{\partial b} = \frac{1}{W} \left[\frac{\partial (V^{1/2})}{\partial b} W^{1/2} - V^{1/2} \frac{\partial (W^{1/2})}{\partial b} \right] \tag{5.5}$$

式(5.3)から V と W を b で偏微分すると，式(5.6)のように展開されます.

$$\begin{aligned} \frac{\partial V}{\partial b} &= -2D^T Z + 2D^T Db = -2D^T (Z - \hat{Z}) \\ \frac{\partial W}{\partial b} &= \frac{\partial}{\partial b} (b^T D^T Db - 2b^T D^T \bar{\hat{Z}} + \bar{\hat{Z}}^T \bar{\hat{Z}}) = 2D^T (\hat{Z} - \bar{\hat{Z}}) \end{aligned} \tag{5.6}$$

更に，$V^{1/2}$ と $W^{1/2}$ を b で偏微分すると，式(5.6)を用いて，式(5.7)と式(5.8)になります.

$$\frac{\partial (V^{1/2})}{\partial b} = \frac{1}{2} V^{1/2-1} \cdot \frac{\partial V}{\partial b} = \frac{1}{\sqrt{V}} \cdot \frac{1}{2} \cdot \frac{\partial V}{\partial b} = -\frac{1}{\sqrt{V}} D^T (Z - \hat{Z}) \tag{5.7}$$

$$\frac{\partial (W^{1/2})}{\partial b} = \frac{1}{2} W^{1/2-1} \cdot \frac{\partial W}{\partial b} = \frac{1}{\sqrt{W}} \cdot \frac{1}{2} \cdot \frac{\partial W}{\partial b} = \frac{1}{\sqrt{W}} D^T (\hat{Z} - \bar{\hat{Z}}) \tag{5.8}$$

式(5.5)において，式(5.7)と式(5.8)，それに式(5.4)を用いて展開すると式(5.9)となります．

$$
\begin{aligned}
\boldsymbol{g} &= \frac{\partial S}{\partial \boldsymbol{b}} = \frac{1}{W}\left[\frac{\partial (\boldsymbol{V}^{1/2})}{\partial \boldsymbol{b}}\,\boldsymbol{W}^{1/2} - \boldsymbol{V}^{1/2}\,\frac{\partial (\boldsymbol{W}^{1/2})}{\partial \boldsymbol{b}}\right] \\
&= -\frac{1}{W}\left[\frac{\sqrt{W}}{\sqrt{V}}\,\boldsymbol{D}^{T}(\boldsymbol{Z}-\hat{\boldsymbol{Z}}) + \frac{\sqrt{V}}{\sqrt{W}}\,\boldsymbol{D}^{T}(\hat{\boldsymbol{Z}}-\bar{\hat{\boldsymbol{Z}}})\right] \\
&= -\frac{1}{W}\left[\frac{1}{S}\,\boldsymbol{D}^{T}(\boldsymbol{Z}-\hat{\boldsymbol{Z}}) + S\cdot\boldsymbol{D}^{T}(\hat{\boldsymbol{Z}}-\bar{\hat{\boldsymbol{Z}}})\right] \\
&= -\frac{S}{W}\,\boldsymbol{D}^{T}\left[\frac{1}{S^{2}}(\boldsymbol{Z}-\hat{\boldsymbol{Z}}) + (\hat{\boldsymbol{Z}}-\bar{\hat{\boldsymbol{Z}}})\right]
\end{aligned}
\tag{5.9}
$$

このようにして，S を $\boldsymbol{b}$ で偏微分した勾配ベクトル $\boldsymbol{g}$ の式(5.9)が求まります．

実際の計算法は，まず $\boldsymbol{b}$ 値に任意の初期値 $\boldsymbol{b}_0$ を与えて，商品の属性 0–1 デザイン行列 $\boldsymbol{D}$ と $\boldsymbol{b}_0$ とで $\hat{\boldsymbol{Z}}$ を計算します．$\boldsymbol{y}$ の単調変換値 $\boldsymbol{Z}$ と $\hat{\boldsymbol{Z}}$ から式(5.2)のストレス値 S を求め，この S をできるだけ小さくするために，式(5.9)から $\boldsymbol{g}$ を導きます．

次式(5.10)により，S に対する中途打切り基準に達するまで，この S を最小にするような $\boldsymbol{b}_k$ を繰り返し手順で求めていきます．通常は最急降下法などのアルゴリズムで計算します．

$$
\boldsymbol{b}_{k+1} = \boldsymbol{b}_k - \alpha \boldsymbol{g}_k
\tag{5.10}
$$

　　　ここに，k：反復回数

　　　　　　α：ステップ幅

k と α の値は計算過程において逐次変化させます．

この解法は $y_i < y_{i'}$ のとき $z_i < z_{i'}$ という順位を合わせる単調変換だけの制約なので，z_l は自由に動き $\boldsymbol{Z}$ の確率変数としての諸性質は規定されません．したがって，$\boldsymbol{b}$ 値は一意性に欠きます．しかし，この MONANOVA の解法が代表的に用いられるのは，順位関係の全体評価から，要因属性の $\boldsymbol{b}$（部分効用値）が特定でき，おおよその各要因の寄与を比較できるからです．

5.4 コンジョイント分析の数値例

> **数値例 5–①** 6つの不動産物件（A〜F）に対して，表 5.1 のような選好評価を得ました．要因の"建築デザイン"と要因の"住居形態"の部分効用値を MONANOVA により求めましょう．

表 5.1 不動産物件の属性の 0–1 デザイン行列及び選好結果

物件	b_1 和風	b_2 和洋折衷	b_3 洋風	b_4 一戸建て	b_5 テラスハウス	選好結果
A	0	1	0	1	0	6
B	0	1	0	0	1	5
C	1	0	0	1	0	4
D	1	0	0	0	1	3
E	0	0	1	1	0	2
F	0	0	1	0	1	1

得点の高いほうが好んだ順です．

> **数値例 5–①** 表 5.1 より予測式 $\hat{Z}$ を示すと，式 (5.11) になります．

$$
Z = \begin{bmatrix} 6 \\ 5 \\ 4 \\ 3 \\ 2 \\ 1 \end{bmatrix} \sim \begin{bmatrix} 0 & 1 & 0 & 1 & 0 \\ 0 & 1 & 0 & 0 & 1 \\ 1 & 0 & 0 & 1 & 0 \\ 1 & 0 & 0 & 0 & 1 \\ 0 & 0 & 1 & 1 & 0 \\ 0 & 0 & 1 & 0 & 1 \end{bmatrix} \begin{bmatrix} b_{1k} \\ b_{2k} \\ b_{3k} \\ b_{4k} \\ b_{5k} \end{bmatrix} = \begin{bmatrix} b_{2k} + b_{4k} \\ b_{2k} + b_{5k} \\ b_{1k} + b_{4k} \\ b_{1k} + b_{5k} \\ b_{3k} + b_{4k} \\ b_{3k} + b_{5k} \end{bmatrix} = \hat{Z}_k
$$

(5.11)

手順 1 b の初期値 b_0 を与えて V, W を求めます．

初期値として $\boldsymbol{b}_0$ （$b_{10}=1$ $b_{20}=2$ $b_{30}=0$ $b_{40}=2$ $b_{50}=0$）を与えると，式 (5.11) から，$\hat{Z}_k$ は，$\hat{Z}_0 = (4\ 2\ 3\ 1\ 2\ 0)^T$, $\overline{\hat{Z}_0} = (4+2+3+1+2+0)/6 = 2.0$ となります．式 (5.3) より V, W を求めると，

$$
\boldsymbol{V} = (6-4)^2 + (5-2)^2 + (4-3)^2 + (3-1)^2 + (2-2)^2 + (1-0)^2
$$
$$
= 19.0
$$

$$W = (4-2)^2 + (2-2)^2 + (3-2)^2 + (1-2)^2 + (2-2)^2 + (0-2)^2$$
$$= 10.0$$

となります.

手順2 ストレス値を求めて，式(5.9)の g を計算します.

この各 V, W 値から式(5.4)のストレス値を求めると $S_0 = \sqrt{19.0/10.0} =$ $= \sqrt{1.9}$ で，式(5.9)より g_0 を計算します.

$$g_0 = -\frac{\sqrt{1.9}}{10}\begin{bmatrix} 0 & 0 & 1 & 1 & 0 & 0 \\ 1 & 1 & 0 & 0 & 0 & 0 \\ 0 & 0 & 0 & 0 & 1 & 1 \\ 1 & 0 & 1 & 0 & 1 & 0 \\ 0 & 1 & 0 & 1 & 0 & 1 \end{bmatrix}\left(\frac{1}{1.9}\begin{bmatrix} 6-4 \\ 5-2 \\ 4-3 \\ 3-1 \\ 2-2 \\ 1-0 \end{bmatrix} + \begin{bmatrix} 4-2 \\ 2-2 \\ 3-2 \\ 1-2 \\ 2-2 \\ 0-2 \end{bmatrix}\right)$$

$$= -\frac{1}{10}\cdot\frac{1}{\sqrt{190}}\begin{bmatrix} 30.0 \\ 88.0 \\ -28.0 \\ 87.0 \\ 3.0 \end{bmatrix} \tag{5.12}$$

手順3 ステップ幅を決め，式(5.10)より新たな b_1 と $\hat{z}_1$ を求めます.

ここで，ステップ幅を $\sqrt{190}$ とすると，b_0 より，

$$b_1 = \begin{bmatrix} 1 \\ 2 \\ 0 \\ 2 \\ 0 \end{bmatrix} + \frac{1}{10}\cdot\frac{\sqrt{190}}{\sqrt{190}}\begin{bmatrix} 30.0 \\ 88.0 \\ -28.0 \\ 87.0 \\ 3.0 \end{bmatrix} = \begin{bmatrix} 4.0 \\ 10.8 \\ -2.8 \\ 10.7 \\ 0.3 \end{bmatrix}$$

と新たな b_1 が求まります．再び式(5.11)より $\hat{Z}_1$ を求めます.

$$\hat{Z}_1 = \begin{bmatrix} 0 & 1 & 0 & 1 & 0 \\ 0 & 1 & 0 & 0 & 1 \\ 1 & 0 & 0 & 1 & 0 \\ 1 & 0 & 0 & 0 & 1 \\ 0 & 0 & 1 & 1 & 0 \\ 0 & 0 & 1 & 0 & 1 \end{bmatrix}\begin{bmatrix} 4.0 \\ 10.8 \\ -2.8 \\ 10.7 \\ 0.3 \end{bmatrix} = \begin{bmatrix} 21.5 \\ 11.1 \\ 14.7 \\ 4.3 \\ 7.9 \\ -2.5 \end{bmatrix}$$

$$\bar{\hat{Z}}_1 = \frac{21.5+11.1+14.7+4.3+7.9+(-2.5)}{6} = \frac{57}{6} = 9.5$$
$$V = (6-21.5)^2+(5-11.1)^2+(4-14.7)^2+(3-4.3)^2$$
$$+ (2-7.9)^2+(1+2.5)^2 = 440.7$$
$$W = (21.5-9.5)^2+(11.1-9.5)^2+(14.7-9.5)^2+(4.3-9.5)^2$$
$$+ (7.9-9.5)^2+(-2.5-9.5)^2 = 347.2$$

手順4 b_1 による手順1から手順3を k 回繰り返して,収束する b_k を求めます.

V, W 値から式(5.4)のストレス値を求めると, $S_1 = \sqrt{440.7/347.2} ≒ 1.127$ となります.$\hat{Z}_1$ から式(5.10)を k 回繰り返して,$b_k = (2\ 4\ 0\ 2\ 1)^T$ が導けると,$\hat{Z}_k = (6\ 5\ 4\ 3\ 2\ 1)$ となり,$S_k = 0$ となります.

手順5 最終的な部分効用値 b_k を考察します.

これより,要因"建築デザイン"と要因"住居形態"の部分効用値は図5.2のようになります.

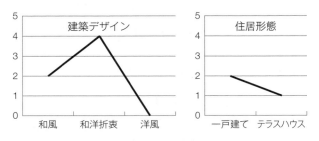

図 5.2 各要因の部分効用値

各要因の影響度の比較は,各要因間の部分効用値のレンジ又は分散で比較します.図5.2から,要因"建築デザイン"の部分効用値のレンジは $4-0=0$,要因"住居形態"の部分効用値のレンジは $2-1=1$ なので,要因"建築デザイン"を重視しており,特に和洋折衷を好んでいることがわかります.

128 　 第 5 章 　 コンジョイント分析

コンジョイント分析の代表的手法である MONANOVA の解法は，このように多次元尺度構成法の解法を転用したものです．y の選好順位（順位尺度）結果だけから，相対的な部分効用値を求めるのなら，y の評価点を間隔尺度にしてしまう直交表による実験計画法や重回帰分析の解法よりも，今回解説した解法のほうが，むしろ尺度対応があるといえます．

しかし，MONANOVA は順位関係だけから解を求めるので，初期値の与え方により解が変わり，解の妥当性と再現性に問題があります．

次節に MONANOVA の解の妥当性と再現性の問題について解説します．

5.5 　 コンジョイント分析の問題

5.5.1 　 解の妥当性と再現性

部分効用値 b の妥当性と再現性について議論するために，再び数値例 5–① を取り上げます．

数値例 5–①の表 5.1 の A から F は 6 つの不動産物件を表していました．そして，これら 6 つの不動産物件は要因 1 の"建築デザイン"と要因 2 の"住居形態"の 2 つの要因から構成されています．そこで，表 5.2 のように，それぞれの部分効用値を b_{11}, b_{12}, b_{13} と b_{21}, b_{22} と改めて示します．

表 5.2 　表 5.1 を書き改めた表

物件	b_{11} 和風	b_{12} 和洋折衷	b_{13} 洋風	b_{21} 一戸建て	b_{22} テラスハウス	選好結果 Z
A	0	1	0	1	0	6
B	0	1	0	0	1	5
C	1	0	0	1	0	4
D	1	0	0	0	1	3
E	0	0	1	1	0	2
F	0	0	1	0	1	1

また選好結果は A≧B≧C≧D≧E≧F のアルファベット順に好まれたので，その順に，選好得点として 6 点から 1 点を配します．

5.5 コンジョイント分析の問題

　いま，部分効用値の候補としてケース1とケース2の2つの場合を考えます．

　ケース1としては，表5.3(a)のような部分効用値を与えます．

表 5.3(a)　ケース1

物件	選好結果 Z	b_{11}	b_{12}	b_{13}	b_{21}	b_{22}	全体効用値 $\hat{Z}$
		1	5	−3	4	0	
A	6	0	1	0	1	0	9
B	5	0	1	0	0	1	5
C	4	1	0	0	1	0	5
D	3	1	0	0	0	1	1
E	2	0	0	1	1	0	1
F	1	0	0	1	0	1	−3

与えた部分効用値　ストレス値＝0

　ケース2としては，表5.3(b)のような部分効用値を与えます．

表 5.3(b)　ケース2

物件	選好結果 Z	b_{11}	b_{12}	b_{13}	b_{21}	b_{22}	全体効用値 $\hat{Z}$
		−4	−2	−6	8	7	
		−2	0	−4	6	5	
		0	2	−2	4	3	
		0	4	0	2	1	
		⋮	⋮	⋮	⋮	⋮	
A	6	0	1	0	1	0	6
B	5	0	1	0	0	1	5
C	4	1	0	0	1	0	4
D	3	1	0	0	0	1	3
E	2	0	0	1	1	0	2
F	1	0	0	1	0	1	1

与えた部分効用値　ストレス値＝0

　$\hat{Z} = Db$ より $\hat{Z}$ が求まるので，各ケースの部分効用値から全体効用値を求めます．

　ケース1の表5.3(a)のような部分効用値 b では，物件 A から F の全体効用値はアルファベット順に $9 \geqq 5 \geqq 5 \geqq 1 \geqq 1 \geqq -3$ となり，$\hat{Z}$ は選好評価の Z の得点とは一致はしませんが，順位の単調性は満たされて（選好評価の順位と

同じになることを単調性を満たしているといいます），ストレス値は0となります．この場合の要因1の"建築デザイン"のレンジは $b_{12} - b_{13} = 5 - (-3) = 8$ となり，要因2の"住居形態"のレンジは $b_{21} - b_{22} = 4 - 0 = 4$ となり，"建築デザイン"は"住居形態"の2倍の寄与があります．

ケース2の表5.3(b)の場合には，多くの部分効用値 b の値が示され，いずれも全体効用値は，アルファベット順に $6 \geqq 5 \geqq 4 \geqq 3 \geqq 2 \geqq 1$ となります．そして $\hat{Z}$ は選好評価の Z の得点といずれも一致します．ストレス値も0です．この場合の要因1の"建築デザイン"のレンジは4であり，要因2の"住居形態"のレンジは1となり，"建築デザイン"は"住居形態"の4倍の寄与になります．

では，これらのケースのいずれが妥当なのか，また，幾つもの部分効用値 b 値が存在してしまいます．これが部分効用値 b の妥当性と再現性の問題なのです．

これは，式(5.10)の初期値の与え方により b 値の解が異なってくることにもよります．つまり，MONANOVA では，順位関係の再現，$\hat{Z}$ のモデルとして $\hat{Z} = Db$ の加法結合のルール，及びストレス最小というような制約を課しても，求める部分効用値が一意に定まらないのです．また，全体評価に対する b 値の寄与は，統計的に有意なのかどうかの検定も行えません．

この部分効用値の妥当性と再現性の問題については，過去には片平[8]，小川[9]や Van Der Lans, I.A[10] らが検討しています．彼らは，いずれも得られた全体の順位データがどのような条件下のときに再現性と妥当性が得られるかを調べていましたが，MONANOVA に対して一意に解を導くための方法や求められた部分効用値 b の統計的取扱いに関しては検討していません．そこで，筆者らが部分効用値を一意に導く方法を提案しているので，その方法を次に紹介します．

5.5.2 部分効用値を一意に導く方法——N 法

筆者らは，部分効用値を一意に導く2つの方法を提案しています．1つは分

5.5 コンジョイント分析の問題

数二次計画法を用いた方法[11]であり，もう1つは回帰分析と単調性を組み合わせた方法[12]です．前者の分数二次計画法を用いる方法は，少し数式展開が難解なので省略します．第4章の重回帰分析で解説した内容から理解できる後者の方法（Noguchi 法で，以下，N 法という）を解説します．

N 法は，式(5.13)で示す最小2乗法と前述の**単調変換**[*1]を用いる方法です．

$$\text{Minimize } G = (Z - \hat{Z})^T (Z - \hat{Z}) \tag{5.13}$$

そこで，k 個あるうちの j 番目の要因 j（$j=1, \cdots, k$）が属性 l_t（$t=1, \cdots, k$）を持つとすると，各要因の各属性が持つ部分効用値は $b = [(b_{11}, \cdots, b_{1l_1}), (b_{21}, \cdots, b_{2l_2}), \cdots, (b_{k1}, \cdots, b_{kl_k})]^T$ で与えられます．そして，属性を示すデザイン行列 D を，重回帰分析のカテゴリーデータの扱いで解説した処理法と同様の処理を行い，ランク落ちのない D^* 行列にします．すなわち，各要因の最初の属性を D 行列から除きます．つまり，m 個の対象があり，要因の数が k，各要因の持つ属性数（水準数）が l_i（$i=1, \cdots, k$）となる要因属性から構成されているとすると，

$$s = l_1 + l_2 + \cdots + l_k - k \tag{5.14}$$

となり，D^* は $m \times s$ の行列になります．$\hat{Z} = D^* b$ だから，式(5.13)は式(5.15)となります．

$$G = (Z - D^* b)^T (Z - D^* b) \tag{5.15}$$

G を b で偏微分すると式(5.16)となります．

$$\frac{\partial G}{\partial b} = -2 D^{*T} Z + 2 D^{*T} D^* b = 0 \tag{5.16}$$

これより最初の部分効用値 b を式(5.17)より求められます．

$$b = (D^{*T} D^*)^{-1} (D^{*T} Z) \tag{5.17}$$

次に，この b 値を用いて $\hat{Z} = D^* b$ より $\hat{Z}$ を計算します．もし Z と $\hat{Z}$ の順位関係が一致したのなら，この b 値を求める部分効用値とします．もし，Z

[*1] **単調変換**とは，$z_1 \geqq z_2 \geqq z_3 \geqq z_4 \geqq z_5$ のとき，もし，$\hat{z}_1 \geqq \hat{z}_2 \geqq \hat{z}_4 \geqq \hat{z}_3 \geqq \hat{z}_5$ となれば，

$\hat{z}_3^* = \hat{z}_4^* = \dfrac{\hat{z}_4 + \hat{z}_3}{2}$ と変換し，$\hat{z}_1 \geqq \hat{z}_2 \geqq \hat{z}_3^* \geqq \hat{z}_4^* \geqq \hat{z}_5$ として，$z_1 \geqq z_2 \geqq z_3 \geqq z_4 \geqq z_5$ の順位と一致させることです．

132　　　　　　　　第5章　コンジョイント分析

と $\hat{Z}$ の順位関係が一致しないのなら，Z と $\hat{Z}$ の順位関係が一致するように $\hat{Z}$ を単調変換を行い $\hat{Z}$ を Z_1 と置きます．この単調変換後の Z_1 を用いて再び式 (5.17) より部分効用値 b_1 を求めます．この b_1 が Z_1 と $\hat{Z}_1$ の順位関係を満たす最適解とします．最初の b 値で Z と $\hat{Z}$ の順位関係が一致しない場合は，Z と $\hat{Z}$ の順位関係が一致するように $\hat{Z}$ を単調変換を行い，$\hat{Z}$ を Z_1 としたときに，Z と $\hat{Z}$ の順位関係が最も満たされます．このことを幾つかの数値例にて確かめてみました．$\hat{Z}_1$ 後も順位関係が満たされない場合には，逐次，この単調変換の操作を繰り返し最適な b 値を探すことは可能ですが，この繰り返しを続けると，部分効用値 b は 0 ベクトルに近づくので，できるだけ繰り返しは少なくします．

　次に，対象が持つ同じ要因内の部分効用値の合計が 0 になるように部分効用値 b を平行移動して得点変換すると，常に各要因と選好結果 Z との相関係数が求められます．その相関係数による相関行列の逆行列から，選好結果に対する各要因の寄与として偏相関係数を導くことができます．したがって，偏相関係数 ρ について

$$H_0 : \rho = 0 \tag{5.18}$$

の帰無仮説の検定を行うことができるわけです．

5.6　コンジョイント分析の事例

　上記の N 法が便利であることを事例で紹介します．表 5.4 の左側は，地ビールの製造属性を示しています．属性の要因 1 として麦芽のタイプ，要因 2 として泡のキメ，要因 3 としてホップの苦みを取り上げます．各要因のカテゴリーの組合せで地ビールを醸造し，若い女性会社員に，好みのものはどれかを順に投票してもらいました．ただし，製造属性として，米国産の麦芽で，泡を細かく，やや甘めの製品は製造できなかったので除きました．製造で計画された要因により醸造された 11 種類の地ビールを，女性会社員が評価した結果が，表 5.4 の中央にある Z 列にある評価得点です．好みの順に高得

5.6 コンジョイント分析の事例

表 5.4 若い女性会社員の地ビール評価と MONANOVA と N 法との結果

製 造 属 性			若い女性会社員の評価得点 Z	(a) MONANOVAでの得点	(b) N法での得点
1. 麦芽のタイプ	2. 泡のキメ	3. ホップの苦み			
1. ドイツ産	1. 細かい	1. やや甘め	11	11	11
		2. 普通	6	9	9
		3. やや苦め	10	8	8
	2. 粗い	1. やや甘め	8	10	10
		2. 普通	9	7	7
		3. やや苦め	3	4	4
2. 米国産	1. 細かい	1. やや甘め	—	—	—
		2. 普通	2	5	4
		3. やや苦め	4	3	3
	2. 粗い	1. やや甘め	7	6	6
		2. 普通	5	2	2
		3. やや苦め	1	1	1

点（1位が11点）を配点しています．この評価得点 Z から，部分効用値 b を MONANOVA の方法と，N 法とで導き，両者の結果を比較しました．その結果が表 5.5 です．

　表 5.5 から，(a)(b) のいずれの推定結果においても，若い女性会社員の地ビールの好みは"ホップの苦み"と"麦芽のタイプ"とが効き，麦芽はドイツ産，泡は細かいほうがよく，ホップの苦みはやや甘めが好まれることがわかります．そして，(a) と (b) の方法による全体評価の結果は，表 5.4 の右側に示しています．表 5.4 の選好評価の推定比較では，N 法のほうが，若い女性会社員の選好得点 Z との順位相関係数が高く，一致していることがうかがえます．また，MONANOVA では各要因の寄与はレンジや分散で比較するだけですが，N 法では各要因の偏相関係数が導け，各要因の寄与を統計的に裏付けられます．事例では，要因"ホップの苦み"と要因"麦芽のタイプ"の寄与が高いです．

表 5.5　表 5.4 の **Z** から (a) と (b) の方法により求めた部分効用値

(a)　MONANOVA の推定結果			(b)　N 法の推定結果		
要因と カテゴリー	部　分 効用値	偏相関 係　数	要因と カテゴリー	部　分 効用値	偏相関 係　数
1. 麦芽タイプ		—	1. 麦芽タイプ		0.830
1.1 ドイツ産	−0.156		1.1 ドイツ産	1.174	
1.2 米国産	−1.531		1.2 米国産	−1.409	
2. 泡のキメ		—	2. 泡のキメ		0.628
2.1 細かい	0.925		2.1 細かい	0.767	
2.2 粗い	−0.003		2.2 粗い	−0.637	
3. ホップの苦み		—	3. ホップの苦み		0.859
3.1 やや甘め	1.541		3.1 やや甘め	2.239	
3.2 普通	0.202		3.2 普通	−0.249	
3.3 やや苦め	−0.361		3.3 やや苦め	−1.430	
定　数	6.000		定　数	6.000	
Z との順位相関係数		0.809	**Z** との順位相関係数		0.818

　N 法については更に他の事例により検討が必要ですが，MONANOVA と同様な結果が導けます．コンジョイント分析を重回帰分析と単調変換を併用したこの N 法で実施するのがよいと考えます．直交表による実験計画法で代用してもよいのですが，本来のコンジョイント分析の解法は別にあることを知っておいてください．

5.7　コンジョイント分析の活用

　コンジョイント分析は，新商品開発の七つ道具の 1 つに取り上げられ，商品企画などに活用されていますが，その解法は，あたかも重回帰分析や直交表で実施するかのように示されているので，本来の解法は別にあることを解説しました．このことを理解した上で，直交表や重回帰分析で代用していただければと思います．少し難解だったかも知れませんが，5.2 節のコンジョイント分

5.7 コンジョイント分析の活用

析の考え方を理解していただければよいと思います．また，コンジョイント分析には他にも数多くの手法があるので，最後に大まかな手法の一覧を表5.6に示しておきます．

表 5.6 コンジョイント分析の各手法の一覧表 [1]

	データの尺度	解の適合度基準	手 法
集計モデル	順序尺度	順序対比較符号一致法	TRADEOFF [4],[5]
	順序尺度	ストレス	MONANOVA [3],[8]
	メトリック	最小2乗法	重回帰分析
個人差モデル	順序尺度を対比較データに変換	一種の最尤法	LOGIT [13]
	順序尺度	データスペースとモデルスペースのValidationの最小化	LINMAP [6],[7]
	名義尺度・順序尺度	最小2乗基準	WADDALS [14]

LINEAR DISCRIMINANT ANALYSIS

第6章
線形判別分析

　2つのカテゴリー（群）から集められたサンプルがあり，あるサンプルが2つのカテゴリーのいずれに属するのかが不明なときに，サンプルの観測された p 個の説明変数である $x_1, x_2, \cdots, x_p$ の線形式から，そのサンプルがどちらの群に属するかを判別する手法を解説します．

　古典的な手法ですが，検査結果から病気の有無を判別したり，身元不明の骨から性別を判別したりするのに広く活用されています．

　本章では，線形判別分析のねらいと考え方を理解しましょう．

138   第 6 章　線形判別分析

6.1　線形判別分析とは

線形判別分析（linear discriminant analysis）は，例えば人間の病気に関して，血液検査や尿検査などの結果や症状の強さから，幾つかある病気のうちのどれであるかを判別したり，出土した化石や人骨の分析結果から，その化石がどの年代のものと考えられるかを判別するように，p 変量の観測値から目的とするカテゴリーの判別を行う手法です．

　線形判別分析は，このような判別を p 変量 $x_1, x_2, \cdots, x_p$ の線形（1 次）式によって行うものであり，この線形式を**フィッシャーの線形判別関数**と呼びます．

―――――――――――――――――――――― **線形判別分析の誕生** ―

　"判別分析" や "判別関数" という用語は，ロナルド・フィッシャー（Sir Ronald Alymer Fisher, 1890–1962）が 1936 年 [1] と 1938 年の彼の論文で初めて使いました．

　しかし，歴史的には，このような判別に関する考え方は，1920 年頃のカール・ピアソン（Karl Peason, 1857–1936）の研究に遡ります．ピアソンは，人体測定学のデータを使って 2 つの母集団間の距離を測定するための係数（母集団間の類似度を示す係数で，彼は c^2 と呼んだ）を求めようとしました．

　ほぼ同じ頃にプラサンタ・チャンドラ・マハラノビス（Prasanta Chandra Mahalanobis, 1893–1972）もこの問題に興味を持ち研究していました．マハラノビスは，"ピアソンは有意性の検定を与えているが，c^2 はサンプルの大きさにより変わるにもかかわらず，サンプルの大きさによる 2 つの母集団間の差を測定していない" としました．そして，マハラノビスは，サンプルの大きさを考慮した 2 つの母集団間の差を測る尺度として D^2 を提案し，**マハラノビスの汎距離**（Mahalanobis' genelized distance）と別に名付けました．彼は，この測度を 1925 年にベンガル人の種族混合の議論に用いて，その有効性を示しました [2]．以降，このマハラノビスの汎距離 D^2 が，統計学における判別や分類法の発展に貢献します．

6.2 線形判別分析の考え方

線形判別分析は，図6.1のように○と×の2つのカテゴリー（群）があるときに，各変数（要因）x_1とx_2の1つずつの要因で○と×を判別するのが難しい場合に，その2つの要因を用いて判別すると判別力が増すことを狙った手法です．

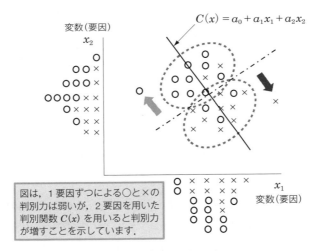

図 6.1 線形判別分析の狙い

例えば，あるプラスチック成型品において品質不良のクレームが生じたとします．そこで，正常品群（C_1）と不良品群（C_2）のそれぞれの製造工程に関する条件，温度（x_1），押圧（x_2），…，押圧速度（x_p）等の要因データを追跡調査して収集し，式(6.1)のような正常品と不良品を判別する判別関数$C(x)$を求めたとします．この式より不良を発生していると思われる幾つかの工程条件の要因がわかり，その対策を打つことで品質不良をなくすことができます．

$$C(x)（判別のためのカテゴリー）= a_0 + a_1 x_1 + a_2 x_2 + \cdots + a_p x_p \quad (6.1)$$

図6.2は，図6.1をもとに，この品質不良を判別するのに，1つの要因データよりも，2つ以上の要因データを用いて判別したほうが判別力は増すこと

140　第 6 章　線形判別分析

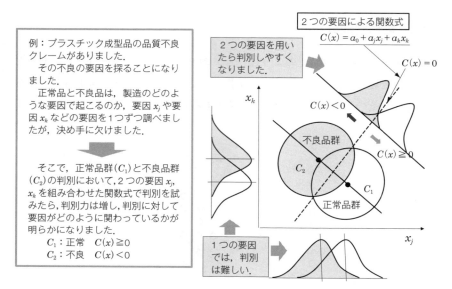

図 6.2　2 つの説明変数で示した線形判別分析法の考え方

を，統計的な表現で示しています．このプラスチック成型品の例における目的変数は正常品群，不良品群という 2 つのカテゴリー（C）であり，$C(x) \geqq 0$ なら正常，$C(x) < 0$ なら不良となり，$C(x) = 0$ がその境界値になります．また説明変数は，各群に属する成型品の製造工程条件，温度（x_1），押圧（x_2），…，押圧速度（x_p）等です．一般的に，このように線形判別分析は，目的変数がカテゴリーデータで，説明変数が量的データとなります．

6.3　線形判別分析の解法

6.3.1　判 別 得 点

線形判別分析では，k 群における p 個の説明変数に対して，式(6.2)の合成変量式を作り，これにより判別することを考えます．n_k は k 群のサンプル数です．

6.3 線形判別分析の解法

$$C_i^{(k)} = a_0 + a_1 x_{i1}^{(k)} + a_2 x_{i2}^{(k)} + \cdots + a_p x_{ip}^{(k)}$$

$$(k=1, 2 \; ; \; i=1, \cdots, n_k) \qquad (6.2)$$

式(6.2)の係数 $a_0, a_1, a_2, \cdots, a_p$ は，観測されている 2 群のデータを，最もよく判別するように定められ，この $a_0, a_1, a_2, \cdots, a_p$ の値が定まると，$C_i^{(k)}$ 値により，$C_i^{(k)} \geqq 0$ なら 1 群，$C_i^{(k)} < 0$ なら 2 群と判別予測されます．この $C_i^{(k)}$ 値のことを**判別得点**（discriminant score）と呼びます．この $C_i^{(k)}$ の変動の大きさを表す平方和は，式(6.3)のように平方和分解されます．

$$\sum_{k=1}^{2}\sum_{i=1}^{n_k}[C_i^{(k)}-\bar{C}]^2 = \sum_{k=1}^{2} n_k[\bar{C}^{(k)}-\bar{C}]^2 + \sum_{k=1}^{2}\sum_{i=1}^{n_k}[C_i^{(k)}-\bar{C}^{(k)}]^2 \qquad (6.3)$$

式(6.3)は，総平方和 $S_T =$ 群間平方和 $S_B +$ 群内平方和 S_W となっています．ここで，$\bar{C}^{(k)}$ は第 k 群の平均，$\bar{C}$ は全体の平均で，式(6.4)で表せます．

$$\bar{C}^{(k)} = \frac{1}{n_k}\sum_{i=1}^{n_k} C_i^{(k)}$$

$$\bar{C} = \frac{1}{n_1 + n_2}\sum_{k=1}^{2}\sum_{i=1}^{n_k} C_i^{(k)} \qquad (6.4)$$

群間の差が大きければ群間平方和 S_B が大きく，群間の差が小さければ群間平方和 S_B が小さくなります．そこで，群間平方和 S_B の総平方和 S_T に対する相対的な大きさ，すなわち相関比 $\eta^2 = S_B/S_T$ を最大にすることが，2 つの群を最もよく判別するものと定義して，相関比 η^2 を最大化することを考えます．これは，群間平方和 S_B と群内平方和 S_W の比，S_B/S_W を最大化することと同じで，2 群の平均間の標準化距離を最大化することに相当します．

この考えに基づいて，$C_i^{(k)}$ を導くには，a_0 は定数なので 0 とし，η^2 を a_1, $a_2, \cdots, a_p$ について各々偏微分した各式を 0 とおきます．そして，これらの a_1, $a_2, \cdots, a_p$ に関する連立方程式の解を求めれば式(6.2)は導けます．紙面の都合上，本書では導出の過程を省略し，式(6.2)からの結果の式として式(6.5)を示します．

$$C_i^{(k)} = \left[\boldsymbol{x}_i^{(k)} - \frac{\bar{\boldsymbol{x}}^{(1)} + \bar{\boldsymbol{x}}^{(2)}}{2}\right]^T \hat{\boldsymbol{\Sigma}}^{-1}[\bar{\boldsymbol{x}}^{(1)} - \bar{\boldsymbol{x}}^{(2)}] \qquad (6.5)$$

142 第6章 線形判別分析

6.3.2 マハラノビスの汎距離

次に，式(6.5)をベクトル表記をして，別の観点から $C_i^{(k)}$ を解説します．いま，2群の p 変量の母集団分布の平均が

$$\boldsymbol{\mu}^{(1)} = [\mu_1{}^{(1)}, \cdots, \mu_p{}^{(1)}]^T, \quad \boldsymbol{\mu}^{(2)} = [\mu_1{}^{(2)}, \cdots, \mu_p{}^{(2)}]^T$$

であり，分散共分散行列が

$$\boldsymbol{\Sigma}^{(1)} = \{[\sigma_{jj'}{}^{(1)}]^2\}, \quad \boldsymbol{\Sigma}^{(2)} = \{[\sigma_{jj'}{}^{(2)}]^2\}$$

ただし，$j = 1, \cdots, p, \ j' = 1, \cdots, p$

そこで，新しい観測値が得られたとき，両群の重心 $\boldsymbol{\mu}^{(1)}$, $\boldsymbol{\mu}^{(2)}$ との距離を計算して，近いほうの群に判別することを考えます．その際の距離は，各変数の分散及び変数間の相関を考慮して，式(6.6)のような標準化した距離を用います．

$$\Delta_{(k)}{}^2 = [\boldsymbol{x} - \boldsymbol{\mu}^{(k)}]^T \boldsymbol{\Sigma}^{(k)-1} [\boldsymbol{x} - \boldsymbol{\mu}^{(k)}] \qquad (k = 1, 2) \tag{6.6}$$

この $\Delta_{(k)}$ が，前述の $\boldsymbol{x}$ と $\boldsymbol{\mu}^{(k)}$ との間の**マハラノビスの汎距離**です．そして，

$p = 1$ のときは，$\Delta_{(k)} = \dfrac{x_1 - \mu_1{}^{(k)}}{\sigma_{11}{}^{(k)}}$ となり，既出の標準化の式となります．

特に，両群の母集団分布が多変量正規分布 $N[\boldsymbol{\mu}^{(1)}, \boldsymbol{\Sigma}^{(1)}]$, $N[\boldsymbol{\mu}^{(2)}, \boldsymbol{\Sigma}^{(2)}]$ であるとき，p 変量正規分布の確率密度関数が，式(6.7)で表されるので，$\Delta_{(k)}{}^2$ ＝一定となる $\boldsymbol{x}$ は，出現確率が等しい楕円を構成することになります．

$$f(\boldsymbol{x}) = \frac{1}{(2\pi)^{p/2} |\boldsymbol{\Sigma}^{(k)}|^{1/2}} \exp\left[-\frac{1}{2}\left(\boldsymbol{x} - \boldsymbol{\mu}^{(k)}\right)^T \boldsymbol{\Sigma}^{(k)-1} \left(\boldsymbol{x} - \boldsymbol{\mu}^{(k)}\right)\right]$$

$$(k = 1, 2) \tag{6.7}$$

したがって，$\Delta_{(k)}{}^2$ の近いほうに判別するという考え方は，出現する確率のより大きい群に判別するということになります．

6.3.3 マハラノビスの汎距離の推定値による判別

ここで，2つの群の分散共分散行列が等しく $\boldsymbol{\Sigma}^{(1)} = \boldsymbol{\Sigma}^{(2)} = \boldsymbol{\Sigma}$ が成り立つと仮定します．この仮定は，2群の等確率楕円を示したとき，その大きさと形が等

しいことを意味します．図6.2の1変量において，正常品と不良品の確率分布（釣鐘型の分布）を同じ大きさの形で示すことと同じです．

式(6.6)で示した距離 $\Delta_{(k)}{}^2$ は，未知の平均ベクトル $\boldsymbol{\mu}^{(1)}$，$\boldsymbol{\mu}^{(2)}$，分散共分散 Σ を含んでいるので，データである $\boldsymbol{x}_i^{(k)}=[x_{i1}{}^{(k)}, \cdots, x_{ip}{}^{(k)}]^T$ $(k=1, 2 ; i=1, \cdots, n_k)$ から，それらに対する推定値 $\hat{\boldsymbol{\mu}}^{(1)}$，$\hat{\boldsymbol{\mu}}^{(2)}$，$\hat{\Sigma}$ を式(6.8)，式(6.9)に従って推定します．

$$
\left.
\begin{aligned}
\hat{\boldsymbol{\mu}}^{(k)} &= \bar{\boldsymbol{x}}^{(k)} = [\bar{x}_1{}^{(k)}, \cdots, \bar{x}_p{}^{(k)}]^T \quad (k=1, 2) \\
\bar{x}_i{}^{(k)} &= \frac{1}{n_k} \sum_{i=1}^{n_k} x_{ij}{}^{(k)} \quad (j=1, \cdots, p) \\
\hat{\boldsymbol{\mu}} &= \bar{\boldsymbol{x}} = \frac{\sum_{k=1}^{2} \sum_{i=1}^{n_k} \boldsymbol{x}_i{}^{(k)}}{n_1 + n_2}
\end{aligned}
\right\}
\tag{6.8}
$$

$$
\left.
\begin{aligned}
\hat{\Sigma}^{(k)} &= S^{(k)} = \frac{1}{n_k - 1} \sum_{i=1}^{n_k} [\boldsymbol{x}_i{}^{(k)} - \bar{\boldsymbol{x}}^{(k)}][\boldsymbol{x}_i{}^{(k)} - \bar{\boldsymbol{x}}^{(k)}]^T \\
\hat{\Sigma} &= S = \frac{1}{n_1 + n_2 - 2} \sum_{k=1}^{2} \sum_{i=1}^{n_k} [\boldsymbol{x}_i{}^{(k)} - \bar{\boldsymbol{x}}^{(k)}][\boldsymbol{x}_i{}^{(k)} - \bar{\boldsymbol{x}}^{(k)}]^T
\end{aligned}
\right\}
\tag{6.9}
$$

これより，式(6.6)の $\Delta_{(k)}{}^2$ の推定値 $D_{(k)}{}^2$ を式(6.10)から計算して，これに基づいて判別することになります．

$$
D_{(k)}{}^2 = [\boldsymbol{x} - \bar{\boldsymbol{x}}^{(k)}]^T S^{-1} [\boldsymbol{x} - \bar{\boldsymbol{x}}^{(k)}] \quad (k=1, 2)
\tag{6.10}
$$

$$
\begin{aligned}
D_{(2)}{}^2 - D_{(1)}{}^2 &\geqq 0 \text{ なら第1群に判別} \\
D_{(2)}{}^2 - D_{(1)}{}^2 &< 0 \text{ なら第2群に判別}
\end{aligned}
\tag{6.11}
$$

基準の式(6.11)を，更に判別ルールとして示し直すと式(6.12)になります．

$$
\begin{aligned}
C_i^{(k)} &\geqq 0 \text{ なら第1群に判別} \\
C_i^{(k)} &< 0 \text{ なら第2群に判別}
\end{aligned}
\tag{6.12}
$$

そして，$C_i^{(k)}$ は $\boldsymbol{x}$ の線形関数で，式(6.13)のようになります．

$$
C_i^{(k)} = \left[\boldsymbol{x}_i{}^{(k)} - \frac{\bar{\boldsymbol{x}}^{(1)} + \bar{\boldsymbol{x}}^{(2)}}{2} \right]^T S^{-1} [\bar{\boldsymbol{x}}^{(1)} - \bar{\boldsymbol{x}}^{(2)}]
\tag{6.13}
$$

式(6.9)から $\hat{\Sigma}^{-1} = S^{-1}$ と推定できるので，式(6.13)は，定数項を除くと式

(6.5)と式(6.2)とが一致します．したがって，定数項 a_0 を 0 とし，式(6.2)の係数ベクトルを $\vec{a} = (\hat{a}_1, \cdots, \hat{a}_p)^T$ とすると，式(6.14)の関係式となります．

$$\vec{a} = S^{-1}[\overline{x}^{(1)} - \overline{x}^{(2)}] \tag{6.14}$$

式(6.12)の判別ルールは，式(6.5)の $C_i^{(k)}$ による分点を $C_i^{(1)}$ と $C_i^{(2)}$ の中点にとることと同じで，式(6.5)の正負による判別は，両群の出現確率が等しい場合に誤判別率を最小にする判別となります．

6.3.4 マハラノビスの汎距離と誤判別の確率

マハラノビスの汎距離と誤判別の確率との関係は次のように考えます．

式(6.6)の Δ^2 より，2つの群における平均値間のマハラノビスの汎距離の推定値 D^2 を求めると式(6.15)のようになります．

$$D^2 = \hat{\Delta}^2 = [\hat{\boldsymbol{\mu}}^{(1)} - \hat{\boldsymbol{\mu}}^{(2)}]^T \hat{\boldsymbol{\Sigma}}^{-1} [\hat{\boldsymbol{\mu}}^{(1)} - \hat{\boldsymbol{\mu}}^{(2)}] \tag{6.15}$$

ただし，2つの群の分散共分散 $\boldsymbol{\Sigma}^{(1)}$, $\boldsymbol{\Sigma}^{(2)}$ は等しい $[\boldsymbol{\Sigma}^{(1)} = \boldsymbol{\Sigma}^{(2)} = \boldsymbol{\Sigma}]$ と仮定します．また，各群の平均値と全体の平均値間のマハラノビスの汎距離 $D_{(k)}^2$ は，式(6.16)で求められます．

$$D_{(k)}^2 = [\hat{\boldsymbol{\mu}}^{(k)} - \hat{\boldsymbol{\mu}}]^T \hat{\boldsymbol{\Sigma}}^{-1} [\hat{\boldsymbol{\mu}}^{(k)} - \hat{\boldsymbol{\mu}}] \qquad (k = 1, 2) \tag{6.16}$$

式(6.12)の $C_i^{(k)}$ による判別の状況と，式(6.6)の $\hat{\Delta}$ に対応する箇所を示すと

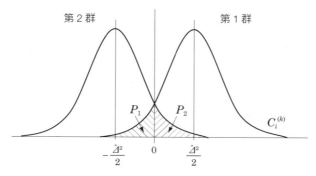

図 **6.3** 式(6.5)の C による判別

図 6.3 のようになります．誤判別率 P_1（第 1 群の観測値を第 2 群と誤って判別する確率），P_2（第 2 群の観測値を第 1 群と誤って判別する確率）は，通常，誤判別の結果による損失等を考慮して，推定の期待値が最小になるように設計されます．そこで，いま単純に P_1 と P_2 は等しい損失とすると，式(6.17)のようになります．Φ は標準正規分布の累積分布関数です．

$$\hat{P}_1 = \hat{P}_2 = \Phi\left(-\frac{\hat{\Delta}}{2}\right) \tag{6.17}$$

図 6.3 における，斜線による $C_i^{(k)}$ の重なりは，$\hat{\Delta}$ が大きければ小さいので，$\hat{\Delta}$ は 2 つの群の判別されやすさを示します．そこで，$\hat{\Delta}$ の大きさがわかれば，どの程度判別できるかが評価できます．また，誤判別率は，表 6.1 のように第 1 群であるのに第 2 群と間違って判別される例数 m_1 と，逆に第 2 群であるのに第 1 群と誤判別される例数 m_2 を数えて，$\hat{P}_1 = m_1/n_1$，$\hat{P}_2 = m_2/n_2$ の式で誤判別率を評価することもできます．これらをあわせて式(6.18)で示すこともあります．

$$\bar{P} = \frac{m_1 + m_2}{n_1 + n_2} \tag{6.18}$$

表 6.1 観測と予測との不一致例数による誤判別率

観測 ＼ 予測	第 1 群	第 2 群	計
第 1 群	$n_1 - m_1$	m_1	n_1
第 2 群	m_2	$n_2 - m_2$	n_2

6.4　線形判別分析の数値例

数値例 6-①　肝臓ガンの患者群（第 1 グループ n_1 人）と肝硬変の患者群（第 2 グループ n_2 人）に関する検査 A と B の結果が表 6.2 のように得られました．ここで，肝臓ガンか肝硬変の疑いのある新しい患者 Y 氏につ

146　　　　　　　　第6章　線形判別分析

いて，検査Aが0.5，検査Bも0.5であったとします．そこで，この患者
Y氏は肝臓ガンなのか肝硬変なのかを判別しましょう．Excelを用います．

表 6.2　肝臓ガンと肝硬変の検査データ

肝臓ガン群 $k=1$			肝硬変群 $k=2$		
患者	検査A：x_1	検査B：x_2	患者	検査A：x_1	検査B：x_2
1	0.7	0.6	11	0.3	0.5
2	0.1	0.4	12	0.8	0.3
3	0.9	0.8	13	0.8	0.4
4	0.2	0.8	14	0.6	0.2
5	0.2	0.5	15	0.7	0.4
6	0.6	0.8	16	0.5	0.8
7	0.7	0.9	17	0.8	0.6
8	0.3	0.8	18	0.9	0.3
9	0.3	0.7	19	0.9	0.4
10	0.1	0.6	20	0.9	0.6
平均	0.410	0.690	平均	0.720	0.450
分散	0.083	0.025	分散	0.036	0.032
検査A		検査B		検査AとB	
全平均	0.565	全平均	0.570	共分散	−0.012
全分散	0.083	全分散	0.042		

数値例 6–①　表6.2の検査Aと検査Bにおける全患者の測定データを
散布すると，図6.4になります．そこで，図6.4上に示した判別境界線 C
が求められれば，患者が，肝臓ガンか肝硬変かの判別力が増しそうです．

手順1　表6.2より線形判別関数 C を求めます．

　式(6.5)より，判別境界線，すなわち線形判別関数 C を求めます．
表6.2から各群の各検査項目の平均を求めると，$\bar{x}_1^{(1)}=0.410$, $\bar{x}_1^{(2)}=$
0.720, $\bar{x}_2^{(1)}=0.690$, $\bar{x}_2^{(2)}=0.450$ となり，全分散共分散行列を求めると，

$$S = \begin{bmatrix} 0.083 & -0.012 \\ -0.012 & 0.042 \end{bmatrix}$$

となります．これらを式(6.5)に代入すると，式(6.19)が得られます．

6.4 線形判別分析の数値例

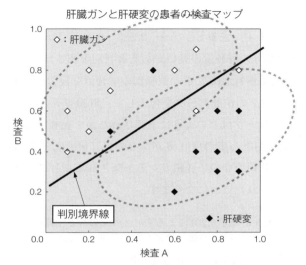

図 6.4 検査 A と検査 B における患者の位置

$$C_i^{(k)} = \left[x_{i1}^{(k)} - \frac{0.410 + 0.720}{2} \quad x_{i2}^{(k)} - \frac{0.690 + 0.450}{2} \right] \begin{bmatrix} 0.083 & -0.012 \\ -0.012 & 0.042 \end{bmatrix}^{-1}$$

$$\times \begin{bmatrix} 410 - 0.720 \\ 0.690 - 0.450 \end{bmatrix} \tag{6.19}$$

式(6.19)を計算して整理すると,式(6.20)になります.

$$C_i^{(k)} = -2.223 - 6.458 \times x_{i1}^{(k)} + 10.302 \times x_{i2}^{(k)}$$

$$(k=1, 2 ; i=1, \cdots, n_k) \tag{6.20}$$

手順 2 新しい患者 Y 氏の検査結果から判別ルールに基づいて,Y 氏の病名を判別予測します.

この線形判別関数の値は,k 群の i 番目の患者における値 $C_i^{(k)}$ であり,$C_i^{(k)} \geqq 0$ のときは肝臓ガンの群,$C_i^{(k)} < 0$ のときは肝硬変の群に判別します.

判別境界線となる線形判別関数 C を式(6.21)のように簡単に示します.

$$C = -2.223 - 6.458 x_1 + 10.302 x_2 \tag{6.21}$$

この式より,新しい患者 Y 氏の検査結果は,検査 A:$x_{10} = 0.5$,検査

148 　第6章　線形判別分析

B：$x_{20} = 0.5$ なので，$(x_1, x_2) = (x_{10}, x_{20}) = (0.5, 0.5)$ を式(6.21)に代入して判別予測します．すると，$C = -2.223 - 6.458 \times 0.5 + 10.302 \times 0.5 = -0.301 < 0$ となり，肝硬変の疑いがあると判別予測されます．

手順3　求めた線形判別関数 C の誤判別の度合いを検討します．

式(6.20)に表6.2の検査データを代入して，肝臓ガンの第1グループと肝硬変の第2グループはどのように予測されたかを表6.3に示します．

表6.3から，No.1 の患者は肝臓ガンなのに肝硬変と予測され，No.11，No.16 の患者は肝硬変なのに肝臓ガンと予測されることになり，この3人の患者が誤判別されたことになります．

表6.3　式(6.20)による表6.2の元の群と予測の
群との比較結果及び誤判別の度合い

No.	元の群	予測された群	判別得点 $C_i^{(k)}$
1	1 肝臓ガン	2 肝硬変	−0.563
2	1 肝臓ガン	1 肝臓ガン	1.251
3	1 肝臓ガン	1 肝臓ガン	0.206
4	1 肝臓ガン	1 肝臓ガン	4.726
5	1 肝臓ガン	1 肝臓ガン	1.636
6	1 肝臓ガン	1 肝臓ガン	2.143
7	1 肝臓ガン	1 肝臓ガン	2.528
8	1 肝臓ガン	1 肝臓ガン	4.081
9	1 肝臓ガン	1 肝臓ガン	3.050
10	1 肝臓ガン	1 肝臓ガン	3.312
11	2 肝硬変	1 肝臓ガン	0.990
12	2 肝硬変	2 肝硬変	−4.299
13	2 肝硬変	2 肝硬変	−3.269
14	2 肝硬変	2 肝硬変	−4.038
15	2 肝硬変	2 肝硬変	−2.623
16	2 肝硬変	1 肝臓ガン	2.789
17	2 肝硬変	2 肝硬変	−1.208
18	2 肝硬変	2 肝硬変	−4.945
19	2 肝硬変	2 肝硬変	−3.915
20	2 肝硬変	2 肝硬変	−1.854

予測 / 観測	肝臓ガン	肝硬変	合計
肝臓ガン	9	1	10
肝硬変	2	8	10
合計	11	9	20

	人数	比率
正答	17	85.00%
誤答	3	15.00%
計	20	100.00%

6.4 線形判別分析の数値例

（数値例 6-①） 表6.4に示した誤判別率の値14.511％は，式(6.17)の値です．また，誤判別率を式(6.18)より，全体例数に対する誤判別例数として評価すると，3/20となるので，およそ15％とすることもできます．

表6.4 数値例の分析結果

マハラノビスの汎距離 D^2	4.474
誤判別率(%)	14.511

	$D_{(k)}{}^2$	$D_{(k)}{}^2 - D^2$	F_0 比	判別係数
定　数				−2.223
検査A	2.017	−2.457	7.436	−6.458
検査B	1.565	−2.909	9.573	10.302

手順4 線形判別関数における各係数の有意性を検定します．

2つの検査項目A，Bから求めた式(6.20)の線形判別関数において，各係数 a_1, a_2 が0か（各変数が判別に寄与しているか）否かを検定するのに検定統計量 F_0 比が用いられます．表6.4にその F_0 比を示します．重回帰分析で解説した係数検定と同じなので，ここは検定の進め方とその結果の見方だけわかればよいのです．

各係数は帰無仮説 $H_0 : a_i = 0$ のもとで，F_0 は自由度 $(1, n_1 + n_2 - p - 1)$ の F 分布に従います．今回は $p = 2$ で，$n_1 = 10$, $n_2 = 10$ です．

$$F_0 \text{ 比} \geqq F_\alpha(1, n_1 + n_2 - 3) \tag{6.22}$$

なら，$H_0 : a_i = 0$ を棄却します．今回の数値例では，$H_0 : a_1 = 0$ は $F_0 = 7.436 > F_{0.05}(1, 17) = 4.45$ より，帰無仮説は棄却されます．同様に，$H_0 : a_2 = 0$ は $F_0 = 9.573 > F_{0.05}(1, 17) = 4.45$ より，この帰無仮説も棄却されます．したがって，数値例での線形判別関数の係数はいずれも有意となり，2つの検査項目A, Bは意味があることになります．

150 第6章 線形判別分析

6.5 線形判別分析の事例 [3)]

6.5.1 取引先の与信管理

取引先の経営状態をできるだけ正確にかつ迅速に把握することは企業経営において重要な問題です．筆者が以前勤務していた企業は，アパレル企業と生地素材の取引をしていました．その際に，与信管理において線形判別分析を用いた事例を紹介します．

まず，群について，過去2年間黒字を続けている企業を"優良"群として31社，逆に赤字を続けている企業を"不良"群として23社，倒産した企業を"倒産"群として14社の計68社を取り上げました．表6.5がその全データです．

説明変数は，これらの企業の財務指標である，x_1：使用総資本経常利益率（％），x_2：自己資本比率（％），x_3：流動比率（％），x_4：固定比率（％），x_5：手持手形月数（月），x_6：経常収支比率（％），x_7：借入金月数（月），x_8：使用総資本回転率（回），x_9：在庫回転期間（日），x_{10}：売上債権回転期間（日），x_{11}：売上高増加率（％），x_{12}：経常利益増加率（％）の12の変数を用いました．

近年は，各企業の持つ財務体質が非常に複雑となり個々の財務指標だけからでは状況が捉えられません．図6.5はそのことを示しています．図6.5は，表6.5の財務データから，資金繰りを見る x_7：借入金月数（月）と，企業の活動性を見る x_8：使用総資本回転率（回），x_9：在庫回転期間（日）とを取り上げて，優良企業，標準企業，倒産企業が判別できないかを検討した図です．いずれの財務指標においても企業の優劣は判断できないことがわかります．

6.5.2 線形判別分析による倒産企業の予測

線形判別分析により倒産企業の予測ができないかを検討しました．そして，① "優良"群31社と"不良・倒産"群（23＋14）＝37社の2群による線形判別分析と② "優良・不良"群（31＋23）＝54社と"倒産"群14社の2群の線形判別分析を行うことにしました．解析には Statworks を用いました．

判別関数の12変数からの変数選択方式は，マハラノビスの汎距離の統計量

6.5 線形判別分析の事例

表 6.5 与信管理に用いた全アパレル企業の財務指標データ

No.	x_1: 収益力比率	x_2: 総資本経常利益率	x_3: 自己資本比率	x_4: 流動比率	x_5: 固定比率	x_6: 手形手持月数	x_7: 経常収支比率	x_8: 借入金月数	x_9: 総資本回転率	x_{10}: 在庫回転期間	x_{11}: 売上債権回転期間	x_{12}: 買入債務回転期間	x_{13}: 売上高増加率	x_{14}: 経常利益増加率	C: 判別群
1	14.9	22.1	45.4	135.1	62.0	1.3	107.4	1.7	1.4	61.0	79.0	126.0	14.4	6.0	優良
2	2.2	2.8	12.6	118.8	183.1	1.1	98.5	4.1	1.1	112.0	144.0	130.0	24.9	154.5	優良
3	1.1	3.6	6.1	107.9	94.9	2.5	101.2	1.1	2.4	13.0	137.0	125.0	14.2	33.2	優良
4	7.5	6.2	21.3	35.2	373.5	0.0	140.6	4.8	0.8	3.0	60.0	94.0	26.5	195.6	優良
5	8.8	16.0	27.1	140.8	143.4	1.0	104.9	1.2	1.7	6.0	89.0	88.0	10.7	32.8	優良
6	1.8	4.8	17.1	87.2	290.9	0.3	116.6	4.3	1.4	8.0	69.0	59.0	8.7	10.3	優良
7	2.0	10.5	49.0	201.2	14.9	0.0	105.1	0.5	3.9	18.0	4.0	28.0	7.7	31.5	優良
8	1.1	2.8	12.0	133.2	136.7	0.3	100.6	4.2	1.5	53.0	98.0	94.0	6.1	6.5	優良
9	2.5	10.2	7.6	154.5	67.3	0.9	103.9	1.0	3.5	15.0	56.0	60.0	4.1	166.1	優良
10	6.8	10.5	46.6	190.8	39.6	2.1	97.6	0.0	1.4	51.0	158.0	138.0	17.1	14.8	優良
11	5.4	11.0	41.5	152.2	58.0	0.4	107.8	1.3	1.9	14.0	75.0	72.0	7.3	-7.9	優良
12	7.4	17.6	62.3	277.3	21.9	0.4	104.3	0.4	2.2	51.0	77.0	51.0	7.8	-1.4	優良
13	4.6	8.2	53.6	211.6	36.3	0.9	103.9	0.3	1.6	85.0	65.0	59.0	10.0	34.1	優良
14	5.0	8.9	47.7	205.4	19.4	2.2	103.9	1.1	1.5	39.0	137.0	95.0	10.0	34.1	優良
15	7.8	19.1	26.1	129.3	130.0	0.0	107.7	2.0	1.7	27.0	54.0	119.0	15.4	10.4	優良
16	1.5	4.5	16.0	108.1	112.2	0.9	101.2	1.1	2.0	24.0	98.0	136.0	11.0	-28.1	優良
17	4.1	10.1	16.0	116.9	58.8	1.3	104.9	0.8	2.3	23.0	88.0	126.0	8.9	46.1	優良
18	2.6	5.9	18.2	123.8	24.4	2.3	102.5	0.7	2.1	34.0	119.0	121.0	5.5	44.8	優良
19	5.5	13.9	24.0	89.2	165.3	0.0	109.5	0.5	2.2	25.0	25.0	151.0	20.7	28.0	優良
20	8.5	12.9	51.8	131.2	91.6	0.2	109.6	1.6	1.9	36.0	50.0	78.0	1.5	56.2	優良
21	1.5	2.1	24.7	81.1	276.7	0.4	94.8	5.0	1.0	3.0	74.0	72.0	0.2	-64.6	優良
22	0.6	3.6	30.2	143.4	138.1	0.0	109.1	2.6	1.5	23.0	63.0	82.0	12.9	-65.8	優良
23	11.9	9.2	16.0	174.7	125.0	0.0	117.0	5.6	1.1	53.0	83.0	200.0	4.1	300.0	優良
24	2.5	6.5	14.5	108.0	117.3	1.0	102.2	1.3	2.1	15.0	118.0	117.0	5.7	12.9	優良
25	0.8	4.4	12.5	115.2	26.4	0.8	101.1	0.5	4.0	5.0	70.0	59.0	8.2	-22.3	優良
26	0.0	4.3	33.3	139.4	88.0	0.1	96.9	3.2	1.8	31.0	58.0	44.0	0.5	-34.6	優良
27	1.0	4.3	3.9	105.8	0.6	0.0	100.4	1.9	4.1	37.0	57.0	33.0	7.3	-33.2	優良
28	1.4	3.7	19.2	128.2	42.1	2.0	101.0	3.1	1.4	68.0	141.0	136.0	14.2	103.0	優良
29	0.9	4.3	21.3	178.4	22.4	0.3	100.6	2.4	2.5	37.0	67.0	47.0	10.2	-22.1	優良
30	1.1	3.1	8.4	140.9	149.1	0.2	98.7	3.6	1.9	54.0	77.0	67.0	8.2	-23.1	優良
31	0.9	2.6	12.7	109.8	78.1	1.1	105.4	1.5	2.4	25.0	90.0	95.0	7.3	-10.4	優良
32	-0.4	0.0	1.7	134.6	900.0	0.3	99.9	4.6	1.8	12.0	46.0	54.0	-1.3	-95.0	不良
33	-1.2	0.9	14.7	150.3	110.0	0.5	102.8	4.0	1.5	47.0	94.0	65.0	-1.5	-45.2	不良
34	-0.1	1.5	3.9	102.2	231.7	0.4	101.9	3.2	1.8	20.0	124.0	92.0	-0.6	32.7	不良
35	-8.0	0.0	24.6	117.0	121.1	0.2	99.6	4.8	1.1	47.0	148.0	101.0	-13.5	-87.5	不良
36	-1.7	0.2	7.8	89.0	216.8	1.1	100.8	5.8	1.2	68.0	120.0	103.0	-1.4	233.3	不良
37	-1.7	-1.0	-1.5	109.9	-323.2	0.2	110.7	1.6	2.8	32.0	32.0	106.0	-32.0	-100.0	不良
38	-1.3	-0.9	0.9	102.1	569.6	0.6	95.9	4.4	1.6	12.0	169.0	106.0	9.6	-100.0	不良
39	-53.5	-38.6	-52.9	50.0	-81.6	0.1	72.0	15.0	0.7	47.0	85.0	30.0	-29.2	-100.0	不良
40	-1.3	-0.8	1.0	111.7	854.2	0.1	100.7	2.9	2.3	32.0	76.0	65.0	-15.2	-100.0	不良
41	-0.8	0.1	2.6	98.1	354.9	0.9	100.6	1.8	2.7	8.0	88.0	74.0	-4.6	-54.2	不良
42	-0.5	1.3	5.4	104.3	261.9	0.5	102.7	1.5	3.8	4.0	28.0	28.0	-16.8	73.0	不良
43	-2.9	-1.0	6.0	118.7	119.6	1.1	94.1	5.1	1.3	39.0	152.0	131.0	-2.3	-100.0	不良
44	-5.2	-3.8	9.4	90.2	651.1	0.9	90.3	7.2	1.0	64.0	32.0	74.0	1.2	-100.0	不良
45	-0.4	0.1	2.9	97.1	234.9	1.6	99.6	1.6	2.3	2.0	133.0	114.0	4.7	-64.6	不良
46	-2.0	0.8	9.2	106.3	128.3	1.0	99.7	4.0	1.4	28.0	161.0	127.0	2.7	-54.5	不良
47	-0.3	0.0	0.0	97.7	900.0	0.9	106.3	5.4	0.7	69.0	151.0	162.0	-30.0	-99.9	不良
48	-2.5	-0.4	1.6	111.9	900.0	3.6	96.9	9.7	0.9	18.0	223.0	91.0	-3.1	-100.0	不良
49	-7.8	-11.1	-14.6	81.4	-76.7	1.8	104.2	4.7	1.4	16.0	125.0	102.0	-12.7	-100.0	不良
50	-1.0	-0.9	10.5	149.8	100.4	0.4	104.9	3.2	2.0	21.0	87.0	60.0	-16.8	-100.0	不良
51	-0.8	0.0	11.7	119.0	98.5	0.9	95.7	4.5	1.2	58.0	172.0	139.0	9.5	-100.0	不良
52	-1.8	-0.1	11.4	119.5	18.3	0.9	98.4	3.2	1.4	32.0	153.0	135.0	-8.0	57.3	不良
53	-1.7	0.1	3.8	100.1	123.9	0.7	99.5	5.6	1.1	97.0	137.0	176.0	-5.7	-43.9	不良
54	-0.3	0.6	3.9	121.3	154.8	0.2	100.1	1.4	3.7	23.0	50.0	45.0	-13.1	-31.6	不良
55	-11.0	-6.8	-50.8	105.3	-15.2	-0.2	102.0	22.8	0.7	43.0	335.0	158.0	-43.0	-100.0	倒産
56	-0.4	0.4	1.4	107.1	508.3	0.0	96.7	3.0	1.8	34.0	126.0	132.0	-0.5	-55.8	倒産
57	-12.9	-10.2	-6.9	78.5	-205.7	0.7	69.4	9.5	0.9	121.0	178.0	201.0	-13.2	-49.6	倒産
58	-2.9	-4.7	-0.3	111.2	-900.0	0.1	97.1	1.1	3.1	13.0	58.0	65.0	-13.6	4.4	倒産
59	-1.0	-0.5	9.6	117.2	152.1	0.1	112.5	1.3	2.3	32.0	46.0	90.0	18.4	77.3	倒産
60	-0.3	1.8	8.8	111.9	73.5	0.6	95.0	6.0	1.3	43.0	144.0	67.0	-3.9	27.0	倒産
61	0.2	0.2	2.5	120.4	79.7	0.3	94.5	2.8	2.4	19.0	139.0	86.0	11.1	217.6	倒産
62	0.6	2.3	5.6	115.1	103.2	0.9	97.9	5.2	1.1	48.0	186.0	179.0	8.8	-13.4	倒産
63	-3.0	-1.7	1.2	102.9	747.5	0.6	97.7	4.2	1.4	43.0	150.0	127.0	3.4	5.1	倒産
64	-0.1	1.5	9.0	116.7	124.0	0.1	92.6	2.3	2.3	37.0	84.0	93.0	10.4	-77.3	倒産
65	-0.4	1.3	12.9	140.7	152.0	0.1	98.0	5.0	1.3	38.0	135.0	98.0	5.0	26.7	倒産
66	1.0	1.0	3.1	101.3	312.0	0.1	98.7	6.2	1.2	57.0	177.0	135.0	-6.8	-23.3	倒産
67	1.6	1.5	8.3	280.0	23.8	1.9	122.5	10.1	0.4	360.0	308.0	107.0	2.2	203.8	倒産
68	-1.8	-0.9	-24.2	74.8	-29.7	0.7	98.7	5.1	0.0	46.0	129.0	101.0	-50.0	-100.0	倒産

152　第6章　線形判別分析

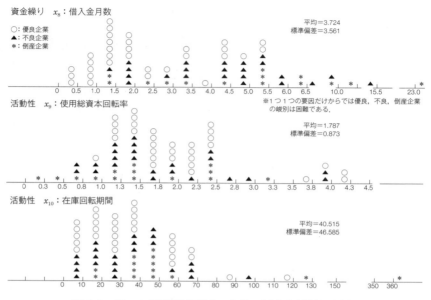

図 6.5　個々の財務指標だけで企業の優劣を判別した図

D^2 に基づくラオ（C.R. Rao, 1920–2017）の付加情報の逐次検定方式[4]を採用しました．この方式は，p 個の全変数から q 個の変数を選択した際に，残りの $(p-q)$ 個の変数は判別のための付加情報をもたらさないという仮説を検定するもので，全変数を用いたときのマハラノビスの汎距離 $D_{(p)}^2$ と q 個の変数を用いたときのマハラノビスの汎距離 $D_{(q)}^2$ に基づいて検定されます．

図 6.6 は，"優良"群と"不良・倒産"群の判別における変数集合を横軸，対応する検定統計量の有意確率を縦軸にとったときに全ての変数の組合せによるプロット図を示しています．同様に，図 6.7 は，"優良・不良"群と"倒産"群におけるプロット図で，これより，選択される変数の個数が少なく，有意確率の高い基準（基準Ⅱ）を選ぶと，図 6.6 では □ で示した基準の組合せが最適であり，採用される変数は 6 つです．同様に，図 6.7 では □ の基準の組合せが最適であり，採用される変数は 7 つとなりました．表 6.6 は，それぞれの組合せにより求められた判別係数を示しています．

6.5 線形判別分析の事例

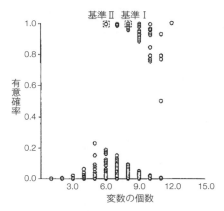

図6.6 "優良"群と"不良・倒産"群における逐次検定統計量(有意確率)のプロット

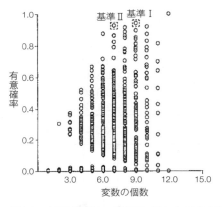

図6.7 "優良・不良"群と"倒産"群における逐次検定統計量(有意確率)のプロット

表6.6①の"優良"群と"不良・倒産"群の判別係数(6変数)から求めた判別評点を横軸,②の"優良・不良"群と"倒産"群の判別係数(7変数)から求めた各企業の判別評点を縦軸に取り,全68社のプロットを図6.8に示します.この図から,ほぼ,第1象限には優良企業(●)が位置し,第2象限には不良企業(○),第3象限には倒産企業(×)が位置していることがうか

表 6.6　①と②のケースによる線形判別分析結果

財務指標（説明変数）	①"優良"群と"不良・倒産"群の判別係数	②"優良・不良"群と"倒産"群の判別係数
x_1：使用総資本経常利益率	0.3972	
x_2：自己資本率		0.0580
x_3：流動比率		
x_4：固定比率	−0.0054	
x_5：手形手持月数	2.3929	3.3378
x_6：経常収支比率		0.0942
x_7：借入金月数	0.8389	0.5074
x_8：使用総資本回転率		
x_9：在庫回転期間		−0.0122
x_{10}：売上債権回転期間	−0.0586	−0.0539
x_{11}：売上高増加率	0.1366	
x_{12}：経常利益増加率		−0.0086
定　数	0.8747	−6.7704
標本誤判別率	4.41%	14.71%
逐次検定統計の有意確率	0.9940	0.9259
予測値の平均値 U_1	3.6312	2.4724
予測値の平均値 U_2	−3.6312	−2.4724
予測値の標準偏差 s_1	2.4689	2.1455
予測値の標準偏差 s_2	2.8696	2.5177
上側 1% 点 (Q_1)	3.0444	3.3845
下側 1% 点 (Q_2)	−2.1122	−2.5187

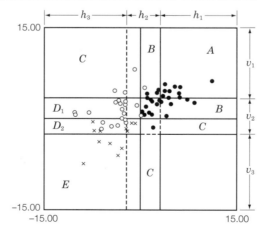

図 6.8　①と②の判別係数による各企業の判別得点の布置

がえます．

そこで，①による判別評点と②による判別評点の分布を下記に示すように3区分し，それらを2次元上に組み合わせた9領域を与信評価領域と仮設定しました．まず，①の判別において，"不良・倒産"群を"優良"群と誤る確率を1%とし，対応するパーセント点を Q_1 とします．同様に"優良"群を"不良・倒産"群に誤る確率を1%とし，対応するパーセント点を Q_2 とします．すなわち，Q_1, Q_2 は式(6.23)で与えられます．

$$Q_1 = U_2 + z_{0.01}s_2$$
$$Q_2 = U_1 - z_{0.01}s_1 \tag{6.23}$$

ここに，U_1, s_1 は"優良"群における判別評点の平均値と標準偏差，U_2, s_2 は"不良・倒産"群における判別評点の平均値と標準偏差です（表6.6の下段を参照）．また，$z_{0.01}$ は正規分布の上側1%点（2.326）です．次に，Q_1, Q_2 に基づいて3つの評価領域，すなわち h_1（優良域），h_2（境界域），h_3（不良・倒産域）を設定します．この場合の評価領域の設定例を図6.9に示します．

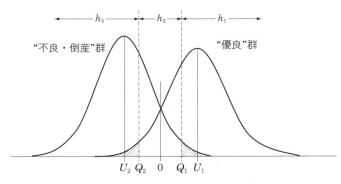

図6.9 "優良"群と"不良・倒産"群の判別における評価ライン

同様に，②の"優良・不良"群と"倒産"群の判別においても，3つの評価領域，v_1（優良・不良域），v_2（境界域），v_3（倒産域）を設定します．そして，図6.8の上側と右側に示すように，評価領域（h_1, h_2, h_3）を横軸，評価領域（v_1, v_2, v_3）を縦軸に取り，それを2次元平面上で組み合わせた9領域を設

けました.

6.5.3 財務の立場からの検討

財務の専門的立場から，この9領域を更に吟味して最終的には図6.8や図6.10に示すとおりA〜Eの5段階領域を設定し，これら5段階評価の持つ意味付けを表6.7のようにしました．5段階評価において，ランクD及びランクEに位置する企業は要注意企業を示し，取引限度設定を行うなど何らかの対応措置を講じることが必要です．また，ランクC以外の第4象限は判定不能領域とみなし，そこに位置する企業があれば，入力データの再点検の必要があります．ランクDはD_1とD_2の2つに分け6段階でも検討評価しましたが，標準はA〜Eの5段階評価としました.

表6.7 5段階の評価コメント

ランク	評　価	コメント	対　応
A	警戒不要	ほとんど心配ない	
B	差し当たり警戒不要	今のところ心配ない	
C	注意	観察が必要	
D_1	やや警戒	十分注意が必要	取引限度を設ける
D_2	警戒	厳重注意が必要	取引限度を設ける
E	要警戒	倒産の危険あり（厳重注意）	取引を縮小又は中止

そして，この線形判別分析後に，新たに倒産したアパレル企業20社の標本データを収集し，5段階評価の妥当性を確認しました．与信評価では，倒産企業を事前に予測することが重要なので，特に倒産企業を対象としました．検証標本20社の5段階評価領域へのプロットを図6.10に示します．図6.10より，ランクBとランクCに1社ずつが位置し，残りの18社はすべてランクD, Eに位置し，この線形判別関数による予測がほぼ妥当であるといえます．なお，ランクB社に位置していた企業は，他社の大型倒産のあおりを受けて倒産したもので，財務成績自体は決して悪くはありませんでした.

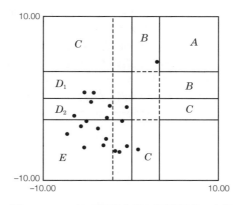

図 6.10 20社の倒産企業の判別評点の布置

6.6 線形判別分析の活用

線形判別分析は判別境界線を線形にして判別しますが，機械学習では非線形で判別するアルゴリズムなどが開発されています．しかし，まず線形による判別を理解することが第一歩です．多変量解析の習得には，手法の考え方をまず理解することです．次に，その考え方を，解法で示した数式をベースにし，数値例でその過程を確認します．難しいと思われる箇所は飛ばし，とにもかくにも手法の考え方を理解するように努めてください．

―――― 本事例の後日談 ――――
　後日，今回の事例の与信管理評価法について，社内の関係営業課長41人を対象にして，従来の財務分析家によって作成される分析表と比べてどのような印象を持つかのアンケート調査を行いました．
　質問内容は，①従来と比べてわかりやすいか，②本評価法は信頼できるか，③実際に利用できるか，④評価区分は見やすいか，⑤A〜Eの5段階評価は妥当か，などでした．結果は，8割の営業課長がこれから利用したい，信頼性の面では9割強の支持があり，約7割がわかりやすくなったという回答でした．そこで，財務担当課長と筆者との連名で社内の改善提案に応募したところ，優秀賞のA（順位では3位）をいただきました．そして，社内の仕組み

として，パソコンによる与信評価システムを立ち上げることになりました．

　この多変量解析による与信評価システムを日常業務化し，後にアパレル企業だけでなく他事業（バイオ関連，フィルム，バイロンなど）の取引企業にも水平展開されました．取引先の経営状態の要注意度に応じて層別化が容易に行え，しかも事前にその実態が予測できるとして，社内の仕組みとして定着し，年に一度データの追加と解析結果の見直しが進められています．

CANONICAL DISCRIMINANT ANALYSIS

第7章
正準（重）判別分析

　線形判別分析は2つのカテゴリー（群）を判別する方法でした．本章では，3つ以上のカテゴリー（群）を判別する方法の正準判別分析を解説します．正準判別分析の考え方を理解しましょう．

7.1 正準判別分析とは

正準判別分析（canonical discriminant analysis）は，3つ以上のカテゴリー間（群間）の相違を，**正準変量**（canonical variance）と呼ばれる少数個の変量を用いて判別します．2群の線形判別関数を求める場合と同じように，マハラノビスの汎距離の最小化，又は総平方和に対する群間平方和の比である相関比を最大化するという基準で，3つ以上の群を判別します．2群の線形判別分析では，1つの新しい観測値 x を，どちらの群に判別するかに重点がありました．しかし，正準判別分析では，それよりも，群間の相違を少数個の正準変量を用いて，できるだけ明確に判別することに重点があります．この方法は別に**重判別分析**（multiple discriminant analysis）とも呼びます．

正準判別分析の誕生 [1]

正準判別分析の誕生は，やはり R.A. フィッシャーが，1936年に多変量分散分析のアイデアをベースに，3品種のアヤメの判別の問題 [1] に応用したのが始まりといえます．正準判別分析と関連する手法では，1933年に米国の経済学者のハロルド・ホテリング（Harold Hotelling, 1895–1973）が主成分分析を提唱したことや，1940年頃にイギリスの統計学者のモーリス・バートレット（Mourice Stevenson Bartlett, 1910–2002）が"正準"という概念を生み出したことなどがあります．このホテリングやバートレットらが正準判別や正準相関分析などを普及させたと言われています．

7.2 正準判別分析の考え方

6.5節で述べたように，財務専門家が過去の経験により幾つかの財務要因データをもとに危ない企業を特定化するという与信管理をしていましたが，近年は財務要因データの関連が複雑になり，財務専門家でも倒産企業を予知することが困難になってきています．そこで，実際に倒産した幾つかの企業群（Z_1）について，その企業の種々の財務要因，例えば，使用総資本経常利益率（x_1），自己資本比率（x_2），流動比率（x_3），固定比率（x_4），手持手形月数（x_5），借

入金月数（x_6），…，経常利益増加率（x_p）等の p 変量におけるデータを集めます．また一方で，この3年連続で高収益を上げている優良企業群（Z_3）と，高収益は上げられていないが倒産していない標準企業群（Z_2）についても，同様に p 変量データを集めます．これら3つの倒産企業群（Z_1），標準企業群（Z_2），優良企業群（Z_3）について，その3つの群を判別するための関数式を，p 変量観測データから導こうとするのが正準判別分析です．導けた関数式から，倒産・標準・優良を判別する上で新たに重要な財務要因が発見でき，また，この関数式を用いて取引先の倒産危険度を予知することができます．図 7.1 は，正準判別分析の考え方を示した図です．

倒産，標準，優良群に属する企業には，p 個の財務要因（変量）の観測値データがあり，p 変量の p 次元の空間上に，その各企業は各々の観測値に従って布置していると考えます．この全体の布置を眺めながら，まず最初に，3つの

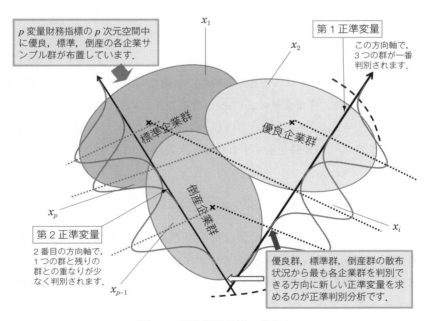

図 7.1 正準判別分析の考え方

162   第 7 章   正準(重)判別分析

群（一般的には k 群）の各重なりが最小になるような判別軸を見つけます．
その軸が第 1 正準軸となります．その第 1 正準軸に各群の企業プロットを正
射影して判別評点 1 を求めます．次に，第 1 正準軸上で多少の重なりがあり
判別が弱かった 2 つの群（一般的には 1 つの群と残りの $k-1$ 群をまとめた
群）に着目して，その重なりが最小になるような別の判別軸 2 を見つけて第 2
正準軸とします．そして，その第 2 正準軸上に各群の企業プロットを正射影
して判別評点 2 とします．3 群の正準判別分析の場合は，これで終わりです．
4 群以上の群数では，群数 k から 1 を引いた $k-1$ 個の判別軸を見つけ出すこ
とができます．

7.3   正準判別分析の解法

p 個の変量 $x_1, \cdots, x_p$ に対して任意の係数 $a_1, \cdots, a_p$ を用いて，式(7.1)のよう
な合成変量，すなわち，正準変量である Z をつくり，この値によって判別し
ます．

$$Z = a_1 x_1 + \cdots + a_p x_p \tag{7.1}$$

係数 $a_1, \cdots, a_p$ が与えられると，群の数が g 個なら，$n = n_1 + \cdots + n_g$ 個の個
体の各々に対して，正準変量の式(7.2)が計算できます．

$$Z_i^{(k)} = a_1 x_{i1}^{(k)} + \cdots + a_p x_{ip}^{(k)} \quad (k = 1, \cdots, g \,;\, i = 1, \cdots, n_k) \tag{7.2}$$

また，この $Z_i^{(k)}$ の変動を表す平方和は，次式(7.3)のように平方和分解でき
ます．

$$\sum_{k=1}^{g} \sum_{i=1}^{n_k} [Z_i^{(k)} - \bar{Z}]^2 = \sum_{k=1}^{g} n_k [\bar{Z}^{(k)} - \bar{Z}]^2 + \sum_{k=1}^{g} \sum_{i=1}^{n_k} [Z_i^{(k)} - \bar{Z}^{(k)}]^2 \tag{7.3}$$

ここで，$\bar{Z}^{(k)}$ は第 k 群の平均，$\bar{Z}$ は総平均であり，式(7.3)は，総平方和 S_T
＝群間平方和 S_B ＋群内平方和 S_W となります．

Z により g 個の群がよく判別されることは，群間平方和 S_B が総平方和 S_T
に対して大きくなることであると考え，相関比 $\eta^2 = S_B / S_T$ が最大になるよう
に係数 $a_1, \cdots, a_p$ を定めます．このことは，群間平方和 S_B と群内平方和 S_W の

比 λ を最大化することとも同じです.

$$\lambda = \frac{S_B}{S_W} \tag{7.4}$$

そこで,次のような行列表現をします.ここで,i は個体(サンプル)の数,j, j' は変量の数です.

$$\left.\begin{aligned}
&\boldsymbol{a} = (a_1, \cdots, a_p) \\
&B = (b_{jj'}), \quad b_{jj'} = \sum_{k=1}^{g} n_k [\bar{x}_j^{(k)} - \bar{x}_j][\bar{x}_{j'}^{(k)} - \bar{x}_{j'}] \\
&W = (w_{jj'}), \quad w_{jj'} = \sum_{k=1}^{g} \sum_{i=1}^{n_k} [x_{ij}^{(k)} - \bar{x}_j^{(k)}][x_{ij'}^{(k)} - \bar{x}_{j'}^{(k)}] \\
&T = (t_{jj'}), \quad t_{jj'} = \sum_{k=1}^{g} \sum_{i=1}^{n_k} [x_{ij}^{(k)} - \bar{x}_j][x_{ij'}^{(k)} - \bar{x}_{j'}]
\end{aligned}\right\} \tag{7.5}$$

行列表現の式(7.5)から,式(7.4)は式(7.6)のように表されます.

$$\lambda = \frac{S_B}{S_W} = \frac{\boldsymbol{a}^T B \boldsymbol{a}}{\boldsymbol{a}^T W \boldsymbol{a}} \tag{7.6}$$

B は群間の平方和積和行列,W は群内の平方和積和行列,T は総平方和積和行列です.

式(7.6)の λ を $\boldsymbol{a}$ の各要素で偏微分して 0 とおくと,式(7.7)の一般固有問題が得られます.

$$\lambda = \frac{S_B}{S_W} = \frac{\boldsymbol{a}^T B \boldsymbol{a}}{\boldsymbol{a}^T W \boldsymbol{a}} \Rightarrow \lambda \boldsymbol{a}^T W \boldsymbol{a} = \boldsymbol{a}^T B \boldsymbol{a} \Rightarrow \frac{\partial(\lambda \boldsymbol{a}^T W \boldsymbol{a})}{\partial \boldsymbol{a}} = \frac{\partial(\boldsymbol{a}^T B \boldsymbol{a})}{\partial \boldsymbol{a}}$$

$$\Rightarrow 2\lambda W \boldsymbol{a} = 2B \boldsymbol{a}$$

$$\therefore \quad (B - \lambda W)\boldsymbol{a} = \boldsymbol{0} \tag{7.7}$$

$\boldsymbol{a} \neq \boldsymbol{0}$ なので,式(7.8)となります.

$$(B - \lambda W) = (W^{-1}B - \lambda I) = \boldsymbol{0} \tag{7.8}$$

これは,行列 $(W^{-1}B)$ の固有値問題に帰着し,式(7.8)は,一般に $r = \min (g-1, p)$ 個の非負の固有値 $\lambda_1 \geqq \lambda_2 \geqq \cdots \geqq \lambda_r$ と $(p-r)$ 個の固有値 0 を持ちます.ただし,この $(W^{-1}B)$ は対称行列とは限らないので,固有ベクトルはお互

164 第7章 正準(重)判別分析

いに直交するとは限りません．しかし，固有ベクトル $\boldsymbol{a}$ は $\boldsymbol{a}_j{}^T W \boldsymbol{a}_k = 0$ $(j \neq k)$ の関係にあり，W に関して $\boldsymbol{a}_j$ と $\boldsymbol{a}_k$ は共役であるために，合成変量ベクトルはお互いに直交して，結果的に正準変量評点は互いに無相関になります．

そして，固有値 λ_j に対する固有ベクトルを $\boldsymbol{a}_j$ とすると $(B - \lambda_j W)\boldsymbol{a}_j = \boldsymbol{0}$，この式の両辺に $\boldsymbol{a}_j{}^T$ をかけて $\boldsymbol{a}_j{}^T W \boldsymbol{a}_j$ で割ると式(7.9)が成り立ちます．

$$\lambda_j = \frac{\boldsymbol{a}_j{}^T B \boldsymbol{a}_j}{\boldsymbol{a}_j{}^T W \boldsymbol{a}_j} \tag{7.9}$$

これは，固有値がちょうど最大にすべき式(7.6)の λ に等しいことを示します．したがって，最大固有値 λ_1 に対応する固有ベクトル $\boldsymbol{a}_1 = (a_{11}, \cdots, a_{1p})$ の要素を用いて，合成変量の式(7.10)をつくれば，これが**第1正準変量**（first canonical variate）となります．

$$Z_1 = a_{11}x_1 + \cdots + a_{1p}x_p \tag{7.10}$$

この1つの正準変量だけで十分判別できないときは，第2番目の正準変量 Z_2 を導入します．その際には，第1正準変量とは別なので，Z_2 と Z_1 とは無相関になるように共分散が0，すなわち $\mathrm{Cov}(Z_2, Z_1) = 0$ とおいて Z_2 を導きます．そこで $\boldsymbol{a}_2{}^T W \boldsymbol{a}_1 = 0$ の制約条件のもとでラグランジュ乗数を用いて定式化して，式(7.6)の λ を最大化することを考えると，結局，式(7.8)と同じ固有値問題となり，2番目に大きい固有値 λ_2 に対応する固有ベクトル $\boldsymbol{a}_2$ が第2番目の正準変量となり，$\boldsymbol{a}_2 = (a_{21}, \cdots, a_{2p})$ （$\boldsymbol{a}_1$ と $\boldsymbol{a}_2$ とは共役）の要素を用いた合成変量の式(7.11)となります．

$$Z_2 = a_{21}x_1 + \cdots + a_{2p}x_p \tag{7.11}$$

順次，群の数が多ければ必要に応じて第3，第4，…の正準変量を求めます．

そして，第 j 正準変量が持つ寄与率 $\eta_j{}^2$（説明力）％は式(7.12)で与えられます．

$$\eta_j{}^2 = \frac{\lambda_j}{\displaystyle\sum_{j=1}^{r} \lambda_j} \times 100 \ (\%) \tag{7.12}$$

7.4 正準判別分析の数値例

> **数値例 7-①**　表 7.1 のように，ある病気に対して，正常者，疾患 A 患者，疾患 B 患者における検査項目 a, b, c の 3 変量データ x_1, x_2, x_3, があり，これより，この 3 群の疾患を，正準判別分析を用いて判別しましょう．

表 7.1　正常，疾患 A，疾患 B の 3 群について 3 種の検査 a, b, c の測定データ

患者	検査 a	検査 b	検査 c	群	患者	検査 a	検査 b	検査 c	群	患者	検査 a	検査 b	検査 c	群
1	7.0	1.0	4.0	正常	11	6.0	4.0	2.0	疾患A	21	5.0	6.0	1.0	疾患B
2	6.0	3.0	3.0	正常	12	5.0	3.0	1.0	疾患A	22	3.0	6.0	4.0	疾患B
3	6.0	2.0	4.0	正常	13	4.0	4.0	4.0	疾患A	23	3.0	7.0	2.0	疾患B
4	8.0	2.0	3.0	正常	14	4.0	3.0	2.0	疾患A	24	4.0	8.0	2.0	疾患B
5	8.0	1.0	3.0	正常	15	4.0	5.0	4.0	疾患A	25	4.0	7.0	3.0	疾患B
6	7.0	3.0	2.0	正常	16	4.0	6.0	3.0	疾患A	26	4.0	9.0	3.0	疾患B
7	5.0	3.0	5.0	正常	17	5.0	4.0	4.0	疾患A	27	3.0	7.0	4.0	疾患B
8	6.0	4.0	3.0	正常	18	5.0	5.0	3.0	疾患A	28	5.0	8.0	1.0	疾患B
9	8.0	2.0	5.0	正常	19	3.0	5.0	2.0	疾患A	29	5.0	7.0	1.0	疾患B
10	7.0	4.0	2.0	正常	20	6.0	5.0	1.0	疾患A	30	4.0	6.0	2.0	疾患B
平均	6.8	2.5	3.4		平均	4.6	4.4	2.6		平均	4.0	7.1	2.3	
平方和	9.60	10.50	10.40		平方和	8.40	8.40	12.40		平方和	6.00	8.90	12.10	

> **数値例 7-①**
>
> **手順 1**　表 7.1 より各群の平均ベクトルと全体の平均ベクトルを求めます．
>
> 　表 7.1 の下欄に，(1) 群の正常，(2) 群の疾患 A，(3) 群の疾患 B の各群の平均ベクトルが示されています．また，全体の平均ベクトルを別に求めて示すと，式(7.13) となります．
>
> $$\bar{x}^{(1)} = (6.8 \quad 2.5 \quad 3.4)^T, \quad \bar{x}^{(2)} = (4.6 \quad 4.4 \quad 2.6)^T, \quad \bar{x}^{(3)} = (4.0 \quad 7.1 \quad 2.3)^T$$
> $$\bar{\bar{x}} = (5.1 \quad 4.7 \quad 2.8)^T$$
>
> $$(7.13)$$
>
> **手順 2**　式(7.5) の群内平方和積和行列 W と群間の平方和積和行列 B を求めます．
>
> 　各群ごとの群内平方和積和行列及び群間平方和積和行列を求めると，そ

166　　　　　　　第7章　正準(重)判別分析

れぞれ式(7.14)となります．ただし，表7.1の下欄には群内の各項目の平方和（偏差平方和）は示されているので，一部それを利用しています．

$$S_{(1)} = \begin{bmatrix} 9.60 & -5.00 & -2.20 \\ -5.00 & 10.50 & -4.00 \\ -2.20 & -4.00 & 10.40 \end{bmatrix}$$

$$S_{(2)} = \begin{bmatrix} 8.40 & -1.40 & -3.60 \\ -1.40 & 8.40 & 2.60 \\ -3.60 & 2.60 & 12.40 \end{bmatrix}$$

$$S_{(3)} = \begin{bmatrix} 6.00 & 1.00 & -7.00 \\ 1.00 & 8.90 & -0.30 \\ -7.00 & -0.30 & 12.10 \end{bmatrix}$$

$$B = \begin{bmatrix} 43.4667 & -62.2667 & 16.7333 \\ -62.2667 & 106.8667 & -24.6333 \\ 16.7333 & -24.6333 & 6.4667 \end{bmatrix}$$

(7.14)

式(7.14)から，式(7.5)にならって，群内の平方和積和行列 W と，群間の平方和積和行列 B を求めると式(7.15)となります．

$$W = \begin{bmatrix} 24.00 & -5.40 & -12.80 \\ -5.40 & 27.80 & -1.70 \\ -12.80 & -1.70 & 34.90 \end{bmatrix}$$

$$B = \begin{bmatrix} 43.4667 & -62.2667 & 16.7333 \\ -62.2667 & 106.8667 & -24.6333 \\ 16.7333 & -24.6333 & 6.4667 \end{bmatrix}$$

(7.15)

手順3　W の逆行列を求めます．

W の逆行列を導くと，式(7.16)となります．

$$W^{-1} = \begin{bmatrix} 0.0556 & 0.0121 & 0.0210 \\ 0.0121 & 0.0387 & 0.0063 \\ 0.0210 & 0.0063 & 0.0367 \end{bmatrix}$$

(7.16)

手順4　行列 $(W^{-1}B)$ を求めます．

式(7.16)から式(7.8)の固有値問題の対象となる行列$(W^{-1}B)$を導くと式

7.4 正準判別分析の数値例   167

(7.17)となります.

$$W^{-1}B = \begin{bmatrix} 2.0142 & -2.6860 & 0.7679 \\ -1.7794 & 3.2286 & -0.7105 \\ 1.1315 & -1.5337 & 0.4323 \end{bmatrix} \tag{7.17}$$

手順5 式(7.8)の固有値問題を解きます.

式(7.17)から式(7.8)の固有値問題を解き，固有値 λ_j，固有ベクトル $\boldsymbol{a}_j$ を求めると式(7.18)の結果となりました.

$$\left.\begin{aligned} \lambda_1 &= 5.2911, \quad \lambda_2 = 0.3840, \quad \lambda_3 = 0.0000 \\ \boldsymbol{a}_1 &= (-0.5205 \quad 0.6600 \quad -0.4724) \\ \boldsymbol{a}_2 &= (0.8292 \quad 0.7264 \quad 0.0255) \end{aligned}\right\} \tag{7.18}$$

手順6 第1正準変量 Z_1 及び第2正準変量 Z_2 を求めます.

$$Z_1 = -0.5205x_1 + 0.6600x_2 - 0.4724x_3$$
$$Z_2 = 0.8292x_1 + 0.7264x_2 + 0.0255x_3$$

手順7 各患者の各正準変量を求めて，3群の疾患の散布図を作成し，3群の判別状況を考察します.

この第1正準変量 Z_1 と第2正準変量 Z_2 による各患者の各正準評点を求めて，図7.2のように散布すると正常と疾患A及び疾患Bの判別がしやすくなることがわかります.

手順8 各正準変量の寄与率を求めます.

式(7.12)より各正準変量の寄与率を求めると，

第1正準変量は， $\dfrac{5.2911}{5.2911 + 0.3840} \times 100 = 93.23$ （%）

第2正準変量は， $\dfrac{0.3840}{5.2911 + 0.3840} \times 100 = 6.77$ （%）

となります.

なお，各正準変量の判別評点は標準化して散布するほうが好ましいのですが，評点の散布図自体の形は変わらないので，今回は，計算の手間を省いて標準化しないでそのまま散布しました.

168   第7章　正準(重)判別分析

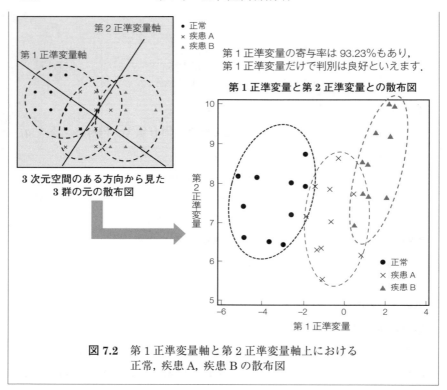

図7.2　第1正準変量軸と第2正準変量軸上における正常，疾患A，疾患Bの散布図

7.5　正準判別分析の事例 [3]

6.5節で紹介した事例のデータである表6.5から，"優良"，"不良"，"倒産"の3群に分かれている計68サンプルを，12変量による正準変量によって，"優良"群，"不良"群，"倒産"群の判別が可能かどうかを正準判別分析によって評価・検討しました．群が3つなので $k=g=3$, $r=\min(g-1, p)$ から $r=\min(3-1, 12)$ より，$r=2$ となり，正準判別分析によって2つの固有値が求まります．その結果が表7.2です．表7.2の寄与率から，第1正準軸と第2正準軸の説明力はそれぞれ74.8%，25.2%であることがわかります．この正準変量の式による判別性能を表7.3に示すと，標本誤判別企業数は68社中10

7.5 正準判別分析の事例

表 7.2 正準判別分析の結果

正準軸	第 1 正準軸	第 2 正準軸
固有値	1.907	0.643
寄与率（％）	74.8	25.2
x_1： 使用総資本経常利益率（％）	0.988	−0.832
x_2： 自己資本率（％）	0.197	0.928
x_3： 流動比率（％）	0.063	−0.202
x_4： 固定比率（％）	−0.525	0.534
x_5： 手形手持月数（月）	0.713	0.860
x_6： 経常収支比率（％）	0.101	0.451
x_7： 借入金月数（月）	1.188	0.376
x_8： 使用総資本回転率（回）	0.006	0.356
x_9： 在庫回転期間（日）	−0.183	−0.116
x_{10}： 売上債権回転期間（日）	−1.284	−0.760
x_{11}： 売上高増加率（％）	0.710	−0.520
x_{12}： 経常利益増加率（％）	−0.047	−0.356

表 7.3 正準判別分析における判別性能の結果

実際＼予測	"優良"群	"不良"群	"倒産"群	合計
優良群	30	0	1	31
不良群	1	16	6	23
倒産群	1	1	12	14
合　計	32	17	19	68

社（14.7％）でした.

第 1 正準軸を横軸，第 2 正準軸を縦軸とした 2 次元平面上に全 68 社の正準評点を布置し，それらを各企業群の平均評点とその 95％同時信頼楕円とともに図 7.3 に示します．横軸の第 1 正準軸は "優良" 群と "不良・倒産" 群を識別，第 2 正準軸は "不良" 群と "倒産" 群を識別していることがわかります．また，図 7.3 での 3 直線は 2 群ごとの判別境界線を示しています．

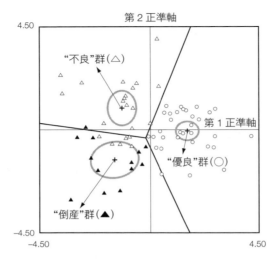

図 7.3 各企業における評点散布図と平均評点及び 95% の同時信頼楕円

次に,表 7.2 の各正準軸に寄与している財務要因項目について吟味すると,第1正準軸では x_1:使用総資本経常利益率,x_4:固定比率,x_5:手形手持月数,x_7:借入金月数,x_{10}:売上債権回転期間,x_{11}:売上高増加率の6項目が高い重みを示し,第2正準軸では,第1正準軸と同様の5項目,x_1:使用総資本経常利益率,x_4:固定比率,x_5:手形手持月数,x_{10}:売上債権回転期間,x_{11}:売上高増加率に x_2:自己資本率を加えた6項目に高い重みを示しました.

この正準判別分析の結果を財務の専門性から検討すると,次の2つの問題点があがりました.

① 高い重みを示した項目の中で重みの正負方向が,財務の固有の知見から整合しない項目がありました.それは,第1正準軸では x_7:借入金月数であり,第2正準軸では x_1:使用総資本経常利益率,x_4:固定比率,x_{11}:売上高増加率です.

② 判別性能において,標本誤判別された企業 10 社のうち,"不良"群の誤判別が7社と比較的多いです.

以上より，財務の専門性から見て理屈の合う項目を選択するには，第 6 章の線形判別分析を適用したほうが好ましいといえます．第 6 章と第 7 章の事例は，同じデータによる結果なので，結果を比較検討しておいてください．なお，本事例の計算には Statworks と Excel を用いました．

7.6　正準判別分析の活用

正準判別分析は，あくまでも事前に群の判別可能性を探る場合に適用するものであり，求められた正準変量式そのものが，実際の群の判別式として用いるのには注意を払う必要があります．導かれた係数 a はあくまでも数学的なベクトルを示す係数に過ぎないので，与信評価に用いる財務要因の持つ意味との整合がとれないこともあります．したがって，正準判別分析で判別の可能性があることがわかれば，前章の線形判別分析を用いて，財務要因の持つ意味との整合性を検討しながら，F 値による変数選択法により，道理にかなう判別関数を導くことがよいでしょう．

PRINCIPAL COMPONENT ANALYSIS

第8章
主 成 分 分 析

これからは，目的変数（外的基準）がなく，n 個の個体（サンプル）における p 変量の観測データ（説明変数）に適用する多変量解析の手法について解説します．

この場合の解析目的は 2 つあります．

1 つは，多くの変量の値をできるだけ情報の損失なしで，1 個又は少数の r 個（$r < p$）の総合的な指標（合成変量）で代表させたい，すなわち，p 変量（p 次元）の観測値を r 個（r 次元）の総合指標に縮約したい場合です．

もう 1 つは，個々の個体（例えば顧客）n 個と変量（例えば商品特性）p 項目との関連を探りたい，すなわち，個体と変量特性との位置関係（ポジショニング）を探りたい場合です．

この 2 つの目的を総称すると，$n \times p$ 行列の観測データについて，要約しながら，図式化（ポジショニング）して，そのデータの個体と変量の持つ意味や構造を探ることになります．

主成分分析は多変量解析の代表的な手法です．主成分分析の考え方と代数学の固有値問題とを対応付けて理解しましょう．

174 第8章 主成分分析

8.1 主成分分析とは

主成分分析（principal component analysis）は，n 個の個体（サンプル）と p 変量との関係を示すデータが**量的データ**で与えられた場合に適用する手法で，相関関係がある多数の p 変量から相関のない少数の全体のバラツキを最もよく表す総合指標（合成変量）を抽出する手法です.

n 個の個体と p 変量間との関係が**ありなし**（1, 0）の**カテゴリーデータ**で与えられた場合に適用する手法である**数量化Ⅲ類**や**コレスポンデンスアナリシス**（correspondence analysis）については，次の第9章で解説します.

主成分分析や数量化Ⅲ類・コレスポンデンスアナリシスなどこれらの手法の関連付けは，**特異値分解**＊（singular value decomposition）によって説明[1]できます．この関連付けに興味のある方は，筆者ら[1]が，特異値分解によるこれらの関連付けを報告しているので，それを参照してください.

━━ 主成分分析の誕生 ━━

1901 年に，イギリスの統計学者カール・ピアソン（Karl Pearson, 1857–1936）が主成分分析を最初に発見しました[2,3]．その後，1933 年に米国のハロルド・ホテリング（Harold Hotelling, 1895–1973）が，因子分析（第10章で解説）の1つの手法として再提案した[4]ことから注目され始めます.

主成分分析は，各データを独立に扱うのではなく，主成分と呼ばれる総合的な指標によってデータの持つ関係や特徴を表し，データが本来持っている情報の損失を最小限に抑えながら，これらのデータを合成変量（主成分）に縮約して低次元化を行います．そして，その縮約により多量のデータに埋もれている情報を要約して把握できる手法なのです.

実験や調査では，多数の変量項目を測定します．項目数が少ない場合は，グラフや統計量などにより個体（サンプル）と項目との関連がわかりますが，項目数が多い場合には，項目間の関係が複雑になり関連状況を捉えるのは非常に難しくなります．そのようなときに主成分分析を適用するとデータの構造が見えてきます．このことから，データの構造を探るために，因子分析とは似て非なるものとして，広く活用されています.

＊ 特異値分解とは，$n \times p$ のデータ行列を低ランク r（$r < p$）の $n \times r$ の行列に近似する場合や擬似逆行列の計算などに使われる数学的方法です.

> また，直交変換による画像圧縮の方法として，主成分分析が応用展開されており，KL（Karuhunen-Loève）変換とも呼ばれて活用されています．

8.2 主成分分析の考え方

図 8.1(a) の体格データ表のように，いま，成人男性 n 人の個体に対して，体格に関する p 個の変量，体重 x_1，身長 x_2，胸囲 x_3，座高 x_4，腰囲 x_5，…，腕長 x_p 等のデータがあるとします．これら n 人×p 個の観測データは，図 8.1(b) のように，n 人が p 次元空間上に散布していると考えることができます．n 人の個体では，体重が重い人は胸囲も大きいといった相関関係があるので，相関の強い変量の軸同士は近くに集まります．そして，p 次元における n 人の散布図の形は，体格の違いが大きく異なる方向に広く散らばる p 次元の楕円球になります．

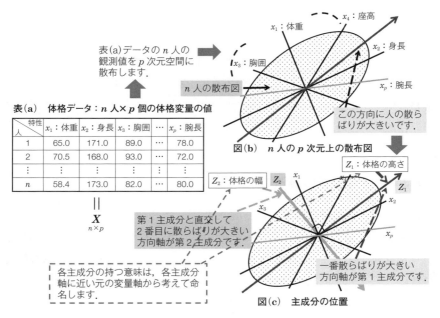

図 8.1 主成分分析の考え方

176　　　　　　　　　　　　第8章　主成分分析

　そして，一番体格の違いを示す楕円球の長軸が第1主成分（Z_1）となり，次の第2主成分はZ_1軸と直交して（Z_1とは独立な別の軸）2番目に体格の違いを示す軸となります．このように，主成分分析は，個体が散布する全体の楕円球体からサンプルの違い（バラツキ）を示す主成分傾向軸（新たな総合指標）を，その大きさの順に逐次抽出していきます．

　また，各主成分の持つ意味合いは，その主成分軸の近くにある元の変量軸との関係から何を意味しているかを探ります．

　図8.1の(b)や(c)の図では，第1主成分軸は，元の変量である身長や座高などの体格の高さ（長さ）を示す変量軸と近いので，"体格の高さ"を意味すると考えます．また第2主成分軸は，元の変量軸の体重や胸囲などの体格の幅を示す変量が近いので，"体格の幅"を意味すると考えます．

　成人男性n人の個体の体格の違いを，これら主成分である"体格の高さ"と"体格の幅"とで表せば，p次元の観測データが，この新しい総合指標である2つの主成分（Z_1, Z_2）軸による2次元によって縮約（要約）されたことになります．

　実際に，現在の紳士服のY体，A体，AB体，O体などの体型パターンは，経済産業省の指導のもとで，全国の成人男子数万人を対象に50変量にも及ぶ体格の測定データから，主成分分析により2つの総合指標を求めて体型パターン化されました．

8.3　主成分分析の解法 [5]

8.3.1　第1主成分の導出

　図8.1の表(a)で示した体格データを，表8.1のようなn個体×p変量の観測データ行列 X として一般化します．この観測データのp変量における分散共分散は，データの単位により，その大きさが左右するので，この観測データを平均0，分散1に標準化して，その観測データ行列を再び $X^* = (x_1{}^*, \cdots, x_p{}^*)^T$ とします．そして，新しい総合指標Zを，p個の変量の係数 $a = (a_1, a_2, \cdots,$

8.3　主成分分析の解法

表 8.1　n 個体の p 変量における観測データ

個体	p 変量			
No.	x_1	x_2	$\cdots$	x_p
1	x_{11}	x_{12}	$\cdots$	x_{1p}
2	x_{21}	x_{22}	$\cdots$	x_{2p}
$\vdots$	$\vdots$	$\vdots$	$\vdots$	$\vdots$
n	x_{n1}	x_{n2}	$\cdots$	x_{np}

$= \underset{n \times p}{\boldsymbol{X}}$　データを標準化して $\underset{n \times p}{\boldsymbol{X}^*}$ とします.

$a_p)^T$ における 1 次結合の関数として, 式 (8.1) のように仮定します.

$$Z = a_1 x_1{}^* + a_2 x_2{}^* + \cdots + a_p x_p{}^* \tag{8.1}$$

　主成分分析は, $a_1, a_2, \cdots, a_p$ を変えて, 式 (8.1) の Z の分散 $V(Z)$ を最大に (Z の持つ情報をできるだけ大きく) します. もし係数 a に制約がなければ, いくらでも係数 a の値を大きくすればよいので, 式 (8.2) の制約のもとで分散 $V(Z)$ を最大化することを考えます.

$$\boldsymbol{a}^T \boldsymbol{a} = a_1{}^2 + a_2{}^2 + \cdots + a_p{}^2 = 1 \tag{8.2}$$

　この制約下で, 分散 $V(Z)$ が最大となるときの総合指標 Z が第 1 主成分です.

　第 1 主成分の係数ベクトル $\boldsymbol{a}_1$ を成分 a_{1i} ($i = 1, \cdots, p$) で示すと, $\boldsymbol{a}_1 = (a_{11}, \cdots, a_{1p})^T$ となり, 第 1 主成分の総合指標 Z_1 は式 (8.3) のようになります.

$$Z_1 = a_{11} x_1{}^* + a_{12} x_2{}^* + \cdots + a_{1p} x_p{}^* \tag{8.3}$$

表 8.1 における標準化データの $x_1{}^* = (x_{11}{}^*, \cdots, x_{n1}{}^*)^T$, $\cdots$, $x_p{}^* = (x_{1p}{}^*, \cdots, x_{np}{}^*)^T$ から, $\boldsymbol{X}^* = (x_1{}^*, \cdots, x_p{}^*)^T$ とおくと, 式 (8.3) は, 式 (8.4) と表せます.

$$Z_1 = \boldsymbol{a}_1{}^T \boldsymbol{X}^* \tag{8.4}$$

ただし, 第 1 主成分の係数ベクトル $\boldsymbol{a}_1$ は, 式 (8.5) の条件下におきます.

$$\boldsymbol{a}_1{}^T \boldsymbol{a}_1 = 1 \quad (a_{11}{}^2 + a_{12}{}^2 + \cdots + a_{1p}{}^2 = 1) \tag{8.5}$$

　条件式 (8.5) のもとで式 (8.3) の Z_1 の分散が最大になるように $\boldsymbol{a}_1$ を決定するので, Z_1 の分散は, 式 (8.6) のように展開されます.

$$V(Z_1) = V(\boldsymbol{a}_1{}^T \boldsymbol{X}^*) = \boldsymbol{a}_1{}^T V(\boldsymbol{X}^*) \boldsymbol{a}_1 = \boldsymbol{a}_1{}^T \Sigma \boldsymbol{a}_1 = \boldsymbol{a}_1{}^T \boldsymbol{R} \boldsymbol{a}_1 \tag{8.6}$$

　式 (8.6) の標準化データである $\boldsymbol{X}^*$ の分散 $V(\boldsymbol{X}^*) = \Sigma$ は, 相関係数行列 $\boldsymbol{R}$ と

なるので、X^* の分散 Σ を R とおきます。すると、式(8.6)を式(8.5)の条件下で最大にするためには、ラグランジュの未定乗数 λ を用いて式(8.7)の ν を最大にすることになります。

$$\nu = a_1^T R a_1 - \lambda(a_1^T a_1 - 1) \tag{8.7}$$

ここで、式(8.7)の両辺を a_1 で微分して 0 とおくと式(8.8)を得ます。

$$\frac{\partial \nu}{\partial a_1} = 2 R a_1 - 2\lambda a_1 = 0 \tag{8.8}$$

式(8.8)を満たす a_1 を求めればよいので、式(8.8)を変形して式(8.9)とします。

$$(R - \lambda) a_1 = 0 \tag{8.9}$$

式(8.9)での解 a_1 が 0 以外の解 $(a_1 \neq 0)$ を持つためには、次の行列式(8.10)が成り立つことです。ただし、I は $p \times p$ の対角要素が 1、それ以外は 0 の単位行列です。

$$|R - \lambda I| = 0 \tag{8.10}$$

式(8.10)は、代数学でよく知られている行列 R の**固有方程式**（chararistic equation）となります。そして、この方程式を満たす λ を**固有値**（eigenvalue）と呼びます。式(8.10)は p 変量の正方行列 $p \times p$ となるので、これを展開すると λ の p 次方程式（固有方程式）が得られます。

また、行列 R は非負（non-negative）（$|R| \geqq 0$）の対称行列になるので、代数学上、この固有方程式の根、すなわち固有値は非負の実数で得られます。すなわち、得られる固有値を大きさの順に、$\lambda_1, \lambda_2, \cdots, \lambda_p$ とすれば、$\lambda_1 \geqq \lambda_2 \geqq \cdots \geqq \lambda_p \geqq 0$ となります。

式(8.9)から、式(8.11)が得られます。

$$R a_1 = \lambda a_1 \tag{8.11}$$

この式(8.11)の両辺に a_1^T をかけると式(8.12)となります。

$$a_1^T R a_1 = \lambda a_1^T a_1 = \lambda \quad (a_1^T a_1 = 1) \tag{8.12}$$

式(8.6)と式(8.12)より Z_1 の分散は λ に等しいことがわかります。ゆえに、Z_1 の分散が最大となるのは、式(8.10)の固有値が最大値の λ_1 のときです。ま

8.3　主成分分析の解法

た，式(8.4)の係数ベクトル $\boldsymbol{a}_1$ は最大の固有値 λ_1 に対応する固有ベクトルで，式(8.5)の条件下で求められます．

以上より第1主成分 Z_1 が導かれ，その分散は $V(Z_1)=\lambda_1$ となります．

8.3.2　第2主成分の導出

同様にして，第2主成分の総合指標 Z_2 を，$\boldsymbol{a}_2$ の係数を $\boldsymbol{a}_2=(a_{21}, \cdots, a_{2p})^T$ として，式(8.13)のようにおきます．

$$Z_2 = a_{21}x_1{}^* + a_{22}x_2{}^* + \cdots + a_{2p}x_p{}^* \tag{8.13}$$

式(8.4)と同様にしてベクトル表記にすると式(8.14)となります．

$$Z_2 = \boldsymbol{a}_2{}^T\boldsymbol{X}^* \tag{8.14}$$

$\boldsymbol{a}_2$ の条件は，やはり式(8.15)です．

$$\boldsymbol{a}_2{}^T\boldsymbol{a}_2 = 1 \tag{8.15}$$

また，第2主成分 Z_2 は第1主成分 Z_1 とは異なる（無相関な）2番目の総合指標でなければなりません．すなわち，次の式(8.16)が成り立つ条件下で分散 $V(Z_2)$ が2番目に大きくなるようにします．

$$\begin{aligned}\mathrm{Cov}\,(Z_1, Z_2) &= \mathrm{Cov}\,(\boldsymbol{a}_1{}^T\boldsymbol{X}^*,\ \boldsymbol{a}_2{}^T\boldsymbol{X}^*) = \boldsymbol{a}_1{}^T\mathrm{Cov}\,(\boldsymbol{X}^*, \boldsymbol{X}^*)\,\boldsymbol{a}_2 \\ &= \boldsymbol{a}_1{}^T\boldsymbol{R}\boldsymbol{a}_2 = \lambda_1\boldsymbol{a}_1{}^T\boldsymbol{a}_2 = 0\end{aligned} \tag{8.16}$$

式(8.16)から，$\lambda_1 \neq 0$ なので，式(8.17)が成り立ちます．

$$\boldsymbol{a}_1{}^T\boldsymbol{a}_2 = 0 \tag{8.17}$$

すなわち，式(8.17)の条件は，第1主成分の係数ベクトル $\boldsymbol{a}_1$ と第2主成分の係数ベクトル $\boldsymbol{a}_2$ とは直交するという条件となります．

これより，Z_2 の分散 $V(Z_2)$ を最大にすることを，第1主成分と同様な方法で展開すると，式(8.9)と同じように式(8.18)となります．

$$(\boldsymbol{R}-\lambda)\,\boldsymbol{a}_2 = \boldsymbol{0} \tag{8.18}$$

$\lambda_1 \neq \lambda_2$ なので，式(8.19)が成り立ちます．

$$\boldsymbol{R}\boldsymbol{a}_2 = \lambda_2\boldsymbol{a}_2 \quad \Rightarrow \quad V(Z_2) = \boldsymbol{a}_2{}^T\boldsymbol{R}\boldsymbol{a}_2 = \lambda_2 \tag{8.19}$$

すなわち，第2主成分の Z_2 の分散は固有値 λ_2 に等しく，第2主成分の係数ベクトル $\boldsymbol{a}_2$ は，その固有値 λ_2 に対応する固有ベクトルとなります．

8.3.3 寄与率と累積寄与率

同様にして，第 j 主成分（$j = 3, 4, \cdots, p$）以下の Z_j の分散は固有値 λ_j となり，各係数ベクトル $\boldsymbol{a}_j$ は各固有値 λ_j の固有ベクトル $\boldsymbol{a}_j$ に対応するものになります．このようにして求められた主成分の分散の和は元の標準化した各変量の持つ分散（標準化しているので各変量の分散は 1 となる）との間に，式(8.20)のような関係を持つことになります．

$$\underbrace{\lambda_1 + \lambda_2 + \cdots + \lambda_p}_{\text{主成分の分散の和}} = \underbrace{1 + 1 + \cdots + 1}_{\text{標準化された } p \text{ 変量の分散の和}} = p \tag{8.20}$$

そして，式(8.21)で求めた値を，第 k 主成分の**寄与率**（percentage of total variance explained）[3] と呼びます．

$$\frac{\lambda_k}{\displaystyle\sum_{j=1}^{p} \lambda_j} \tag{8.21}$$

また，式(8.22)を，第 1 主成分から第 k 主成分の**累積寄与率**（cumulative percentage of total variation）[3] と呼びます．

$$\frac{\displaystyle\sum_{j=1}^{k} \lambda_j}{\displaystyle\sum_{j=1}^{p} \lambda_j} \tag{8.22}$$

$(m+1)$ 番目以下の固有値が 0 に近ければ，第 1 ～第 m 主成分だけで，元の変量のバラツキの大部分を説明できることになります．

8.4 主成分分析の数値例

数値例 8−①　ビールメーカー T 社は，新製品 N を販売計画しています．そこで新製品 N と競合他社の製品 A, B, C 及び自社の既存品 D との "共通性" と "違い" を確認したいと思います．そのために，ビール鑑定

8.4 主成分分析の数値例

の専門家に，x_1：ホップの苦み，x_2：泡のキメ，x_3：炭酸の度合いの 3 項目について，これらのビールを評価してもらいました．その結果が表 8.2 です．主成分分析により，各ビールのポジショニングを行い，その"共通性"と"違い"を探りましょう．

表 8.2 ビールの鑑定専門家による各ビールの評価結果

ビールのタイプ	x_1：ホップの苦み	x_2：泡のキメ	x_3：炭酸度合い
A（他社既存品）	3	1	2
B（他社既存品）	2	3	3
C（他社既存品）	5	2	1
D（自社既存品）	1	5	5
N（自社新製品）	4	4	4

(5 段階評価で 5 が一番強い)

表 8.2 は，ビールのタイプ（サンプル）5 種類に対して，x_1：ホップの苦み，x_2：泡のキメ，x_3：炭酸の度合いの 3 変量における専門家の評価データです．データを平均 0，分散 1 に標準化したデータの分散共分散行列は相関係数行列 R となるので，それを求めると表 8.3 となります．本数値例の主成分分析は，この R の式(8.10)の固有値問題となります．

表 8.3 相関係数行列 R

	x_1：ホップの苦み	x_2：泡のキメ	x_3：炭酸度合い
x_1：ホップの苦み	1.000	−0.500	−0.700
x_2：泡のキメ	−0.500	1.000	0.900
x_3：炭酸度合い	−0.700	0.900	1.000

(数値例 8-①)

手順 1　表 8.3 から固有値を求めます．

この数値例の固有方程式を示すと，式(8.10)から式(8.23)のようになります．

$$\begin{vmatrix} 1.000-\lambda & -0.500 & -0.700 \\ -0.500 & 1.000-\lambda & 0.900 \\ -0.700 & 0.900 & 1.000-\lambda \end{vmatrix} = 0 \qquad (8.23)$$

固有方程式を具体的な方程式として導くと式(8.24)となり，このλの固有方程式から固有値λの値を求めることになります．

$$(1-\lambda)^3 + (-0.5) \times 0.9 \times (-0.7) \times 2$$
$$\quad - [(-0.7)^2 \times (1-\lambda) + (-0.5)^2 \times (1-\lambda) + 0.9^2 \times (1-\lambda)]$$
$$= 1 - \lambda^3 + 3\lambda^2 - 1.45\lambda - 0.92 = 0$$
$$\Rightarrow \quad \lambda^3 - 3\lambda^2 + 1.45\lambda - 0.08 = 0 \qquad (8.24)$$

このλの方程式を Excel を用いて導くと，$\lambda_1 = 2.413$，$\lambda_2 = 0.524$，$\lambda_3 = 0.063$ となりました．

手順 2　各固有値における固有ベクトルを求めます．

第 1 主成分の固有値 λ_1 の固有ベクトルは，式(8.5)と式(8.11)からの連立方程式(8.25)となります．

$$\begin{bmatrix} 1.000 & -0.500 & -0.700 \\ -0.500 & 1.000 & 0.900 \\ -0.700 & 0.900 & 1.000 \end{bmatrix} \begin{bmatrix} a_{11} \\ a_{12} \\ a_{13} \end{bmatrix} = 2.413 \begin{bmatrix} a_{11} \\ a_{12} \\ a_{13} \end{bmatrix} \qquad (8.25)$$
$$a_{11}{}^2 + a_{12}{}^2 + a_{13}{}^2 = 1$$

式(8.25)の連立方程式より $a_{11} = 0.517$，$a_{12} = -0.583$，$a_{13} = -0.627$ が求まります．同様にして，第 2 主成分と第 3 主成分の固有値 λ_2, λ_3 から固有ベクトル $\boldsymbol{a}_2, \boldsymbol{a}_3$ が表 8.4 のように求まります．

手順 3　求めた固有ベクトルから主成分負荷量を求めます．

主成分負荷量とは，各主成分軸の固有ベクトルの値にその主成分の固有値の平方根を乗じたものであり，その主成分と元の変数との相関係数を示します．この主成分負荷量を別に**因子負荷量**とも呼び，その名は第 10 章で解説する因子分析法に由来しています．求めた主成分負荷量は表 8.4 の下段のようになります．

手順 4　主成分負荷量から各主成分軸の内容を検討します．

8.4 主成分分析の数値例

表 8.4 主成分分析の計算結果

	第 1 主成分	第 2 主成分	第 3 主成分
固有値	2.413	0.524	0.063
寄与率 (%)	80.426	17.465	2.109
累積寄与率 (%)	80.426	97.891	100.000
固有ベクトル			
x_1：ホップの苦み	0.517	0.819	0.250
x_2：泡のキメ	−0.583	0.550	−0.598
x_3：炭酸度合い	−0.627	0.164	0.761
主成分負荷量			
x_1：ホップの苦み	0.803	0.593	0.063
x_2：泡のキメ	−0.905	0.398	−0.151
x_3：炭酸度合い	−0.974	0.119	0.192

　求められた各主成分軸がどのような内容になっているかは，この主成分負荷量の絶対値の大きさから元の変量との関係を考え，主成分軸の意味付けを行います．

　表 8.4 から，第 1 主成分に関係が大きい変量項目は，正の方向で x_1：ホップの苦みであり，負の方向に x_3：炭酸の度合い，x_2：泡のキメです．

　以上より，第 1 主成分 Z_1 は，苦みか清涼度（炭酸や泡のキメ）を示す軸となります．第 2 主成分は，正の方向に全ての変量項目が関係しているので，正の方向ほど全体的にホップ，泡，炭酸が強いとなります．

手順 5　各ビールの各主成分軸の主成分得点を求めます．

　式 (8.3) と式 (8.13) から各ビールの各主成分得点を求めます．求めた各主成分得点の結果が表 8.5 です．

手順 6　手順 5 で求めた主成分得点を標準化して，標準化主成分得点を求め，その標準化主成分得点における第 1 主成分と第 2 主成分の各ビールの散布図を作成します．

　表 8.5 の主成分得点を表 8.6 のように標準化して標準化主成分得点として，第 1 主成分 Z_1 値を横軸に，第 2 主成分 Z_2 値を縦軸にした 2 次元平面上に，各ビールの得点を散布したのが図 8.2 です．

第8章 主成分分析

表 8.5 各ビールの各主成分得点

	第1主成分	第2主成分	第3主成分
A	1.1335	−0.7996	0.2753
B	−0.3269	−0.5179	−0.1579
C	1.8157	0.4805	−0.2689
D	−2.1841	−0.1325	−0.1095
N	−0.4382	0.9695	0.2610
平均	0.0000	0.0000	0.0000
分散	2.4128	0.5239	0.0633

表 8.6 各ビールの標準化主成分得点

	第1主成分	第2主成分	第3主成分
A	0.7298	−1.1046	1.0942
B	−0.2105	−0.7154	−0.6276
C	1.1689	0.6638	−1.0691
D	−1.4061	−0.1831	−0.4351
N	−0.2821	1.3393	1.0376
平均	0.0000	0.0000	0.0000
分散	1.0000	1.0000	1.0000

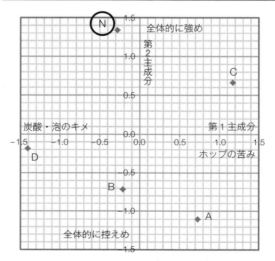

図 8.2 標準化主成分得点における第1主成分 ×第2主成分での各ビールの位置

8.5 主成分分析の事例　　　185

手順7　散布図の各ビールの位置から自社品と他社品とを比較考察し，その精度を確認します．

　図8.2から，T社の新製品Nは他社品や自社の既存品とも差別化できていて，苦みや炭酸，泡を全体的に強くしたビールであることがわかります．

　また，表8.5から，各主成分得点の分散は，各主成分の固有値と一致していることがわかります．

　式(8.22)から，第1主成分と第2主成分の累積寄与率（％）が97.891，また式(8.21)から，第1主成分だけで約80％の寄与があることがわかります．

8.5　主成分分析の事例

　企業の経営状態を表す各財務指標は，個々の固有の目的と意義を持っているにもかかわらず，相互関係は複雑です．また，指標の示す数値データの単位も異なり，素人が容易に財務指標データを解釈することは難しいです．

　そこで，数値データを統一化して，わかりやすい企業評価が行われた表8.7の婦人アパレル企業の評価得点データを用いることにしました．この表8.7のデータは，矢野経済研究所が，婦人アパレル企業分析[6]で当時の各アパレル企業の経営状態を評価したものです．

　表8.8は，各10変量の指標における矢野経済研究所が行った評価の基準を示しています．x_1：企業スケールなど客観的な数値データをベースに評点化されているのもあれば，x_9：仕入・生産力などのように，定性的な情報による判断もあります．各$x_1, \cdots, x_{10}$の10変量は，0〜10までの11点法で評価されています．いずれも得点が高いほど評価は好ましく，矢野経済研究所のアパレル業界調査専門家5人の合意による評価です．

　表8.7の最後の列の項目 "評価" は，当時の婦人アパレル企業の経営状態が，成長安定状態にあるのを "良い"，標準的状態にあるのを "標準"，不安定

な状態にあるのを"倒産危険"としたものです.

表 8.7 のデータを平均 0,分散 1 とした分散・共分散行列は,表 8.9 の相関行列 $\boldsymbol{R}$ となります.この相関行列 $\boldsymbol{R}$ から,新しい各総合特性値(主成分)に対応する固有値を求めました.その結果が表 8.10 です.各固有値は各主成分が持つ情報の大きさを表しています.式 (8.20) に示したように,データ全体

表 8.7 婦人アパレル企業の評価得点データ [6]

企業	x_1:企業スケール	x_2:売上高成長率	x_3:収益力	x_4:販売力	x_5:商品力	x_6:企業弾性	x_7:資本蓄積	x_8:資金能力	x_9:仕入・生産力	x_{10}:組織管理	評価
A1	8	9	10	8	8	8	7	8	7	7	良い
A2	8	8	10	8	8	8	8	8	7	7	良い
A3	10	6	7.5	8.5	7.5	5.5	10	7	8	8	良い
A4	10	8	8	9	8	6	6	7	8	8	良い
A5	8	9	9	8	8	8	6	7	6	6	良い
A6	10	7	7	8	8	6	7	6	7	6	良い
A7	9	9	8	8	8	6	7	6	6	5	良い
A8	10	5	7	8	7	6	6	6	7	7	良い
A9	5	7	8	6	6	7	6	6	7	7	良い
A10	3	2	10	3	4	8	9	8	8	7	良い
A11	3	8	8	6	7	7	5	5	5	6	良い
A12	8	5	4	6	6	5	5	5	6	6	良い
A13	2	4	9	3	6	6	5	5	6	5	良い
B1	10	6	4	8	5	4	7	7	9	9	標準
B2	10	6	3	8	6	5	5	5	8	8	標準
B3	9	9	3	9	6	4	5	5	6	6	標準
B4	10	7	4	8	4	3	4	4	7	7	標準
B5	10	9	2	9	5	2	3	6	5	5	標準
B6	9	6	3	6	5	3	4	5	6	6	標準
B7	7	4	4	6	6	5	5	5	5	5	標準
B8	7	8	3	7	5	3	4	5	5	5	標準
B9	9	7	2	8	5	2	3	4	5	5	標準
B10	5	9	2	7	5	2	5	5	6	6	標準
B11	7	2	4	5	5	3	6	5	5	5	標準
B12	7	6	2	6	4	1	3	3	5	4	標準
B13	4	1	3	2	2	2	4	4	6	5	標準
B14	4	2	2	2	2	2	3	4	5	5	標準
C1	10	5	1	7	5	3	3	3	5	3	倒産危険
C2	10	1	2	5	4	2	1	4	5	4	倒産危険
C3	4	2	2	4	4	3	4	4	5	5	倒産危険
C4	7	5	0.5	6	3	0	2	4	5	3	倒産危険
C5	9	3	1	6	3	1	1	3	4	4	倒産危険
C6	6	3	1	4	4	3	2	2	5	4	倒産危険
C7	9	2	0	5	4	0	1	3	5	4	倒産危険
C8	7	2	1	4	3	1	2	3	5	4	倒産危険

8.5 主成分分析の事例 187

表8.8 10指標（変量）における評点の基準概要 [6]

指標（変量）	指標の内容：その評価基準の概要（詳細は省略）
x_1：企業スケール	年間売上高：70億円以上を9～10，5億円未満を0～2，その間適宜評点化
x_2：売上高成長率	最近3か年の平均成長率：年間売上高の小さい企業の成長率は評価低く，逆は高い
x_3：収益力	最近3か年間の実績利益率：10％以上9～10，3％未満0～2，その間適宜評点化
x_4：販売力	企業スケールの得点と売上高成長率の得点との平均を考慮して評点化
x_5：商品力	収益力の得点と販売力の得点の平均を考慮して評点化
x_6：企業弾性	{（売上高－損益分離点）/前年の年間売上高}×100，45％以上9～10，10％未満0～2
x_7：資本蓄積	使用総資本に占める自己資本の比率，40％以上9～10，10％未満0～2
x_8：資金能力	自己資本充実・資金余力十分9～10，資金の固定化・業績不振で苦しい0～2など
x_9：仕入・生産力	主要仕入れ先の業界地位，取引年数，信用取引の実績，仕入れ先の変動などで評点化
x_{10}：組織管理	権限の体系化，命令系統の円滑化，組織の機能性，人材と教育の熱心さなどで評点化

表8.9 表8.7のデータの相関係数行列

	x_1：企業スケール	x_2：売上高成長率	x_3：収益力	x_4：販売力	x_5：商品力	x_6：企業弾性	x_7：資本蓄積	x_8：資金能力	x_9：仕入・生産力	x_{10}：組織管理
x_1：企業スケール	1.000	0.313	−0.151	0.748	0.308	−0.086	0.025	0.073	0.220	0.181
x_2：売上高成長率	0.313	1.000	0.401	0.819	0.690	0.423	0.336	0.506	0.301	0.414
x_3：収益力	−0.151	0.401	1.000	0.229	0.749	0.926	0.838	0.824	0.599	0.615
x_4：販売力	0.748	0.819	0.229	1.000	0.679	0.291	0.317	0.428	0.374	0.448
x_5：商品力	0.308	0.690	0.749	0.679	1.000	0.793	0.680	0.685	0.477	0.541
x_6：企業弾性	−0.086	0.423	0.926	0.291	0.793	1.000	0.825	0.783	0.620	0.661
x_7：資本蓄積	0.025	0.336	0.838	0.317	0.680	0.825	1.000	0.843	0.750	0.737
x_8：資金能力	0.073	0.506	0.824	0.428	0.685	0.783	0.843	1.000	0.714	0.744
x_9：仕入・生産力	0.220	0.301	0.599	0.374	0.477	0.620	0.750	0.714	1.000	0.903
x_{10}：組織管理	0.181	0.414	0.615	0.448	0.541	0.661	0.737	0.744	0.903	1.000

188　　　　　　　　　　　第8章　主成分分析

表 8.10　固有値の表

主成分 No.	固有値	寄与率	累積寄与率
第 1 主成分 Z_1	6.011	0.601	0.601
第 2 主成分 Z_2	1.985	0.199	0.800
第 3 主成分 Z_3	0.946	0.095	0.894
第 4 主成分 Z_4	0.456	0.046	0.940
第 5 主成分 Z_5	0.231	0.023	0.963
第 6 主成分 Z_6	0.130	0.013	0.976
第 7 主成分 Z_7	0.094	0.009	0.985
第 8 主成分 Z_8	0.066	0.007	0.992
第 9 主成分 Z_9	0.055	0.005	0.997
第 10 主成分 Z_{10}	0.026	0.003	1.000

が持つ全体の情報は各固有値の和となり，分散1である変量を10項目用いたので全体の情報は10となります．表8.8から，第1主成分の Z_1 と第2主成分の Z_2 の累積寄与率は，$(6.011＋1.985)/10＝0.800$ となり，80％の情報量を示しています．また，第3主成分からの固有値は1より小さく，これ以降の主成分は元の評価項目が持つ情報より小さいといえます．したがって，第3主成分以降の主成分は解釈の対象から除きました．

　求まった各主成分の固有値に対しての第5主成分までの固有ベクトルを求めた結果が表8.11です．この固有ベクトルに各固有値の平方根を乗じると，各主成分の因子負荷量（主成分負荷量）になります．表8.12は第5主成分までの主成分負荷量の値を示しています．主成分負荷量は元の変量項目と新しく求めた主成分の合成変量（新しい総合特性値）との相関関係を表すので，これより各主成分の持つ意味が検討できます．

　表8.12より，第1主成分は，全ての変量と＋の方向で関係があり，特に，x_8：資金能力，x_7：資本蓄積，x_6：企業弾性，x_5：商品力，x_3：収益力，x_{10}：組織管理との関係が大きいです．これより，第1主成分は＋の方向ほど"資金力をベースに企業の基礎体制ができている"ことを表す軸といえます．次に，主成分2と関係が大きい変量は，＋の方向で x_1：企業スケール，x_4：販売

8.5 主成分分析の事例

力です．したがって，主成分2は＋の方向ほど"企業ののれんの力"を表す軸といえます．すなわち，表 8.7 の婦人アパレル企業の評価データの構造は，"資金力をベースとした企業の基礎体制"の軸と"企業ののれんの力"の軸とで約 80% が表せることになります．

　求められた固有ベクトルと，各企業の表 8.7 のデータを平均が 0，分散を 1 と標準化した標準化データ $x_j{}^*$ との積和から，A1 から C8 までの各企業の各主

表 8.11　固有ベクトルの表

	第 1 主成分	第 2 主成分	第 3 主成分	第 4 主成分	第 5 主成分
x_1：企業スケール	0.092	0.597	0.330	−0.518	0.086
x_2：売上高成長率	0.262	0.361	−0.405	0.593	0.025
x_3：収益力	0.350	−0.275	−0.236	−0.175	0.002
x_4：販売力	0.250	0.550	−0.054	0.070	0.036
x_5：商品力	0.351	0.139	−0.349	−0.320	−0.309
x_6：企業弾性	0.357	−0.228	−0.209	−0.205	−0.364
x_7：資本蓄積	0.360	−0.207	0.097	−0.219	0.315
x_8：資金能力	0.368	−0.115	0.015	0.082	0.730
x_9：仕入・生産力	0.326	−0.077	0.551	0.161	−0.196
x_{10}：組織管理	0.341	−0.049	0.436	0.345	−0.305

表 8.12　主成分負荷量の表

	第 1 主成分	第 2 主成分	第 3 主成分	第 4 主成分	第 5 主成分
x_1：企業スケール	0.226	0.842	0.321	−0.349	0.041
x_2：売上高成長率	0.642	0.508	−0.394	0.401	0.012
x_3：収益力	0.857	−0.387	−0.229	−0.118	0.001
x_4：販売力	0.613	0.775	−0.053	0.047	0.017
x_5：商品力	0.861	0.196	−0.339	−0.216	−0.148
x_6：企業弾性	0.876	−0.321	−0.203	−0.138	−0.175
x_7：資本蓄積	0.881	−0.292	0.094	−0.148	0.151
x_8：資金能力	0.902	−0.163	0.014	0.055	0.351
x_9：仕入・生産力	0.798	−0.108	0.536	0.108	−0.094
x_{10}：組織管理	0.837	−0.069	0.424	0.233	−0.146

成分軸の主成分得点を導きます．すなわち，企業の各評価データの標準化した値を $x_1^* \sim x_{10}^*$ とすると，各企業の第1主成分の Z_1 と第2主成分の Z_2 の主成分得点は次式(8.26)より求められます．

$$\left.\begin{array}{l} Z_1 = 0.092x_1^* + 0.262x_2^* + \cdots + 0.326x_9^* + 0.341x_{10}^* \\ Z_2 = 0.597x_1^* + 0.361x_2^* + \cdots + (-0.077)x_9^* + (-0.049)x_{10}^* \end{array}\right\} \quad (8.26)$$

全ての企業の第5主成分までの主成分得点を求め，またその主成分得点を平均が0，分散を1に標準化した標準化主成分得点の結果が表8.13です．

表8.13の標準化主成分得点をもとに，35の各企業を第1主成分と第2主成分の2次元平面上に布置（ポジショニング）したのが図8.3です．●印のマークのついている企業は良い評価で，×印のマークのついている企業は倒産危険の評価です．第1主成分（主成分1）により，右の＋側の企業は良く，左の－側の企業が倒産の危険があることが層別されています．すなわち，婦人アパレル企業では，資金力をベースに企業の基礎体制ができていることが大切であるといえます．

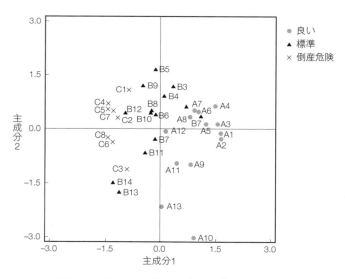

図 8.3 表 8.13 の第 1 主成分と第 2 主成分の得点による各企業の位置

8.5 主成分分析の事例　　　　191

表 8.13　各企業の標準化主成分得点の表

個体	第 1 主成分	第 2 主成分	第 3 主成分	第 4 主成分	第 5 主成分
A1	1.616	−0.103	−0.828	−0.001	0.632
A2	1.640	−0.264	−0.628	−0.475	0.902
A3	1.551	0.136	1.312	−0.912	0.827
A4	1.490	0.648	0.626	0.110	−0.609
A5	1.206	0.144	−1.576	−0.397	0.134
A6	1.025	0.499	−0.153	−1.300	−0.155
A7	0.931	0.523	−1.452	−0.948	0.577
A8	0.798	0.345	0.611	−1.282	−1.524
A9	0.819	−0.959	−0.298	0.992	−0.905
A10	0.920	−3.016	1.069	−0.016	1.627
A11	0.435	−0.926	−2.227	1.013	−1.554
A12	0.121	−0.064	0.092	−0.517	−0.601
A13	0.026	−2.139	−1.281	0.013	−1.050
B1	1.086	0.341	2.869	1.175	0.540
B2	0.717	0.627	1.688	0.328	−2.203
B3	0.345	1.205	−0.313	0.851	−0.027
B4	0.096	0.937	1.300	1.008	−1.021
B5	−0.123	1.664	−0.567	0.955	2.189
B6	−0.133	0.411	0.486	0.240	0.186
B7	−0.138	−0.266	−0.662	−1.074	0.071
B8	−0.237	0.516	−0.905	1.041	0.881
B9	−0.461	1.208	−0.386	0.403	0.095
B10	−0.258	0.453	−0.493	3.039	−0.281
B11	−0.405	−0.640	0.101	−1.412	1.269
B12	−0.965	0.462	−0.476	0.569	−0.017
B13	−1.106	−1.743	1.060	0.462	0.423
B14	−1.285	−1.476	0.469	0.821	0.489
C1	−0.846	1.090	−0.534	−1.439	−0.335
C2	−1.143	0.321	0.586	−1.843	0.150
C3	−0.898	−1.108	−0.034	0.122	−0.182
C4	−1.276	0.505	−0.253	0.627	1.746
C5	−1.419	0.703	−0.005	−0.615	0.189
C6	−1.288	−0.344	−0.246	−0.313	−2.110
C7	−1.424	0.551	0.609	−0.861	−0.255
C8	−1.417	−0.240	0.439	−0.364	−0.099
平均	0.000	0.000	0.000	0.000	0.000
分散	1.000	1.000	1.000	1.000	1.000

8.6 主成分分析の活用

主成分分析では，幾つの主成分までを選ぶのがよいのかよく議論されます．データの相関行列から計算した場合には，元データが標準化されているので，元の1つの変量が持つ情報（分散）が1です．合成変量となる主成分にはそれ以上の情報を持つことが必要と考えれば，1より小さい固有値を持つ主成分は無視してもよいでしょう．一方，モーリス・ジョージ・ケンドール (Maurice George Kendall, 1907–1983) [7] は，固有値の出方のパターンをよく検討して，明らかな分かれ目があるかどうかを調べて，固有値が変わらなくなった主成分からは無視するのがよいとしています（固有値が変わらないのは，データの散布状況を示す楕円体が，以降は球になるので，特徴がある方向軸が捉えられないからです）．

また，累積寄与率が80％以上の主成分を採用すべきという解釈もありますが，実際の適用においては，少ない主成分の数の累積寄与率で80％以上になることは少なく，80％以上の基準にこだわる必要が全くありません．データの構造がわかればよいのならば累積寄与率は40％でもよいでしょう．要は，活用する目的により，それなりの判断基準を持てばよいのです．

主成分分析は，多変量解析の代表的な手法です．主成分分析の考え方をよく理解して，何かの機会にぜひ一度活用するとよいでしょう．

CORRESPONDENCE ANALYSIS

第9章
コレスポンデンスアナリシス
（数量化Ⅲ類）

　主成分分析は，目的変数がなく，p 個の量的データの説明変数に適用しますが，コレスポンデンスアナリシスは，p 個の質的データ（カテゴリーデータ）の説明変数に適用します．特に，アンケート調査の質問項目（カテゴリー）における項目間のクロス集計結果を散布図にして，項目間の関係性をわかりやすく表現できることから，マーケティング分野で頻繁に使われています．日本で開発された手法である数量化Ⅲ類も，根本の考え方や解法手順は同じです．

　本章では，コレスポンデンスアナリシスと数量化Ⅲ類，それに独立性の検定（χ^2 検定）との関連性も解説します．

194   第 9 章　コレスポンデンスアナリシス（数量化Ⅲ類）

9.1　コレスポンデンスアナリシスとは

コレスポンデンスアナリシス（correspondence analysis）は，n 個の個体数と p 変数間との関係が，あるを 1，ないを 0 とする 1–0 のカテゴリーデータ又は関係頻度の計数値が与えられた場合に適用します．そして，特定の商品とその顧客との布置を同時にポジショニングして，それらの関係を知覚図的に探れる手法で，大量データの中から，売れ筋商品を探索したり，優良顧客を発見することなどに活用されます．

──────────── **コレスポンデンスアナリシスの誕生** ──

コレスポンデンスアナリシスは，データ行列の行（顧客）と列（商品）からなる 2 相のデータ集合において，最良の同時布置を見いだす方法として，1969 年にフランス人のジャン・ポール・ベンゼクリ（J.P. Benzecri, 1932–　）[1],[2] が考えました．このような行と列との関係を探る方法の研究を歴史的に振り返ると，ドイツ生まれのハーマン・オット・ハートリー（H.O. Hirschfeld, 米国名 Hartley, 1912–1980）[3] が 1935 年に分割データに適用したのが最初です．しかし，コレスポンデンスアナリシスに結び付くのは，米国人のルイ・ガットマン（Louis Elahu Guttman, 1916–1987）が，1941 年に提唱したガットマンスケールです．

ガットマンスケール（Guttman scale）[4] は，幾つかの質問項目に対して "はい" 又は "いいえ" で回答するアンケートに対して，個体を行に，質問項目を列に置いて，それぞれをお互いに並び替え，似た回答をした個体同士と似た質問項目同士とをそばに並べていくと，個体と質問項目における回答パターンが分類できるとしたものです．ガットマンは，もともとこのガットマンスケールを手作業によって構成することを提唱しました．しかし，分類したい個体の数や質問項目数が増えたり，尺度を 1 次元から多次元に拡張して求めるとなると，手作業では対応できなくなりました．そこで，このような問題を定式化して，コンピュータで解を求めようと，世界の研究者が解法開発に取り組みました．その中で，生まれてきたのが数量化Ⅲ類とこのコレスポンデンスアナリシスです．

数量化Ⅲ類は，日本の林知己夫（1912–2002）が，1952 年に発表した数量化の方法 [5],[6] の中の 1 つの手法で，ガットマンスケールが持っていた問題を解決したものです．数量化Ⅲ類の後にコレスポンデンスアナリシスが開発されましたが，林とベンゼクリは，全く何の連絡もなく，お互いの研究内容を知ら

ないまま，その研究成果を別々に発表していました．そして，ついに 1982 年に両者の研究成果が日本の統計数学研究所で交換され，林の数量化Ⅲ類もコレスポンデンスアナリシスもほぼ同じ解法であることが確認されたのです．

コレスポンデンスアナリシスは，推測統計的な意味での仮説検定はなく，主として 2 次元平面上で，行の対象について同じように "似ている" 反応を示した行が，また列の属性で "似ている" 反応を示した列が，近くに同時プロットされます（このコレスポンデンスアナリシスという呼び名は M.O. Hill [7] が名付けました）．

コレスポンデンスアナリシスのようなデータを要約して知覚図示する方法には，第 8 章で解説した主成分分析やバイプロット図示表現 [8] 等があります．これらの方法は，既述したように特異値分解によって関連付けられます．

9.2 コレスポンデンスアナリシスの考え方

個体の回答と質問項目とのパターン分類は，ガットマンスケールから始まりましたが，数量化Ⅲ類やコレスポンデンスアナリシスの誕生により，多個体・多質問項目・多次元尺度にまで及んで解析できるようになりました．数量化Ⅲ類とコレスポンデンスアナリシスとでは，図 9.1 と図 9.2 に示すように，分析対象とするデータ行列の形式が違います．

例えば，数量化Ⅲ類では，図 9.1 の左の表のように，食事のときに飲むアルコール飲料について，該当する食事内容とアルコール飲料に ✓ 点を入れたとします．その ✓ 点に 1 を入れ非該当には 0 を入れた 1–0 のダミー変数行列を作成します．数量化Ⅲ類は，その 1–0 のダミー変数行列から分析し，行と列を入れ替えて該当項目の 1 が対角線上に並ぶようにします．すなわち，ある制約条件下で列の各項目にある数値を与えると，行は該当する合計の数値が得られるので，行と列の相関係数が最大になるように列に与える数値を調整するのです．この考え方により，よく似た行の個体や列の項目を集めて，よく似た反応パターンを順に並べる方法です．

一方，コレスポンデンスアナリシスでは，図 9.2 に示すように，調べたい項

第9章 コレスポンデンスアナリシス（数量化Ⅲ類）

13人の会社員に，この1週間で会社帰りの飲食時に飲んだアルコール類について，食事内容とアルコール類をチェックしてもらったところ，次の左側の表のようになりました．

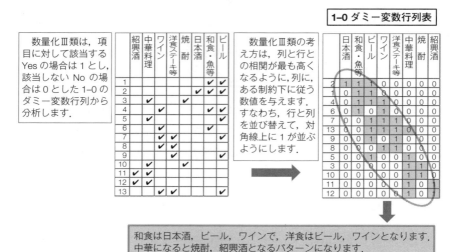

図9.1 数量化Ⅲ類の考え方

目を行と列に分けて，その反応頻度を数えて，そのクロス集計表から分析します．頻度から分析できるので，頻度が1か0であっても分析できます．したがって，コレスポンデンスアナリシスは数量化Ⅲ類を含んだ一般的なモデルといえます．

クロス集計表で，行と列に関連があるかを調べるのに独立性の検定があります．独立性の検定では，行と列の関係の有無はわかりますが，どの程度に行と列が関係しているのかはわかりません．コレスポンデンスアナリシスは，クロス集計表が持つ情報を十分引き出せるように，すなわち行と列の関係（行と列の相関）が一番出るように行と列に適切な数値を与え，その値により行と列の同時布置を示し，行と列の項目間の関係を読み取る方法です．例えば，図9.2のクロス集計表からは，行のいずれの食事内容であっても列のビールは飲まれ，中華料理には紹興酒と焼酎，日本酒は和食と関係があることがわか

9.3 コレスポンデンスアナリシスの解法

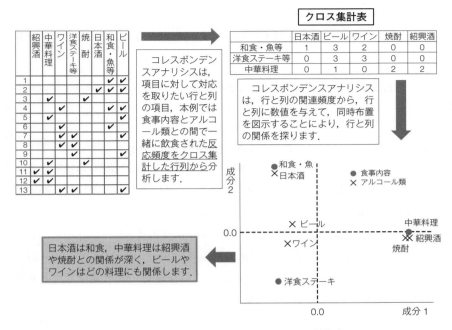

図 9.2 コレスポンデンスアナリシスの考え方

ります．これらの行と列との関係に適切な数値を与えて，図9.2のクロス集計表の下に示した行と列の同時布置の図を描くのがコレスポンデンスアナリシスです．この図より，ビールとワインは和食にも洋食にも適した中間の位置ですが，ワインはやや洋食時に飲まれ，日本酒は和食のときに飲まれることなどが読み取れます．

9.3 コレスポンデンスアナリシスの解法

コレスポンデンスアナリシスを解説し，次いで数量化III類と独立性の検定で用いる χ^2 値との関係を解説します．

198 第9章 コレスポンデンスアナリシス（数量化Ⅲ類）

9.3.1 コレスポンデンスアナリシス

クロス表で $m \times t$ の確率行列 $\boldsymbol{P} = (p_{ij})$ が与えられたとき，式(9.1)の $\boldsymbol{Q}$ を考えます．

$$\boldsymbol{Q} = \boldsymbol{P}_{m\cdot}^{-1/2} \boldsymbol{P}_{mt} \boldsymbol{P}_{\cdot t}^{-1/2} \quad （各クロス表は確率の形として \quad q_{ij} = \frac{p_{ij}}{\sqrt{p_{i\cdot}}\sqrt{p_{\cdot j}}}）$$

(9.1)

ここで，$\boldsymbol{P}_{m\cdot} = \mathrm{diag}(\boldsymbol{p}_{1\cdot}, \boldsymbol{p}_{2\cdot}, \cdots, \boldsymbol{p}_{m\cdot})$，$\boldsymbol{P}_{\cdot t} = \mathrm{diag}(\boldsymbol{p}_{\cdot 1}, \boldsymbol{p}_{\cdot 2}, \cdots, \boldsymbol{p}_{\cdot t})$ です．

コレスポンデンスアナリシスの解法は，$\boldsymbol{Q}$ についての積和の式(9.2)を求め，式(9.4)や式(9.5)に示す制約条件のもとで，$\boldsymbol{Q}$ の積和を示す式(9.2)の $\boldsymbol{C}$ が最大となるようにクロス表の m 行と t 列の各項目にスコアを与えることになります（行と列の持つ情報が最大となるように考えます）．

$$\boldsymbol{C} = \boldsymbol{Q}^T \boldsymbol{Q} = \boldsymbol{p}_{\cdot t}^{-1/2} \boldsymbol{p}_{mt} \boldsymbol{p}_{m\cdot}^{-1/2} \boldsymbol{p}_{m\cdot}^{-1/2} \boldsymbol{p}_{mt} \boldsymbol{p}_{\cdot t}^{-1/2}$$

(9.2)

コレスポンデンスアナリシスの解法は，この行列 $\boldsymbol{C}$ の固有値を求める問題となり，すなわち，式(9.3)の固有値を求めることになります．

$$|\boldsymbol{C} - \lambda| = 0$$

(9.3)

この行列 $\boldsymbol{C}$ は，必ず固有値1を持ち，$m \geqq t$ なら t 個の固有値（$\lambda_0 = 1 > \lambda_1 > \lambda_2 > \cdots > \lambda_{t-1} \geqq 0$）が求まります．そして，$\lambda_0 = 1$ を除いた固有値 λ_s（$s = 1, \cdots, t-1$）において，各 s 成分の各行と各列の項目のスコアを，式(9.4)及び式(9.5)から導きます．

$$\sum_{i=1}^{m} p_{i\cdot} h_s(i) = 0$$
$$\sum_{i=1}^{m} p_{i\cdot} [h_s(i)]^2 = \lambda_s$$

(9.4)

式(9.4)の $h_s(i)$ は，m 行のスコアを表します．

$$\sum_{j=1}^{t} p_{\cdot j} g_s(j) = 0$$
$$\sum_{j=1}^{t} p_{\cdot j} [g_s(j)]^2 = \lambda_s$$

(9.5)

また，式(9.5)の $g_s(j)$ は，t 列のスコアを表します．

9.3.2 数量化Ⅲ類

個体である行の i に $\boldsymbol{x}$, カテゴリー変数である列の j に $\boldsymbol{y}$ というスコアを割り振ったときに, $\boldsymbol{x}$ と $\boldsymbol{y}$ との相関が最も高くなる $\boldsymbol{x}$ と $\boldsymbol{y}$ を求めるのが数量化Ⅲ類の考え方です. そこで, $\boldsymbol{x}$ と $\boldsymbol{y}$ を平均 0, 分散が 1 になるように標準化して, 式(9.6)の形において, $\boldsymbol{x}$ と $\boldsymbol{y}$ を割り振ります.

$$q_{ij} = \frac{p_{ij}}{\sqrt{p_{i\cdot}}\sqrt{p_{\cdot j}}} \tag{9.6}$$

p_{ij} の i と j に $\boldsymbol{x}$ と $\boldsymbol{y}$ を割り振ったときの行と列の共分散を $\boldsymbol{p}_{xy}$ とし, $p_{i\cdot}$ に $\boldsymbol{x}$ を割り振ったときの行の分散を $\boldsymbol{p}_x$ とし, $p_{\cdot j}$ に $\boldsymbol{y}$ を割り振ったときの列の分散を $\boldsymbol{p}_y$ とします. 式(9.7)のようにすると, 相関係数行列 $\boldsymbol{r}$ の平方となります.

$$\boldsymbol{R} = \boldsymbol{r}^T \boldsymbol{r} = \boldsymbol{p}_y^{-1} \boldsymbol{p}_{yx} \boldsymbol{p}_x^{-1} \boldsymbol{p}_{xy} \tag{9.7}$$

m 行の個体と t 列のカテゴリー変数とにおいて, その類似性（相関）の観点から行と列を並び変えることは, 式(9.7)から, 式(9.8)のように $\boldsymbol{R}$ の固有値問題を解くことと同じになります.

$$|\boldsymbol{R} - \lambda| = \boldsymbol{0} \tag{9.8}$$

数量化の方法における $\boldsymbol{R}$ の固有値においても, やはり $\lambda_0 = 1$ となる固有値 1 を必ず持ちます. そこで, $\lambda_0 = 1$ を除いた t 個の固有値 $\lambda_0 = 1 > \lambda_1 > \cdots > \lambda_s > \cdots > \lambda_{t-1} \geqq 0$ $(s = 1, 2, \cdots, t-1)$ から, 式(9.9)より, 各 s 成分の個体スコア, すなわち, m 行のスコアを求めることになります.

$$\begin{aligned} \sum_{i=1}^{m} p_{i\cdot} h_s(i) &= 0 \\ \sum_{i=1}^{m} p_{i\cdot} [h_s(i)]^2 &= \lambda_s \end{aligned} \tag{9.9}$$

この $h_s(i)$ が m 行のスコアを表します. この解はコレスポンデンスアナリシスの解である式(9.4)と一致します. したがって, コレスポンデンスアナリシスと数量化Ⅲ類とは同じになります.

200 第9章 コレスポンデンスアナリシス（数量化Ⅲ類）

9.3.3 独立性の検定で用いる χ^2 値

独立性の検定で用いる統計量 χ_0^2 値とコレスポンデンスアナリシスとの関係を解説します．コレスポンデンスアナリシスで導かれた 1 以外の固有値の和を $\mathrm{tr}(\Lambda)=\lambda_1+\lambda_2+\cdots+\lambda_{t-1}$ とすると，クロス表の総回答数を N とし，各セルの期待度数と観測度数から，式(9.10)が成り立ちます．

$$\mathrm{tr}(\Lambda) = \frac{\chi_0^2}{N} = \frac{1}{N}\sum\frac{(観測度数 - 期待度数)^2}{期待度数}$$

$$= \sum_{i=1}^{m}\sum_{j=1}^{t}\frac{(p_{ij}-p_{i\cdot}\times p_{\cdot j})^2}{p_{i\cdot}\,p_{\cdot j}} \tag{9.10}$$

コレスポンデンスアナリシスにおいて，クロス表の行と列に最大の情報を与えるスコアを配することは，逆に，χ_0^2 値における独立性の検定（2.5.4 項参照），すなわち，行と列の出方の頻度について関係がないとする帰無仮説を判定する考え方と表裏一体となります．このことから，コレスポンデンスアナリシスは，第 8 章の主成分分析のようなデータ行列 $\boldsymbol{X}$ の近似を目的とするものではなく，行と列の分布間の距離関係を調べていることになります．

9.4　コレスポンデンスアナリシスの数値例

数値例 9-① 人気を二分しているスマートフォン V と W の 2 つの機種があります．そこで，V と W のいずれかを所持している 100 人をランダムに選び，年代別に所持している機種を調べてみました．その結果が表 9.1 の左側の表です．表 9.1 の右側の表は，それを所持率に換算したものです．この結果から，所持に関する機種 V と W と年代別との同時布置をコレスポンデンスアナリシスにより求めましょう．その結果から，年代別に機種の所持がどのように異なるかを考察しましょう．そして，数量化Ⅲ類やピアソンの χ^2 値とも比較しましょう．

9.4　コレスポンデンスアナリシスの数値例　　　201

表 9.1　人気機種 V と W の年代別所持内容

機種＼年代別	V	W	計 $f_i.$
20〜30 代	28	19	47
40〜50 代	10	23	33
60 代〜	12	8	20
計 $f._j$	50	50	100

機種＼年代別	V	W	計 $p_m.$
20〜30 代	0.28	0.19	0.47
40〜50 代	0.10	0.23	0.33
60 代〜	0.12	0.08	0.20
計 $p._t$	0.50	0.50	1.00

　コレスポンデンスアナリシスと数量化Ⅲ類やピアソンの χ^2 値における独立性の検定とが同じことであることを示すために，数値例 9–①のような手計算が可能な数値例としました．このことを優先したので，コレスポンデンスアナリシスで導かれる行と列の布置は 1 次元の直線上になりました．

数値例 9–①

(1)　コレスポンデンスアナリシス

手順 1　式(9.1)の Q を求め，式(9.2)の C を計算します．

　表 9.1 の右側の所持率から式(9.1)に従って Q を導くと式(9.11)となり，この式(9.11)の結果より式(9.2)から C を求めると式(9.12)となります．

$$Q = P_{m.}^{-1/2} P_{mt} P_{.t}^{-1/2} = \begin{bmatrix} \dfrac{0.28}{\sqrt{0.47}\sqrt{0.50}} & \dfrac{0.19}{\sqrt{0.47}\sqrt{0.50}} \\ \dfrac{0.10}{\sqrt{0.33}\sqrt{0.50}} & \dfrac{0.23}{\sqrt{0.33}\sqrt{0.50}} \\ \dfrac{0.12}{\sqrt{0.20}\sqrt{0.50}} & \dfrac{0.08}{\sqrt{0.20}\sqrt{0.50}} \end{bmatrix}$$

$$= \begin{bmatrix} 0.5776 & 0.3919 \\ 0.2462 & 0.5662 \\ 0.3795 & 0.2530 \end{bmatrix} \tag{9.11}$$

$$C = Q^T Q = \begin{bmatrix} 0.5776 & 0.2462 & 0.3795 \\ 0.3919 & 0.5662 & 0.2530 \end{bmatrix} \begin{bmatrix} 0.5776 & 0.3919 \\ 0.2462 & 0.5662 \\ 0.3795 & 0.2530 \end{bmatrix}$$

$$= \begin{bmatrix} 0.5382 & 0.4618 \\ 0.4618 & 0.5382 \end{bmatrix} \tag{9.12}$$

手順 2 式 (9.3) の固有値問題を解きます.

式 (9.12) は式 (9.3) なので, 式 (9.12) の行列 C の固有値問題を解くと, 式 (9.13) の方程式の根として固有値が求まります.

$$|C - \lambda| = (0.5382 - \lambda)(0.5382 - \lambda) - 0.4618^2 = 0 \tag{9.13}$$

すなわち, $\lambda_0 = 1.0000$ と $\lambda_1 = 0.0764$ となります.

手順 3 各行と各列の項目のスコアを式 (9.4) と式 (9.5) より求めます.

固有値 $\lambda_0 = 1.0000$ を除くので $\lambda_1 = 0.0764$ となります. 式 (9.4) より行のスコアを求めます.

$$\left. \begin{array}{l} 0.47 h_1(1) + 0.33 h_1(2) + 0.20 h_1(3) = 0 \\ 0.47 h_1(1)^2 + 0.33 h_1(2)^2 + 0.20 h_1(3)^2 = 0.0764 \end{array} \right\} \tag{9.14}$$

式 (9.14) から, $h_1(1) = 0.192$ (20〜30 代), $h_1(2) = -0.394$ (40〜50 代), $h_1(3) = -0.199$ (60 代〜) が求まります. これが行のスコアであり, 年代別のスコアに対応します.

次に, 式 (9.5) より列のスコアを求めます.

$$\left. \begin{array}{l} 0.5 g_1(1) + 0.5 g_1(2) = 0 \\ 0.5 g_1(1)^2 + 0.5 g_1(2)^2 = 0.0764 \end{array} \right\} \tag{9.15}$$

式 (9.15) から, $g_1(1) = 0.277$ (機種 V), $g_1(2) = -0.277$ (機種 W) と求まります. これが列のスコアであり, スマートフォンの機種別に対応します.

手順 4 得られた行と列のスコアを図示して, 行の項目と列の項目の関係を考察します.

得られた行と列のスコアを 1 次元の直線上に図示すると, 図 9.3 のようになります.

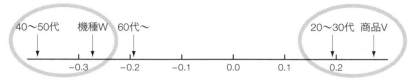

図 9.3 コレスポンデンスアナリシスの行と列
のプロフィールの同時布置

図 9.3 より，機種 W は 40〜50 代に所持されることが多く，機種 V は 20〜30 代に所持されることが多いことがわかります．

(2) 数量化Ⅲ類

手順 1 式 (9.7) の R を求めます．

表 9.1 の右側の所持率から式 (9.7) に代入して R を導くと式 (9.16) を得ます．

$$R = r^T r = p_y^{-1} p_{yx} p_x^{-1} p_{xy}$$

$$= \begin{bmatrix} \frac{0.28}{0.50} & \frac{0.10}{0.50} & \frac{0.12}{0.50} \\ \frac{0.19}{0.50} & \frac{0.23}{0.50} & \frac{0.08}{0.50} \end{bmatrix} \begin{bmatrix} \frac{0.28}{0.50} & \frac{0.19}{0.50} \\ \frac{0.10}{0.30} & \frac{0.23}{0.30} \\ \frac{0.12}{0.20} & \frac{0.08}{0.20} \end{bmatrix} \quad (9.16)$$

$$= \begin{bmatrix} 0.5382 & 0.4618 \\ 0.4618 & 0.5382 \end{bmatrix}$$

手順 2 式 (9.8) の固有値問題を解きます．

式 (9.16) の行列 R の固有値問題から固有値を求めると式 (9.17) となります．

$$|R - \lambda| = (0.5382 - \lambda)(0.5382 - \lambda) - 0.4618^2 = 0 \quad (9.17)$$

コレスポンデンスアナリシスと同じ式となり，同じ固有値 $\lambda_0 = 1.0000$ と $\lambda_1 = 0.0764$ が求まります．

手順3 各行の項目のスコアを式(9.9)より求めます.

$\lambda_0 = 1.0000$ を除くので $\lambda_1 = 0.0764$ となります. 式(9.9)より行のスコアを求めると, 式(9.18)となります.

$$\left.\begin{array}{l} 0.47h_1(1) + 0.33h_1(2) + 0.20h_1(3) = 0 \\ 0.47h_1(1)^2 + 0.33h_1(2)^2 + 0.20h_1(3)^2 = 0.0764 \end{array}\right\} \quad (9.18)$$

式(9.18)の解はコレスポンデンスアナリシスの行のスコアと一致します. すなわち, $h_1(1) = 0.192$ (20～30代), $h_1(2) = -0.394$ (40～50代), $h_1(3) = -0.199$ (60代～) となります. これよりコレスポンデンスアナリシスと数量化Ⅲ類の解とは同じであることがわかります.

(3) 独立性の検定の統計量 χ^2 値

表9.1の左側における人気機種ⅤとⅥの年代別所持数から式(9.10)のように各セルの期待度数と観測度数により χ_0^2 値を求めると次式(9.19)となります.

$$\chi_0^2 = \frac{100 \times 28 - 47 \times 50}{100 \times 47 \times 50} + \frac{100 \times 10 - 33 \times 50}{100 \times 33 \times 50} + \frac{100 \times 12 - 20 \times 50}{100 \times 20 \times 50}$$
$$+ \frac{100 \times 19 - 47 \times 50}{100 \times 47 \times 50} + \frac{100 \times 23 - 33 \times 50}{100 \times 33 \times 50} + \frac{100 \times 8 - 20 \times 50}{100 \times 20 \times 50}$$
$$= 7.644 \tag{9.19}$$

クロス表の総回答数 N は, $N = 100$ なので式(9.20)が成り立ちます.

$$\frac{\chi_0^2}{N} = \frac{7.644}{100} = 0.0764 \tag{9.20}$$

コレスポンデンスアナリシスで導かれた1以外の固有値は $\lambda_1 = 0.0764$ だけなので, 式(9.21)が成り立ちます.

$$\text{tr}(\Lambda) = \lambda_1 + \lambda_2 + \cdots + \lambda_{t-1} = 0.0764 \tag{9.21}$$

式(9.20)と式(9.21)より, 式(9.10)が成り立つことがわかります.

$$\text{tr}(\Lambda) = \frac{\chi_0^2}{N} \tag{9.22}$$

これより，コレスポンデンスアナリシスは，行と列の分布間距離（関係の度合い）を調べていることがわかります．

独立性の検定では，$\chi_0^2 = 7.644 > \chi_{0.05}^2[(3-1) \times (2-1) = 2] = 5.991$ となり，帰無仮説は棄却され有意となります．すなわち "機種 V と W は消費者の年代別の所持数は同じとはいえない" となります．つまり消費者の年代によりスマートフォン機種 V と W の所持は異なるといえます．コレスポンデンスアナリシスでは，特に，このような推測統計的な仮説検定を行いませんが，独立性の検定を併用して，コレスポンデンスアナリシスの結果の信憑性を裏付けるのもよいのではと考えます．

9.5 コレスポンデンスアナリシスの事例

コレスポンデンスアナリシスの事例を，グリーンエーカー（M.J. Greenacre）[9] の職種と喫煙習慣の関係データである "ある企業における職種と喫煙習慣との関係の調査結果" を用いて示します．表 9.2 の観測データから解析ソフト SPSS を用いて導いた結果は表 9.3 です．行 m が 5 項目，列 t が 4 項目なので，コレスポンデンスアナリシスで，1 を除いて導かれる固有値の数は $\min(m-1, t-1)$ から 3 つで $\lambda_1 = 0.0747$, $\lambda_2 = 0.0100$, $\lambda_3 = 0.0004$ と

表 9.2 職種と喫煙習慣との関係

喫煙習慣＼職種	ノン（吸わない）	ライト（少ない）	ミディアム（中ぐらい）	ヘビー（多い）	計
上級管理職	4	2	3	2	11
中間管理職	4	3	7	4	18
中堅社員	25	10	12	4	51
若手社員	18	24	33	13	88
秘書	10	6	7	2	25
計	61	45	62	25	193

［出所：Greenacre（1984）[9] のデータ］

206　　　　第9章　コレスポンデンスアナリシス（数量化III類）

表9.3　表9.2のデータによるコレスポンデンスアナリシスの結果

次元	固有値	χ^2 値	有意確率	寄与率	累積寄与率
1	0.0747			0.8778	0.8778
2	0.0100			0.1175	0.9953
3	0.0004			0.0047	1.0000
計	0.0851	16.442	0.172	1.0000	—

　なりました．固有値の大きさ順に1, 2, 3の各次元に対応します．1次元の説明力を示す寄与率は，0.0747/0.0851 = 0.8778 と全体の約87.8％となります．同様にして2次元，3次元の寄与率は，0.1175，0.0047となります．これより1次元と2次元の累積寄与率は0.8778＋0.1175 = 0.9953 となり，1次元と2次元による行と列のスコアの布置を求めれば全体の約99.5％を表現しています．

　表9.3の結果から，行（職種）のスコアを求めたのが表9.4で，列（喫煙習慣）のスコアを求めたのが表9.5です．

　求めた行と列とのスコアの値を，1次元を横軸に2次元を縦軸にして，各行（職種）の項目及び各列（喫煙習慣）の項目の布置を作成したのが図9.4です．図9.4から中間管理職と喫煙習慣がヘビー（多い）が非常に近い状態にあり，ストレスの多い中間管理職はヘビースモーカーになる人が比較的多くなるのでしょうか．また中堅社員や秘書はノン（吸わない）と近い状態にあり，健康や職務の関係から禁煙したとも考えられます．

　表9.2における χ_0^2 値を求めると表9.3のような結果となります．すなわち，$\chi_0^2 = 16.442$ で，これより $\chi_0^2 = 16.442 < \chi_{0.05}^2[(5-1)\times(4-1) = 12] = 21.0$ となり，独立性の検定では帰無仮説は棄却されず，"職種と禁煙習慣とは関係があるとはいえない"となります．独立性の検定により有意となった場合にはコレスポンデンスアナリシスの結果の信憑性は増しますが，有意にならなかった場合でも，図示表現から行と列の項目間に何らかの関係を見いだすことができます．しかし，後者の場合には確認が必要です．

9.5 コレスポンデンスアナリシスの事例　　　207

表 9.4 行（職種）のプロフィール

職　種	行のプロフィール値 1次元	2次元	周辺確率
上級管理職	−0.126	0.612	0.057＝11/193
中間管理職	0.495	0.769	0.093＝18/193
中堅社員	−0.728	0.034	0.264＝51/193
若手社員	0.446	−0.183	0.456＝88/193
秘　書	−0.385	−0.249	0.130＝25/193
計			1.000＝193/193

表 9.5 列（喫煙習慣）のプロフィール

喫煙習慣	列のプロフィール値 1次元	2次元	周辺確率
吸わない	−0.752	0.096	0.316＝61/193
少ない	0.190	−0.446	0.233＝45/193
中ぐらい	0.375	−0.023	0.321＝62/193
多い	0.562	0.625	0.130＝25/193
計			1.000＝193/193

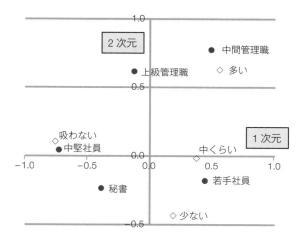

図 9.4 職種と喫煙習慣の項目の同時布置

208   第 9 章 コレスポンデンスアナリシス（数量化 III 類）

最後に，3 次元の固有値の合計は，

$$\mathrm{tr}(\varLambda) = 0.0851$$

$$\frac{{\chi_0}^2}{N} = \frac{16.442}{193} \fallingdotseq 0.0851$$

となることから，式(9.10)が成り立つことが再度確認できます.

　結局，コレスポンデンスアナリシスは，第 8 章の主成分分析のようなデータ行列 X の近似を目的とするものではなく，行と列の分布間の距離関係を調べていることになります.

9.6　コレスポンデンスアナリシスの活用

　林知己夫やベンゼクリ（J.P. Benzecri）は，質的変数（項目）間の関係を調べる独立性の検定（χ^2 検定）を更に発展させて，コレスポンデンスアナリシスのような図示表現により，項目間の関係をより詳細に調べられる方法を開発しました. このことは，マーケティング分野におけるデータ解析 [10],[11] の発展に多大な貢献をしました. そして，今やビッグデータ時代となり，データマイニングなどの調査の科学において広く応用されています.

　個体と変数項目間の関係を調べる場面において，ぜひ主成分分析に加えてコレスポンデンスアナリシスによる図示表現で，データの内容を考察するようにしてください.

FACTOR ANALYSIS

第 10 章
因 子 分 析

　"主成分分析は，多くの変量の値を，できるだけ情報の
損失なしに，1つ又は少数個の総合指標（主成分）で代表
させる手法"であるのに対して，"因子分析は，多くの変
量の持っている情報を少数個の潜在的な共通因子によって
説明しようとする手法"です．

　因子分析の目的は，共通因子を推定することにあり，そ
のために因子軸の回転を行います（主成分分析では，軸の
回転をしてはいけない）．因子分析は主成分分析に似て非
なる手法なので，その違いを学びましょう．

10.1 因子分析とは

因子分析（factor analysis）は，n 個の個体のそれぞれの p 変数の観測データ（説明変数）に適用されますが，主成分分析とは異なる手法です．因子分析は，少数（q 個）の**因子**（factor）と呼ばれる非観測変数（潜在変数）を用いて，観測データの p 変数間の分散共分散行列を説明しようとするもので，幾つか（q 個）の因子の存在を仮定して置き，その因子から観測データが導かれているとします．

品質管理での活用は少ないですが，心理学や社会科学の分野では幅広く活用されています．それは，研究者が，ある社会現象の生起を考える際に仮定した因子の構造を説明するのに便利だからです．

━━ 因子分析の誕生 ━━

因子分析の考え方は，イギリスのチャールズ・スピアマン（Charles Edward Spearman, 1863–1945）が，1904 年に "33 人の生徒に英語，数学，古典などの 6 種類のテストを行った得点データから，1 つの種類のテストで高得点を取れば他のテストでも良い成績を上げる因子構造を観察して，各テストは "知力" という共通因子とテストごとの固有の特殊因子の結合で表される" と報告[1] したことから生まれたようです．

その後，1938 年にルイス・サーストン（Louis Leon Thurstone, 1887–1955）が，"精神的能力は複数個の独立な共通因子と特殊因子によって説明される"[2,3] という一般的因子モデルを提案して，今日の因子分析の方法論が確立しました．

このような統計的手法が，数学とは異なる分野である教育学や心理学などから生まれたことは興味深いことです．

10.2 因子分析の考え方

数学で悪い成績を取った学生は "私は文系タイプだから数学は苦手だ" とよく言います．これは学力を単純に "文系"，"理系" という能力因子で説明しているからです．もし，このとおりだとすると，数学や理科の成績は，"理系"

という能力因子のウエイトが高く，"文系"の能力因子に対するウエイトは低いと考えられ，また，国語や社会の成績は，"理系"という能力因子のウエイトは低く，"文系"の能力因子に対するウエイトは高いと推察されます．このように，因子分析は，ある複雑なもの（学科の成績など）を単純な原因（因子）で説明しようとする方法論なのです．

いま，n 個の個体（$i=1, \cdots, n$）における p 変数（変量）（$j=1, \cdots, p$）について，観測されたデータを x_{ij} とします．そして，x_{ij} を平均 0，分散 1 と標準化したデータ変換値を $x_{ij}{}^*$ とし，上述の"文系"，"理系"に相当するような潜在的な因子（原因）が q 個（$q \leqq p$）存在していると考えると，因子分析では，観測データ $x_{ij}{}^*$ を説明する一般的なモデルは式(10.1)で表されます．

$$x_{ij}{}^* = a_{j1}f_{1i} + a_{j2}f_{2i} + \cdots + a_{jq}f_{qi} + e_{ij} \tag{10.1}$$

$f_{1i}, \cdots, f_{qi}$ は i 番目の個体における q 個の潜在的な**共通因子**（common factor）と呼び，各因子の係数 $a_{j1}, \cdots, a_{jq}$ は，q 因子に対する各 p 変数の**因子負荷量**（factor loading）と呼びます．また，e_{ij} は**独自因子**（unique factor）あるいは**特殊因子**（specific factor）と呼んでいます．因子分析は，与えられた観測値 $x_{ij}{}^*$ から，これらの因子を推定する方法論なのです．

主成分分析を提案したハロルド・ホテリングも，最初は，主成分分析を因子分析の 1 つとして示しました[4]．主成分分析では，共通因子や独自因子を置かずに，観測値データ $x_{ij}{}^*$ の分散への寄与の大きい順に，因子分析の f に相当する主成分を決定する方法です．主成分分析を因子分析の範疇の手法とする場合には，主成分分析では p 個の全ての因子（主成分）が必然的に抽出されるので，限られた（少ない）因子を発見したい心理学者は，主成分分析が提案された当初は，これに対して痛烈な批判をしました．その後，いろいろな議論を経て，今日のように，主成分分析と因子分析は，活用目的が全く異なるものとして明確に区分されるようになりました．

図 10.1 は左側に因子分析の考え方，右側に主成分分析の考え方を示したものです．いま，標準化した 5 学科の成績，英語：$x_1{}^*$，国語：$x_2{}^*$，社会：$x_3{}^*$，理科：$x_4{}^*$，数学：$x_5{}^*$ があるとき，因子分析では，学科の成績は 2 つの共通因

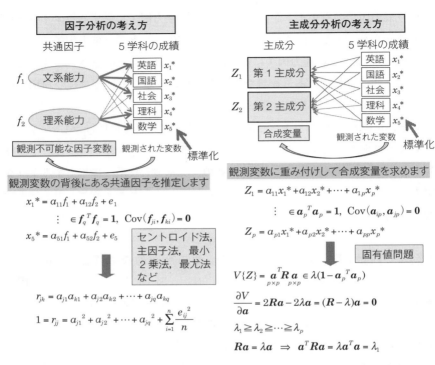

図 10.1 因子分析の考え方（左側）と主成分分析の考え方（右側）の比較

子の f_1：文系能力と f_2：理系能力とによって表されると考えます．すなわち，図 10.1 の左の下方のような，$x_1^* = a_{11}f_1 + a_{12}f_2 + e_1$，…，$x_5^* = a_{51}f_1 + a_{52}f_2 + e_5$ の式を仮定します．a_{j1}, …, a_{jq} は因子負荷量で，因子分析では，この因子負荷量 a_{j1}, …, a_{jq} を推定することになります．標準化されたデータである $x_1^*, x_2^*, …, x_5^*$ の分散共分散行列は，相関係数行列 R となります．また，各共通因子の分散は $f_1^2 = 1$, …, $f_5^2 = 1$，共通因子間の共分散はお互いに独立で $\text{Cov}(f_j, f_k) = 0$ とおきます．共通因子と独自因子 e_i とも相関がないとします．

すると，学科 j と学科 k 間の相関係数 r_{jk} と因子負荷量 a_{j1}, …, a_{jq} とは，

$$r_{jk} = a_{j1}a_{k1} + a_{j2}a_{k2} + \cdots + a_{jq}a_{kq}$$

$$1 = r_{jj} = a_{j1}{}^2 + \cdots + a_{jq}{}^2 + \sum_{i=1}^{n} \frac{e_{ij}{}^2}{n}$$

となる方程式の関係となります．この相関係数と因子負荷量との連立方程式から因子負荷量を導き，その因子負荷量から観測されたデータの背後に潜在する因子（仮定した共通因子）を推定するのが因子分析となります．ところが，仮定する共通因子の数と観測した変数の数により，この連立方程式は不定解となることがあるので，因子負荷量を計算する際には，セントロイド法，主因子法，最小2乗法，最尤法などといった解を導くのにそれぞれ工夫をした幾つかの解法が存在します．

　一方，主成分分析は，第8章で解説したように，観測変数に重み付けをして観測されたデータ全体の持つ情報を，幾つかの主成分に縮約し，観測された変数から主成分という合成変量式を導く方法なので解法は1つだけです．このように，両手法は，導くアプローチの方向が全く異なります．

10.3　因子分析の解法

10.3.1　モ デ ル 式

　仮定する共通因子の数と観測した変数の数が増えると，因子分析は，出力されるパラメータの数が多くなり，何をどのように見て行けばよいのかもわかりにくくなります．そこで，5変数における2因子モデルの**因子負荷量**の方程式の導出を取り上げます．このモデルが理解できれば因子分析の一般論への拡張も可能です．ところで，因子負荷量推定の解法には，**繰り返しのない主因子法，主因子法，最尤法，最小2乗法，重み付き最小2乗法，簡易的なセントロイド法**などがあり，それぞれ特徴がありますが，よく用いられる推定法であることから**最小2乗法**（重回帰分析で説明済み）と**主因子法**（主成分分析で解説済み）を解説します．

　表10.1は観測された5変数 $x_i, y_i, z_i, u_i, w_i\ (i = 1, \cdots, n)$ についてのデータを一般的に表しています．データは平均0，分散1と標準化されています．こ

214   第 10 章　因子分析

表 10.1　標準化された 5 変数のデータ

個体(サンプル)	x_i	y_i	z_i	u_i	w_i
1	x_1	y_1	z_1	u_1	w_1
2	x_2	y_2	z_2	u_2	w_2
$\vdots$	$\vdots$	$\vdots$	$\vdots$	$\vdots$	$\vdots$
n	x_n	y_n	z_n	u_n	w_n

のデータに対して，2 つの共通因子を仮定した因子分析を行います．

2 つの共通因子を仮定したモデル式を，式(10.1)のように示します．

$$\left.\begin{aligned}
x_i &= a_{x1}f_{1i} + a_{x2}f_{2i} + e_{xi} \\
y_i &= a_{y1}f_{1i} + a_{y2}f_{2i} + e_{yi} \\
z_i &= a_{z1}f_{1i} + a_{z2}f_{2i} + e_{zi} \\
u_i &= a_{u1}f_{1i} + a_{u2}f_{2i} + e_{ui} \\
w_i &= a_{w1}f_{1i} + a_{w2}f_{2i} + e_{wi}
\end{aligned}\right\} \tag{10.1}$$

f_{1i}, f_{2i} は 2 つの共通因子，a_{x1}, a_{y1}, a_{z1}, a_{u1}, a_{w1} は因子 f_{1i} の因子負荷量，a_{x2}, a_{y2}, a_{z2}, a_{u2}, a_{w2} は因子 f_{2i} の因子負荷量です．e_{xi}, e_{yi}, e_{zi}, e_{ui}, e_{wi} は共通因子で説明できない各変数の独自の部分となる独自因子です．因子分析の計算原理は，母集団の分散，共分散の値が，観測データから得られる分散，共分散の値とできるだけ一致するように，因子モデル式(10.1)の因子負荷量 a_{x1}, a_{y1}, a_{z1}, a_{u1}, a_{w1}, a_{x2}, a_{y2}, a_{z2}, a_{u2}, a_{w2} を決定することにあります．その際に，共通因子 f_{1i}, f_{2i} 同士は全く異なる性質を持ち，式(10.2)のように，相関はないとします．

また，共通因子と独自因子 e_{xi}, e_{yi}, e_{zi}, e_{ui}, e_{wi} とも独立で相関がなく，式(10.3)のように，独自因子同士も互いに相関がないとします．

$$\text{Cov}(f_{1i}, f_{2i}) = 0 \tag{10.2}$$

$$\left.\begin{aligned}
\text{Cov}(f_{1i}, e_{xi}) &= \text{Cov}(f_{1i}, e_{yi}) = \cdots = \text{Cov}(f_{1i}, e_{wi}) = 0 \\
\text{Cov}(f_{2i}, e_{xi}) &= \text{Cov}(f_{2i}, e_{yi}) = \cdots = \text{Cov}(f_{2i}, e_{wi}) = 0 \\
\text{Cov}(e_{xi}, e_{yi}) &= \text{Cov}(e_{xi}, e_{zi}) = \cdots = \text{Cov}(e_{xi}, e_{wi}) = 0
\end{aligned}\right\} \tag{10.3}$$

式(10.2)が成り立つ因子モデルを**直交モデル**といいます．

10.3.2 分散共分散行列

以上の仮定のもとで，表 10.1 のデータの分散共分散行列を求めると，データは標準化されているので，その分散共分散行列は相関係数行列 R_{full} となり，行列で表すと式(10.4)が得られます．

$$
R_{full} = \begin{bmatrix} 1 & r_{xy} & r_{xz} & r_{xu} & r_{xw} \\ r_{yx} & 1 & r_{yz} & r_{yu} & r_{yw} \\ r_{zx} & r_{zy} & 1 & r_{zu} & r_{zw} \\ r_{ux} & r_{uy} & r_{uz} & 1 & r_{uw} \\ r_{wx} & r_{wy} & r_{wz} & r_{wu} & 1 \end{bmatrix}
$$

$$
= \begin{bmatrix} a_{x1}^2 + a_{x2}^2 + V(e_{xi}) & a_{x1}a_{y1} + a_{x2}a_{y2} & a_{x1}a_{z1} + a_{x2}a_{z2} & a_{x1}a_{u1} + a_{x2}a_{u2} & a_{x1}a_{w1} + a_{x2}a_{w2} \\ a_{y1}a_{x1} + a_{y2}a_{x2} & a_{y1}^2 + a_{y2}^2 + V(e_{yi}) & a_{y1}a_{z1} + a_{y2}a_{z2} & a_{y1}a_{u1} + a_{y2}a_{u2} & a_{y1}a_{w1} + a_{y2}a_{w2} \\ a_{z1}a_{x1} + a_{z2}a_{x2} & a_{z1}a_{y1} + a_{z2}a_{y2} & a_{z1}^2 + a_{z2}^2 + V(e_{zi}) & a_{z1}a_{u1} + a_{z2}a_{u2} & a_{z1}a_{w1} + a_{z2}a_{w2} \\ a_{u1}a_{x1} + a_{u2}a_{x2} & a_{u1}a_{y1} + a_{u2}a_{y2} & a_{u1}a_{z1} + a_{u2}a_{z2} & a_{u1}^2 + a_{u2}^2 + V(e_{ui}) & a_{u1}a_{w1} + a_{u2}a_{w2} \\ a_{w1}a_{x1} + a_{w2}a_{x2} & a_{w1}a_{y1} + a_{w2}a_{y2} & a_{w1}a_{z1} + a_{w2}a_{z2} & a_{w1}a_{u1} + a_{w2}a_{u2} & a_{w1}^2 + a_{w2}^2 + V(e_{wi}) \end{bmatrix}
$$

$$\tag{10.4}$$

これより解くべき方程式は，式(10.5)と式(10.6)の 15 個の連立方程式となります．

$$
\left. \begin{aligned} a_{x1}^2 + a_{x2}^2 + V(e_{xi}) &= 1 \\ a_{y1}^2 + a_{y2}^2 + V(e_{yi}) &= 1 \\ a_{z1}^2 + a_{z2}^2 + V(e_{zi}) &= 1 \\ a_{u1}^2 + a_{u2}^2 + V(e_{ui}) &= 1 \\ a_{w1}^2 + a_{w2}^2 + V(e_{wi}) &= 1 \end{aligned} \right\} \tag{10.5}
$$

$$
\left. \begin{aligned} a_{x1}a_{y1} + a_{x2}a_{y2} &= r_{xy}, & a_{x1}a_{z1} + a_{x2}a_{z2} &= r_{xz} \\ a_{x1}a_{u1} + a_{x2}a_{u2} &= r_{xu}, & a_{x1}a_{w1} + a_{x2}a_{w2} &= r_{xw} \\ a_{y1}a_{z1} + a_{y2}a_{z2} &= r_{yz}, & a_{y1}a_{u1} + a_{y2}a_{u2} &= r_{yu} \\ a_{y1}a_{w1} + a_{y2}a_{w2} &= r_{yw}, & a_{z1}a_{u1} + a_{z2}a_{u2} &= r_{zu} \\ a_{z1}a_{w1} + a_{z2}a_{w2} &= r_{zw}, & a_{u1}a_{w1} + a_{u2}a_{w2} &= r_{uw} \end{aligned} \right\} \tag{10.6}
$$

216   第 10 章　因子分析

　ところが，求めたいのは 2 つの共通因子の因子負荷量の 10 個ですが，それ
に対する方程式は 15 個となり，この因子分析の方程式は厳密には解けないこ
とになります．未知数の数と条件式の数が一致しないと方程式は解けません．
　因子分析は，常にこのような状況になるので，全ての条件式をほどほど満た
す近似値を解とすることになります．

10.3.3　共通性の推定

　次に，式(10.5)の最初の式を式(10.7)として，共通性と独自性とは何かを解
説します．

$$変量\ x_i\ の分散＝1＝a_{x1}{}^2＋a_{x2}{}^2＋V(e_{xi}) \tag{10.7}$$

　式(10.7)の左辺は標準化された変数 x の持つ分散なので 1 です．右辺の $a_{x1}{}^2$
$＋a_{x2}{}^2$ は変数 x の持つ因子負荷量の分散を示し，変数 x の**共通性**と呼びます．
また，$V(e_{xi})$ は変数 x の持つ独自性の分散を示し，変数 x の**独自性**と呼びま
す．独自性は 2 因子では説明できない変数 x の分散部分を表し，変数 x の共
通性 $h_x{}^2$ と独自性 $V(e_{xi})$ とは，式(10.8)の関係が成り立ちます．

$$1＝[h_x{}^2＝a_{x1}{}^2＋a_{x2}{}^2]（共通性）＋[V(e_{xi})]（独自性） \tag{10.8}$$

　他の各変数 $y_i,\ z_i,\ u_i,\ w_i$ の各共通性 $h_y{}^2,\ h_z{}^2,\ h_u{}^2,\ h_w{}^2$ と各独自性 $V(e_{yi})$, V
(e_{zi}), $V(e_{ui})$, $V(e_{wi})$ との関係も同じです．

　ところが，共通因子を主役にする因子分析の理論では，独自性を求めず，
この部分については分析者が推定します．代表的な共通性の推定法は，**SMC**
(squared multiple correlation) 法や，とりあえず共通性の推定値を 1 とする
ONE 法や **MAX 法**などがあります．

　ここでは，SMC 法を解説します．SMC 法は重回帰分析における決定係数
R^2（寄与率）を利用する方法です．例えば変数 x_i の共通性を推定する場合に
は，変数 x_i を目的変数として，他の変数 $y_i,\ z_i,\ u_i,\ w_i$ を説明変数として重回帰
分析を行い，目的変数 x_i の実測値の分散を分母に，説明変数 $y_i,\ z_i,\ u_i,\ w_i$ から
予測する予測値 $\hat{x}_i$ の分散を分子にした決定係数 $R_x{}^2$ を共通性 $h_x{}^2$ とします．こ
の関係を一般的にして式(10.9)に示します．

$$R_\alpha{}^2 = \frac{\text{目的変数 } \alpha \text{ の予測値の分散}}{\text{目的変数 } \alpha \text{ の実測値の分散}} = h_\alpha{}^2 \tag{10.9}$$

共通性は共通因子で説明できる分散量を表すので，もし共通因子が真にデータの原因になっているのなら，重回帰分析で説明する部分の割合は，この因子によって推定される共通性とほぼ一致します．

式(10.5)における 1 を上記の具体的な共通性の推定値 $h_\alpha{}^2$ に置き換えると式(10.10)となります．

$$\left.\begin{aligned}
a_{x1}{}^2 + a_{x2}{}^2 &= h_x{}^2 \\
a_{y1}{}^2 + a_{y2}{}^2 &= h_y{}^2 \\
a_{z1}{}^2 + a_{z2}{}^2 &= h_z{}^2 \\
a_{u1}{}^2 + a_{u2}{}^2 &= h_u{}^2 \\
a_{w1}{}^2 + a_{w2}{}^2 &= h_w{}^2
\end{aligned}\right\} \tag{10.10}$$

すなわち，この式(10.10)と前の式(10.6)とから近似的に因子負荷量を求めることになります．その1つの解法として，重回帰分析のところで説明した**最小2乗法**を用いる方法を次項で解説します．

10.3.4 最小2乗法による因子負荷量の推定

最小2乗法の適合基準は誤差の平方和で，これを最小にするという考え方でした．これを式(10.10)と式(10.6)に適用すると式(10.4)の左辺の行列における対角要素の 1 が共通性の推定値に置き換わります．因子分析は分散共分散行列に理論が合うように近似することなので，式(10.4)の左辺と右辺の対応をとると，式(10.11)の Q となります．

$$\begin{aligned}
Q = {} &(a_{x1}{}^2 + a_{x2}{}^2 - h_x{}^2)^2 + (a_{y1}{}^2 + a_{y2}{}^2 - h_y{}^2)^2 + (a_{z1}{}^2 + a_{z2}{}^2 - h_z{}^2)^2 \\
&+ (a_{u1}{}^2 + a_{u2}{}^2 - h_u{}^2)^2 + (a_{w1}{}^2 + a_{w2}{}^2 - h_w{}^2)^2 + 2(a_{x1}a_{y1} + a_{x2}a_{y2} - r_{xy}) \\
&+ 2(a_{x1}a_{z1} + a_{x2}a_{z2} - r_{xz}) + 2(a_{x1}a_{u1} + a_{x2}a_{u2} - r_{xu}) \\
&+ 2(a_{x1}a_{w1} + a_{x2}a_{w2} - r_{xw}) + 2(a_{y1}a_{z1} + a_{y2}a_{z2} - r_{yz}) \\
&+ 2(a_{y1}a_{u1} + a_{y2}a_{u2} - r_{yu}) + 2(a_{y1}a_{w1} + a_{y2}a_{w2} - r_{yw})
\end{aligned}$$

$$+2(a_{z1}a_{u1}+a_{z2}a_{u2}-r_{zu})+2(a_{z1}a_{w1}+a_{z2}a_{w2}-r_{zw})$$
$$+2(a_{u1}a_{w1}+a_{u2}a_{w2}-r_{uw}) \tag{10.11}$$

また，Q の各項は，式(10.10)と式(10.6)の各式の左辺と右辺の差を平方したもので，その差が 0 になるのが理想です．そこで，その差が 0 にできるだけ近くなるように，すなわち，Q が最小になるように因子負荷量 a_{x1}, a_{y1}, a_{z1}, a_{u1}, a_{w1}, a_{x2}, a_{y2}, a_{z2}, a_{u2}, a_{w2} を決定することになります．

10.3.5 主因子法による因子負荷量の推定

次に**主因子法**を説明します．式(10.4)の行列に関して，式(10.12)の行列 A のようにおき，AA^T を導くと式(10.13)のように式(10.4)の右辺と一致します．

$$A = \begin{bmatrix} a_{x1} & a_{x2} \\ a_{y1} & a_{y2} \\ a_{z1} & a_{z2} \\ a_{u1} & a_{u2} \\ a_{w1} & a_{w2} \end{bmatrix} \tag{10.12}$$

$$AA^T = \begin{bmatrix} a_{x1} & a_{x2} \\ a_{y1} & a_{y2} \\ a_{z1} & a_{z2} \\ a_{u1} & a_{u2} \\ a_{w1} & a_{w2} \end{bmatrix} \begin{bmatrix} a_{x1} & a_{y1} & a_{z1} & a_{u1} & a_{w1} \\ a_{x2} & a_{y2} & a_{z2} & a_{u2} & a_{w2} \end{bmatrix} = 式(10.4)の右辺$$

$$\tag{10.13}$$

よって，式(10.4)は式(10.14)のように行列表記できます．

$$R_{full} = AA^T \tag{10.14}$$

この行列 R_{full} を**因子決定行列**，A を**因子負荷行列**と呼びます．式(10.14)を用いて因子負荷量を導きます．便宜上，5つの各変数 x_i, y_i, z_i, u_i, w_i の共通性の推定値を全て 1（**ONE 法**での推定）とすると，式(10.14)の右辺は再び式(10.15)となります．

10.3 因子分析の解法

$$R_{full} = \begin{bmatrix} 1 & r_{xy} & r_{xz} & r_{xu} & r_{xw} \\ r_{yx} & 1 & r_{yz} & r_{yu} & r_{yw} \\ r_{zx} & r_{zy} & 1 & r_{zu} & r_{zw} \\ r_{ux} & r_{uy} & r_{uz} & 1 & r_{uw} \\ r_{wx} & r_{wy} & r_{wz} & r_{wu} & 1 \end{bmatrix} \tag{10.15}$$

この R_{full}（正則行列）の固有値を $\lambda_1, \lambda_2, \cdots, \lambda_5$ $(\lambda_1 \geqq \lambda_2 \geqq \cdots \geqq \lambda_5 \geqq 0)$ と求め，その固有ベクトルを順に $l_1, l_2, \cdots, l_5$（規格化されている）とすると，数学の行列理論から R_{full} は式(10.16)のように展開（スペクトル分解）できます．

$$R_{full} = \lambda_1 l_1{}^T l_1 + \lambda_2 l_2{}^T l_2 + \lambda_3 l_3{}^T l_3 + \lambda_4 l_4{}^T l_4 + \lambda_5 l_5{}^T l_5 \tag{10.16}$$

λ_1, λ_2 が他の固有値に比べて大きければ，最初の2項で因子決定行列 R_{full} を近似することができます．

$$R_{full} \fallingdotseq \lambda_1 \begin{bmatrix} l_{x1} \\ l_{y1} \\ l_{z1} \\ l_{u1} \\ l_{w1} \end{bmatrix} [l_{x1}\ l_{y1}\ l_{z1}\ l_{u1}\ l_{w1}] + \lambda_2 \begin{bmatrix} l_{x2} \\ l_{y2} \\ l_{z2} \\ l_{u2} \\ l_{w2} \end{bmatrix} [l_{x2}\ l_{y2}\ l_{z2}\ l_{u2}\ l_{w2}] \tag{10.17}$$

式(10.17)は，具体的に固有ベクトルの成分で因子決定行列 R_{full} を近似しています．

次に式(10.14)の右辺での因子負荷量の行列の積を見てみます．これも成分表示すれば，式(10.4)の右辺のような表現になります．これを因子負荷量で表現すると式(10.18)となります．

式(10.4)の右辺

$$= \begin{bmatrix} a_{x1} \\ a_{y1} \\ a_{z1} \\ a_{u1} \\ a_{w1} \end{bmatrix} [a_{x1}\ a_{y1}\ a_{z1}\ a_{u1}\ a_{w1}] + \begin{bmatrix} a_{x2} \\ a_{y2} \\ a_{z2} \\ a_{u2} \\ a_{w2} \end{bmatrix} [a_{x2}\ a_{y2}\ a_{z2}\ a_{u2}\ a_{w2}]$$

$$\tag{10.18}$$

第 10 章　因子分析

式(10.17)と式(10.18)は等しくなるので，式(10.19)と表せます.

$$
\begin{bmatrix} a_{x1} \\ a_{y1} \\ a_{z1} \\ a_{u1} \\ a_{w1} \end{bmatrix} \begin{bmatrix} a_{x1} & a_{y1} & a_{z1} & a_{u1} & a_{w1} \end{bmatrix} + \begin{bmatrix} a_{x2} \\ a_{y2} \\ a_{z2} \\ a_{u2} \\ a_{w2} \end{bmatrix} \begin{bmatrix} a_{x2} & a_{y2} & a_{z2} & a_{u2} & a_{w2} \end{bmatrix}
$$

$$
\fallingdotseq \lambda_1 \begin{bmatrix} l_{x1} \\ l_{y1} \\ l_{z1} \\ l_{u1} \\ l_{w1} \end{bmatrix} \begin{bmatrix} l_{x1} & l_{y1} & l_{z1} & l_{u1} & l_{w1} \end{bmatrix} + \lambda_2 \begin{bmatrix} l_{x2} \\ l_{y2} \\ l_{z2} \\ l_{u2} \\ l_{w2} \end{bmatrix} \begin{bmatrix} l_{x2} & l_{y2} & l_{z2} & l_{u2} & l_{w2} \end{bmatrix}
$$

$$(10.19)$$

以上より，因子負荷量は式(10.20)のように求められます.

$$
\begin{bmatrix} a_{x1} \\ a_{y1} \\ a_{z1} \\ a_{u1} \\ a_{w1} \end{bmatrix} = \sqrt{\lambda_1} \begin{bmatrix} l_{x1} \\ l_{y1} \\ l_{z1} \\ l_{u1} \\ l_{w1} \end{bmatrix}
$$

$$
\begin{bmatrix} a_{x2} \\ a_{y2} \\ a_{z2} \\ a_{u2} \\ a_{w2} \end{bmatrix} = \sqrt{\lambda_2} \begin{bmatrix} l_{x2} \\ l_{y2} \\ l_{z2} \\ l_{u2} \\ l_{w2} \end{bmatrix}
$$

$$(10.20)$$

　因子決定行列の固有値の大きいほうから2個取り出し，それに対する固有ベクトルから因子負荷量を導く方法が，2因子モデルの主因子法です.

10.4 因子分析の数値例

数値例 10-①　図 10.2 の①に示すように，高校生 25 人の 5 科目の成績データをもとに，右脳能力因子（文系）と左脳能力因子（理系）の 2 因子モデルを仮定して因子分析を行います．10.3 節の解法との関係をわかりやすくするために，英語 x，数学 y，国語 z，理科 u，社会 w としました．その因子負荷量の導き方は，まず図 10.2 のように，5 科目の共通性を SMC 法で推定し，計算の出発となる R_{full} を導いてから最小 2 乗法で求めます．次に，共通性を ONE 法（1 のまま）による R_{full} から主因子法で導くことにしましょう．

① 高校生の 5 変数(科目)の成績データ

No.	英語 x	数学 y	国語 z	理科 u	社会 w
1	71	91	58	76	70
2	72	90	57	95	69
3	76	90	56	80	68
4	76	89	64	83	67
5	75	95	56	84	73
6	80	62	90	56	91
7	82	59	81	62	93
8	79	60	91	55	86
9	79	62	87	58	92
10	76	61	83	63	86
11	86	84	84	88	86
12	87	90	85	85	84
13	84	83	90	81	81
14	76	60	60	61	71
15	67	69	71	74	70
16	70	60	67	70	67
17	66	68	70	73	69
18	59	45	49	49	50
19	67	59	61	53	73
20	67	71	68	62	74
21	58	49	55	45	60
22	57	69	65	55	56
23	55	68	69	70	69
24	65	57	55	55	66
25	62	65	50	61	59

② ①のデータの相関係数行列 R

	英語 x	数学 y	国語 z	理科 u	社会 w
英語 x	1.000	0.433	0.671	0.468	0.807
数学 y	0.433	1.000	0.028	0.895	0.128
国語 z	0.671	0.028	1.000	0.091	0.860
理科 u	0.468	0.895	0.091	1.000	0.162
社会 w	0.807	0.128	0.860	0.162	1.000

③ SMC 法により各変数の共通性を推定 $h_a{}^2$

	英語 x	数学 y	国語 z	理科 u	社会 w
共通性	0.772	0.810	0.749	0.814	0.846

④ R の対角成分 1 を共通性に置き換える R_{full}

	英語 x	数学 y	国語 z	理科 u	社会 w
英語 x	0.772	0.433	0.671	0.468	0.807
数学 y	0.433	0.810	0.028	0.895	0.128
国語 z	0.671	0.028	0.749	0.091	0.860
理科 u	0.468	0.895	0.091	0.814	0.162
社会 w	0.807	0.128	0.860	0.162	0.846

図 10.2　因子分析―最小 2 乗法で因子負荷量を導く準備

222　　　　　　　　　　　第 10 章　因子分析

（**数値例 10–①**）　高校生 25 人の 5 科目の成績データを標準化し，分散共分散行列を求めると，図 10.2 の②のように 5 科目の相関係数行列となります．次に，各科目を目的変数とし残りの科目を説明変数とした重回帰分析による決定係数 R^2（相関係数行列 R の平方ではないことに注意）を求めて，その値を各科目（変数）の共通性の推定値とすると，図 10.2 の③のようになります．③で求めた各科目（変数）の共通性を②の相関係数行列の各 1 と置き換えて R_{full} を準備します．

　実際に**最小 2 乗法**より因子負荷量を求めるにはパソコンの力が必要です．

手順 1　式(10.14)の左辺は求められたので，図 10.3 の④のように R_{full} を

	E37		f_x	=SUMXMY2(C14:G18,C29:G33)				
	A	B	C	D	E	F	G	H	I
9		③ 共通性の推定(SMC法)							
10			英語 x	数学 y	国語 z	理科 u	社会 w		
11		共通性	0.7715	0.8097	0.7492	0.8137	0.8462		
12									
13		④ 因子決定行列							
14			0.772	0.433	0.671	0.468	0.807		
15			0.433	0.810	0.028	0.895	0.128		
16		$R_{full}=$	0.671	0.028	0.749	0.091	0.860		
17			0.468	0.895	0.091	0.814	0.162		
18			0.807	0.128	0.860	0.162	0.846		
19									
20		⑤ 理論値							
21		因子負荷行列							
22		因子1a$_{Q1}$	因子2a$_{Q2}$			TRANSPOSE(B23:C27)			
23			0.760	0.463					
24			0.000	0.924		0.760	0.000	0.877	0.050	0.938
25		$A=$	0.877	0.039	$A^T=$	0.463	0.924	0.039	0.924	0.136
26			0.050	0.924					
27			0.938	0.136					
28						MMULT(B23:C27, E24:I25)			
29			0.793	0.428	0.685	0.466	0.777		
30			0.428	0.853	0.036	0.853	0.126		
31		=	0.685	0.036	0.771	0.080	0.829		
32			0.466	0.853	0.080	0.855	0.173		
33			0.777	0.126	0.829	0.173	0.899		
34									
35		⑥ 最小値計算(最小2乗法)							
36									
37			誤差Q		0.0157				

図 10.3　Excel のソルバーを用いて因子負荷量を求める図
（ソルバーのダイアログボックスは省略）

10.4 因子分析の数値例 223

配置します.

手順2 式(10.14)の右辺についてもその配置を準備します. 求める因子負荷量 A の位置を図 10.3 の⑤のように決め, その行と列を入れ替えた A^T の位置を Excel の関数 TRANSPOSE を用いて配置します.

手順3 式(10.14)の右辺は A と A^T の積だから, 関数 MMULT で, その場所も配置します.

手順4 最小2乗法の式(10.11)の Q は, その MMULT の配置部分と R_{full} の配置部分の差の平方が最小になることなので, セル E37 にその関数式を作ります. そして, 分析ツールの"ソルバー"の目的関数に $E$37 を入れます. 図 10.3 のように E37 に SUMXMY2 の関数式(セルの C14:G18 の範囲とセル C29:G33 の範囲との差)を配して, E37 の最小化を指示すれば, 図 10.3 の A のように因子負荷量が求まります. 因子1は英語 x が 0.760, 国語 z が 0.877, 社会 w が 0.938 と高く"右脳能力(文系)因子"といえ, 因子2は数学 y が 0.924, 理科 u が 0.924 で"左脳能力(理系)因子"といえます. この場合の誤差 Q は 0.0157 となりました.

手順5 図 10.2 の②の相関係数行列から**主因子法**で因子負荷量を求めます. 主成分分析のように, 固有値を求めると, $\lambda_1 = 2.869$, $\lambda_2 = 1.702$, $\lambda_3 = 0.228$, $\lambda_4 = 0.112$, $\lambda_5 = 0.087$ となります.

手順6 因子の数が2つなので値の大きい固有値 $\lambda_1 = 2.869$ と $\lambda_2 = 1.702$ を取り上げます. その固有ベクトルを求めると表 10.2 のようになります.

手順7 その固有ベクトルに各因子の固有値の平方根を乗じて因子負荷量を求めた結果が表 10.3 です. 表 10.3 より因子1は右脳能力因子と左脳能力因子の両方の因子負荷量が高く, これらが合体した全体の能力因子を示しています. また因子2は数学 y が 0.779, 理科 u が 0.774 と＋側に高く, 国語 z は -0.552, 社会 w は -0.476 と負側に高いです. これより因子2は左脳能力と右脳能力とを正と負とで峻別する因子であることを示

224　　　　　　　　　第 10 章　因子分析

表 10.2　2 因子の固有値と固有ベクトル（主因子法）

	因子 1	因子 2
固有値	2.869	1.702
固有ベクトル		
英語 x	0.547	−0.076
数学 y	0.343	0.597
国語 z	0.448	−0.423
理科 u	0.366	0.570
社会 w	0.498	−0.365

表 10.3　2 因子の因子負荷量（回転なし）

回転なし	因子 1	因子 2
固有値	2.869	1.702
因子負荷量		
英語 x	0.927	−0.099
数学 y	0.581	0.779
国語 z	0.759	−0.552
理科 u	0.620	0.744
社会 w	0.844	−0.476

しています.

手順 8　主因子法は，相関が低い同士の変数も，因子 1 への負荷が大きく出る傾向があり，この状態を解消するためには回転を行います．回転には主に**直交回転**と**斜交回転**があり，前者には**バリマックス回転**，後者には**プロマックス回転**などがあります．直交回転は因子間の相関が 0 という仮定をおいてなされる回転であり，斜交回転は逆に因子間の相関があるものとして回転します.

　一般的に，因子分析では，どのような解法を用いても，因子の解釈をしやすくするために回転をします．この数値例においても，表 10.3 の結果をバリマックス（直交）回転して，因子負荷量を求めると表 10.4 となります.

手順 9　表 10.4 より，因子 1 は英語 x が 0.787，国語 z が 0.865，社会 w が 0.995 と高く "右脳能力（文系）因子" といえます．また，因子 2 は数学 y が 0.953，理科 u が 0.931 で "左脳能力（理系）因子" といえます．この結果は最小 2 乗法の因子の解釈と一致することがわかります．なお，主因子法で全ての 5 因子の抽出を行った場合には，主成分分析の結果と同じになります.

表 10.4　2因子の因子負荷量
（回転あり）

回転あり	因子 1	因子 2
2 乗和	2.377	1.939
因子負荷量		
英語 x	0.787	0.401
数学 y	0.066	0.953
国語 z	0.865	−0.022
理科 u	0.119	0.931
社会 w	0.995	0.056

10.5　因子分析の事例

　第 8 章の主成分分析と同じ矢野経済研究所の婦人アパレル企業 35 社における経営指標 10 変数の評価データを用いました．因子分析の解法は，主因子法，最尤法，最小 2 乗法の順に使われることが多いので，解析ソフト SPSS を用いて**最尤法**（method of maximum likelihood）による回転なしの因子分析を行い，次にバリマックス法の直交回転から企業活動の因子を探索することにしました．

　最尤法を簡単に解説すると，データの尤度は観測値が得られた分布のパラメータに依存します．**最尤法**とは，このようなパラメータのうちの一部が未知のとき，尤度（一般にパラメータの同時生起確率）を最大にする値を推定値として選ぶ方法です．統計学では仮定された母集団分布の未知パラメータの推定値を得るためによく使われる方法です．

　表 10.5 は，表 8.9 と同じ因子分析の事例に用いる $n = 35$ の 10 変数間における相関係数行列です．10 変数は，x_1：企業スケール，x_2：売上高成長率，x_3：収益力，x_4：販売力，x_5：商品力，x_6：企業弾性，x_7：資本蓄積，x_8：資金能力，x_9：仕入・生産力，x_{10}：組織管理です．

226　　　　　　　　　　　　　第 10 章　因子分析

表 10.5　婦人アパレル企業 35 社における 10 変数間の相関係数行列

	x_1：企業スケール	x_2：売上高成長率	x_3：収益力	x_4：販売力	x_5：商品力	x_6：企業弾性	x_7：資本蓄積	x_8：資金能力	x_9：仕入・生産力	x_{10}：組織管理
x_1：企業スケール	1.000	0.313	−0.151	0.748	0.308	−0.086	0.025	0.073	0.220	0.181
x_2：売上高成長率	0.313	1.000	0.401	0.819	0.690	0.423	0.336	0.506	0.301	0.414
x_3：収益力	−0.151	0.401	1.000	0.229	0.749	0.926	0.838	0.824	0.599	0.615
x_4：販売力	0.748	0.819	0.229	1.000	0.679	0.291	0.317	0.428	0.374	0.448
x_5：商品力	0.308	0.690	0.749	0.679	1.000	0.793	0.680	0.685	0.477	0.541
x_6：企業弾性	−0.086	0.423	0.926	0.291	0.793	1.000	0.825	0.783	0.620	0.661
x_7：資本蓄積	0.025	0.336	0.838	0.317	0.680	0.825	1.000	0.843	0.750	0.737
x_8：資金能力	0.073	0.506	0.824	0.428	0.685	0.783	0.843	1.000	0.714	0.744
x_9：仕入・生産力	0.220	0.301	0.599	0.374	0.477	0.620	0.750	0.714	1.000	0.903
x_{10}：組織管理	0.181	0.414	0.615	0.448	0.541	0.661	0.737	0.744	0.903	1.000

　最尤法により得られた各因子の持つ分散（固有値）の結果は表 10.6 です．
その各因子の固有値による**スクリープロット**は図 10.4 のようになります．変
数が 10 ですから，求められる因子数は第 1 因子から第 10 因子までです．し
かし，図 10.4 からわかるように，第 5 因子以降からの因子の固有値が同じ値
に近いので，4 因子までを選ぶのが妥当です．したがって，第 1 因子から第 4
因子までを取り上げました．

　また表 10.6 は，表 8.10 と同様に，各因子が持つ情報量，すなわち寄与度（分
散の%）を示します，結果は主成分分析と変わりませんでした．因子 1 の持つ

表 10.6　最尤法による因子抽出の結果
説明された分散の合計

因子	初期の固有値			抽出後の負荷量平方和		
	合計	分散の%	累積%	合計	分散の%	累積%
1	6.011	60.113	60.113	3.514	35.143	35.143
2	1.985	19.855	79.968	4.273	42.726	77.869
3	0.946	9.461	89.429	0.849	8.493	86.363
4	0.456	4.556	93.985	0.449	4.487	90.849
5	0.231	2.310	96.295			
6	0.130	1.302	97.597			
7	0.094	0.936	98.533			
8	0.066	0.659	99.192			
9	0.055	0.548	99.740			
10	0.026	0.260	100.000			

　因子抽出法：最尤法

10.5 因子分析の事例

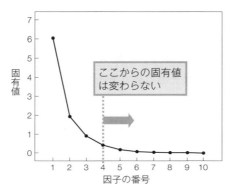

図 10.4 因子のスクリープロット

寄与度は全体の 60.113％を持ち，第 1 因子から第 4 因子まで累積した寄与度は 93.985％です．しかし，主成分分析の主成分負荷量とは意味が異なってきます．因子抽出後の負荷量平方和 3.514 は，表 10.8 の回転前因子負荷行列表の因子 1 f_1 の列から，$3.514 ≒ (0.750)^2 + (0.816)^2 + (0.242)^2 + (0.999)^2 + (0.686)^2 + (0.304)^2 + (0.331)^2 + (0.439)^2 + (0.388)^2 + (0.460)^2$ と求められます．

表 10.7 は各変数が持つ共通性を表しています．共通性とは，その変数の分散のうち，因子によって占められる分散の割合を示します．共通性の値が通常

表 10.7 各変数の共通性（回転なし）

	初 期	因子抽出後
x_1：企業スケール	0.875	0.970
x_2：売上高成長率	0.893	0.895
x_3：収益力	0.915	0.942
x_4：販売力	0.957	0.999
x_5：商品力	0.889	0.904
x_6：企業弾性	0.904	0.920
x_7：資本蓄積	0.843	0.829
x_8：資金能力	0.824	0.792
x_9：仕入・生産力	0.865	0.933
x_{10}：組織管理	0.868	0.901

228　　　　　　　　　　　　第 10 章　因子分析

0.4 以上あればその変数は因子への寄与があるとされます．表 10.7 からわかるように，いずれも 0.4 以上なので，各変数は因子分析法の因子にいずれも貢献しているといえます．表 10.7 の企業スケールの共通性 0.875 は，企業スケールを目的変数とし他の残りの変数を説明変数としたときの重回帰式の決定係数 R^2 に対応します．

表 10.7 の企業スケールの因子抽出後の共通性 0.970 は，表 10.8 の因子分析結果の因子行列より，0.970 ≒ (第 1 因子負荷 0.750)^2 + (第 2 因子負荷 −0.387)^2 + (第 3 因子負荷 0.455)^2 + (第 4 因子負荷 0.224)^2 と求められたものです．

表 10.8 は，4 因子までの因子負荷量行列表です．左側が回転なしであり，右側が因子の解釈をしやすくするためにバリマックス（直交）回転した結果です．表 10.8 からわかるように，回転なしの場合には，説明変数の因子負荷量の寄与が，因子 1 と因子 2 の 2 つの因子に分かれて高くなり解釈が難しく，また，4 つの因子を仮定したのに 4 つの因子に分かれて出てきていません．そこで，バリマックス回転すると表 10.8 の結果からわかるように，非常に解釈がしやすくなりました．

すなわち，因子 1 は，x_3：収益力 0.892，x_5：商品力 0.759，x_6：企業弾性

表 10.8　最尤法による回転前と回転後の因子負荷行列表

	最尤法（回転なし）				バリマックス回転後			
	f_1	f_2	f_3	f_4	f_1	f_2	f_3	f_4
x_1：企業スケール	0.750	−0.387	0.455	0.224	−0.096	0.100	0.212	0.952
x_2：売上高成長率	0.816	0.220	−0.397	−0.150	0.273	0.134	0.884	0.145
x_3：収益力	0.242	0.911	−0.070	0.220	0.892	0.324	0.142	−0.137
x_4：販売力	0.999	−0.013	−0.012	−0.006	0.160	0.197	0.745	0.615
x_5：商品力	0.686	0.559	−0.137	0.319	0.759	0.146	0.478	0.279
x_6：企業弾性	0.304	0.884	−0.042	0.212	0.873	0.349	0.174	−0.077
x_7：資本蓄積	0.331	0.825	0.189	0.073	0.723	0.543	0.105	0.025
x_8：資金能力	0.439	0.769	0.085	−0.005	0.664	0.526	0.271	0.025
x_9：仕入・生産力	0.388	0.658	0.528	−0.266	0.362	0.879	0.059	0.160
x_{10}：組織管理	0.460	0.669	0.371	−0.323	0.369	0.841	0.223	0.092

0.873, x_7：資本蓄積 0.723, x_8：資金能力 0.664 との相関が高く"金の力"を示す軸と考えられます．因子 2 は，x_9：仕入・生産力 0.879, x_{10}：組織管理 0.841 との相関が高く"企業の体制力"を示す軸と考えられます．因子 3 は，x_2：売上高成長率 0.884 や x_4：販売力 0.745 との相関が高く"のれんの力"を示す軸と考えられます．また因子 4 は，x_1：企業スケール 0.952 との相関が高く"規模の力"を示す軸と考えられます．

そこで，バリマックス回転後の因子 1 を横軸に因子 2 を縦軸にして，各企業の因子得点を散布したのが図 10.5 です．各企業評価である"良い"群・"標準"群・"倒産危険"群の層別状態を見てみました．"金の力"があり"企業の体制力"のある企業は評価が良いことがわかります．婦人アパレル企業の経営指標データは，因子分析の最尤法により，上記の 4 つの因子により構成されるといえます．回転により因子軸の抽出が容易になることがわかります．同じデータでも多変量解析のどの手法を用いるかにより，その結果が変わってくるので，解析の目的により手法を使い分けることが大切です．

婦人アパレル企業 35 社における経営指標 10 変数の評価データにおいては，このデータの変量間の構造を探るのには主成分分析を用い，データが形成される潜在因子構造を探るのには因子分析を用いることになります．

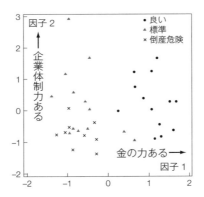

図 10.5 バリマックス回転後の因子得点の散布図

10.6 因子分析の活用

　因子分析を用いるに当たって，統計的な議論よりも先に押さえておくべき留意点を述べます．まず"因子"の意味です．今回の数値例や事例では，うまく"因子"が抽出されたようですが，"因子"は，変数間の相関関係の高いもの同士をまとめている仮説的な構成概念にすぎないのです．また，回転により解も変わり，解が一意には定まらないこともあります．

　因子分析は，分析者が決定すべきこと（因子数の決定や回転をどうするかなど）が多くて，データの構造やデータの持っている実体を浮かび上がらせる手法ではないので，分析者は，目的や事前の仮説，考え方を明確にしてから因子分析の活用に取り組む必要があります．

　因子分析の活用に当たっては，ここで十分説明しきれないほど複雑かつ多くの注意点があります．読者の方は，本書の内容を出発点として，更に成書[4]を参照してください．

MULITIDIMENSIONAL SCALING

第 11 章
多次元尺度構成法

　多次元尺度構成法は，主成分分析と同様に，次元縮小の
1つの手法です．"主成分分析は，n 個の個体における p
変量間の分散共分散行列又は相関行列から固有値分解して
導く"のに対して，"計量的多次元尺度構成法は，n 個の
個体間の距離行列から固有値分解して，2 次元又は 3 次元
空間における個体の配置を導く"ことになります．

　したがって，個体（商品等）のペア間において，似てい
る程度（類似度）や離れている程度（非類似度）の距離デー
タが得られれば，多次元尺度構成法によって個体を少な
い次元の空間上に配置して可視化できます．

232   第 11 章　多次元尺度構成法

11.1　多次元尺度構成法とは

多次元尺度構成法（**MDS**, mulitidimensional scaling）は，対象（個体）間の距離（非類似性）あるいは類似性を空間上の距離（類似性行列）に置き換え，少数の次元からなる空間上の相対的位置関係を求める手法です（以下，多次元尺度構成法を MDS という）．例えば，赤ワイン間の酸味の違いのデータや，黒い礼服間の色彩の不一致などの**非類似性**（dissimilarity）のデータが与えられたときに，元の対象である赤ワイン群や黒礼服の色彩群が何次元で表現されるか，また対象相互の位置関係はどう再現できるかの問題になります．数学的にいえば，n 個の対象の全ての対について，非類似性（又は類似性）のデータが与えられたときに，n 個の対象をユークリッド空間（又は一般の空間）内の点として，データに適合するように再現することになります．

　MDS には，比率尺度や間隔尺度で与えられた類似性行列を直接分解して次元を縮小化する計量的 MDS，順序尺度で与えられたデータを単調変換して間接的に最少次元を求める非計量的 MDS，そして複数の類似性行列を一度に分析し，共通空間と重み空間の 2 つを導く個人差モデル MDS などの数多くの手法が存在します．

　本書では，多次元尺度構成法の代表的な手法である計量的 MDS の Torgerson-Gower の方法 [1],[2] を主に解説し，その後に非計量的 MDS の Shepard-Kruskal の方法 [3],[4],[5] を解説します．

多次元尺度構成法（MDS）の誕生

　因子分析が心理学分野から生まれたように，心理学における 1 次元の尺度構成法が**多次元尺度構成法（MDS）**へと発展しました．心理学分野では，外的基準のない多くの変数が錯綜するデータを分析して，その潜在的な因子を探る目的で，1930 年代までは因子分析がよく使われていました．一方，多変量データを扱う理論は，多変量解析の分野でも発展し，正準相関分析や主成分分析など多くの手法が提案され，これらの手法も，やはり心理学分野にて活用されていました．

　そのような流れの中で，MDS の計量的アプローチの方法が，1930 年代に，

心理学者であるカール・エッカート（Carl Eckart, 1902–1973）とゲール・ヤング（Gale Young, 不明）[6] らにより整えられます．特に Eckart & Young の定理[6] は，1960 年代に発展した個人差モデル MDS において重要な定理となります．そして，1952 年に，ウォーレン・トーガソン（Warren Torgerson, 1925–1999）[1,2] らが，計量的 MDS を定式化して MDS の発展と隆盛の基礎を作ります．

トーガソンらにより計量的 MDS の基礎が完成した 10 年後には，ロジャー・シェパード（Roger Shepard, 1929–　）[3] が，心理学における対連合学習の実験的研究をもとにして，非計量的 MDS を提案します．シェパードの方法は，計量的 MDS における線形関係の前提を緩めて，単調性の概念を取り入れて，順序データからでも最少次元の空間配置が定められるものです．この非計量的 MDS により MDS の応用範囲は大幅に拡大し，シェパードは空間的位置研究の父と呼ばれるようになります．

さらに，ジョセフ・クラスカル（Joseph Kruskal, 1928–2010）が，単調関係のズレを測る指標を定式化し，用いられる距離の種類も増やして，より効率の良い逐次計算法[4,5] を開発します．これらの開発により，1960 年代半ば以降から，MDS は大いに発展し，個人差モデルや多相モデル，非対称なデータの分析法などの手法も開発され，心理学だけでなく，経営・マーケティング分野にまで及んで，その応用の範囲が広がりました．

11.2　MDS の考え方

図 11.1 は，夕食の際に，酒類が同時に登場するデータから MDS 分析をした例です．例えば，酒類の同時登場頻度データでの焼酎と日本酒は 78 と，同時に登場する頻度が多く，類似性が高く距離感は近いです．一方，ワインとビールは 2 と同時に登場する頻度が少なく類似性が低く距離感は遠いです．これらの酒類間（対象間）の距離関係を示したデータを，位置関係を保ちながら，できるだけ少次元の空間上で再現するのが MDS の考え方です．

図 11.1 の右下にある MDS による空間上の相対的位置を示した酒類の散布図は，2 次元による計量的 MDS の結果を示しています．焼酎と日本酒は近く，ワインとビールは遠くに配置されており，データによる酒類間の近さが，散布図による酒類間の距離に対応しています．2 次元の各軸の意味は，横軸が

第 11 章 多次元尺度構成法

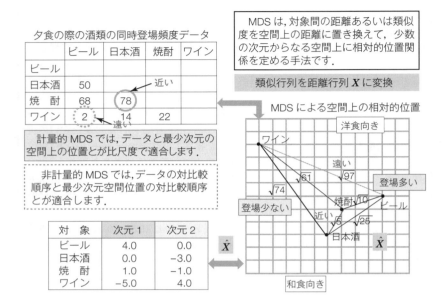

図 11.1 食事の際の酒類同時登場データ分析を例にした MDS の考え方

食事の際に酒類の登場の多さ傾向を示し，縦軸が食事の内容，すなわち洋食か和食かを示していると考えられます．MDS では，このように求めた次元の意味も何かを考察します．

2 次元の空間に配置する場合には，計量的 MDS では，対象間の距離データ X と，対象の仮の 2 次元座標値から計算した距離 $\hat{X}$ との差，すなわち $X-\hat{X}$ の要素間の 2 乗和が最小に（高い一致度に）なるように，対象の座標を推定します．

一方，非計量的 MDS は，距離データの対象間対比較による順と，対象の仮の 2 次元座標値から計算した距離 $\hat{X}$ での対比較による順とが極力一致するように座標を推定します．非計量的 MDS では，出発するデータは順序データでよく，また推定する座標値も座標による対比較の順が合えばよいので，低次元で一致する場合が多くなります．図 11.1 のデータでは，焼酎と日本酒は 78，ビールと焼酎は 68，ビールと日本酒は 50 なので，焼酎，日本酒，ビールの間

では，焼酎と日本酒が一番近い順になります．求めた空間上の散布図では，焼酎と日本酒は$\sqrt{5}$で一番近く，ビールと焼酎は$\sqrt{10}$，ビールと日本酒は$\sqrt{25}$の近さの順と適合しています．

何次元の空間に配置するのかは，目的に応じて分析者が決めます．又は，次元数をこれ以上増やしても一致度があまり向上しない次元数で，打ち止めとして，それを結果として表現します．

11.3　MDS の解法

混乱を避けるために，計量的 MDS である Torgerson-Gower の解法[1],[2] と非計量的 MDS の Shepard-Kruskal の方法[3],[4],[5] とを分けて解説します．そして，計量的 MDS の解法は詳しく，非計量的 MDS は特徴のみを解説します．

11.3.1　計量的 MDS の解法（Torgerson-Gower の方法）[1],[2]

いま，n 個の地点（対象）があるとして，地点 i と地点 j の座標を，それぞれ $(x_{i1}, x_{i2}, \cdots, x_{ip})$ と $(x_{j1}, x_{j2}, \cdots, x_{jp})$ とします．すると，この2つの地点間のユークリッド距離 d_{ij} は式(11.1)となります．

$$d_{ij} = \sqrt{\sum_{m=1}^{p} (x_{im} - x_{jm})^2} \tag{11.1}$$

式(11.1)で求められる距離は間隔尺度であり，原点をどこにとっても不変なので，地点 k を原点とすると，任意の2つの地点 i, j が作る原点からの内積 s_{ij} は式(11.2)で定義されます．

$$s_{ij} = \sum_{m=1}^{p} x_{im} x_{jm} \tag{11.2}$$

内積は地点 i, j の近寄り具合（相関）を示すので，類似性を示します．そこで，図 11.2 のような3地点 k, i, j で構成される三角形において余弦定理を考えると式(11.3)が成り立ちます．

$$d_{ij}{}^2 = d_{ik}{}^2 + d_{jk}{}^2 - 2d_{ik}d_{jk} \cos \theta_{kij} \tag{11.3}$$

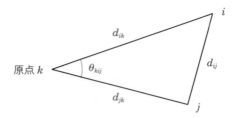

図 11.2 3 地点 (k, i, j) で構成される三角形と距離

また，内積 s_{ij} は式(11.4)と表せます．

$$s_{ij} = d_{ik} d_{jk} \cos \theta_{kij} \tag{11.4}$$

これらの式(11.3)と式(11.4)から式(11.5)が求められます．

$$s_{ij} = \frac{1}{2}(d_{ik}^2 + d_{jk}^2 - d_{ij}^2) \tag{11.5}$$

各地点間の距離のデータから内積（類似性）s_{ij} を求めると，i と j は原点 k を除いて $(n-1)$ 個ずつあるので，それを要素とする $(n-1) \times (n-1)$ の類似性行列 S が得られます．そこで求めるべき距離を並べた $(n-1) \times p$ $(p \leqq n)$ 行列を X とすると，S は，式(11.6)のように表せます．

$$S = XX^T \tag{11.6}$$

S から X を求めるために，式(11.7)の最小化を考えます．

$$Q = \sum_i \sum_j (s_{ij} - \sum_{m=1}^{p} x_{im} x_{jm})^2 \tag{11.7}$$

そのためには，S の固有値と固有ベクトルを求め，S の固有値を対角要素とする対角行列を Λ，対応する固有ベクトルを列に並べた行列を Y として，式(11.8)のような分解を行います．

$$XX^T = Y\Lambda Y^T \tag{11.8}$$

これより，求めるべき行列 X は，式(11.9)となります．

$$X = Y\Lambda^{1/2} \tag{11.9}$$

トーガソンは，データが間隔尺度であること，データの中には誤差が含まれているので，原点を k とせずに，常に重心に原点を移すことを提案しました [1]．

11.3 MDS の解法

さらに，ガウワーは，このことを考慮すると，類似性行列 S から出発して適当な次元による安定した距離空間を得るためには，次のような方法がよいことを提案します[2]．すなわち，対象 i $(i = 1, 2, \cdots, n)$ の対 j についての類似性データ $S = (s_{ij})$ が与えられているときに，S についての行平均 $\bar{s}_i$，列平均 $\bar{s}_j$，全平均 $\bar{s}$ を式(11.10)として，式(11.11)のように行列 $S^* = (s_{ij}{}^*)$ を定義するのがよいとしたのです．

$$
\left.
\begin{array}{l}
\bar{s}_i = \dfrac{1}{n} \displaystyle\sum_{j=1}^{n} s_{ij} \\[2ex]
\bar{s}_j = \dfrac{1}{n} \displaystyle\sum_{i=1}^{n} s_{ij} \\[2ex]
\bar{s} = \dfrac{1}{n^2} \displaystyle\sum_{i=1}^{n}\sum_{j=1}^{n} s_{ij}
\end{array}
\right\}
\tag{11.10}
$$

$$
s_{ij}{}^* = s_{ij} - \bar{s}_i - \bar{s}_j + \bar{s} \tag{11.11}
$$

そして，この $S^* = (s_{ij}{}^*)$ についての固有値問題として解き，求めた固有値を大きさの順に並べて式(11.12)とし，その固有値に対応する固有ベクトルを式(11.13)としました．

$$
\lambda_1 \geqq \lambda_2 \geqq \cdots \geqq \lambda_n \tag{11.12}
$$

$$
\boldsymbol{v}_i = (v_{1i}, v_{2i}, \cdots, v_{ni})^T \quad (\text{ただし，} \ \|\boldsymbol{v}_i\| = 1, \ i = 1, 2, \cdots, n) \tag{11.13}
$$

すると，求めたい対象の点の座標は，適当な次元数 p $(\leqq n)$ に対して式(11.14)で得られます．

$$
\begin{aligned}
\boldsymbol{x}_i &= \left(\sqrt{\lambda_1}\, v_{i1}, \sqrt{\lambda_2}\, v_{i2}, \cdots, \sqrt{\lambda_p}\, v_{ip} \right) \quad (i = 1, \cdots, n) \\
&= (x_1, x_2, \cdots, x_p) \quad (x_j = \sqrt{\lambda_j}\, v_{ij}, \ j = 1, \cdots, p)
\end{aligned}
\tag{11.14}
$$

さらに，ガウワーは，類似性行列 $S = (s_{ij})$ のデータ s_{ij} と距離 d_{ij} との関係について，S から求めた X の点の空間配置を行ったときの距離との関係を用いて，次のように示しました．

トーガソンの考えに従って，類似性行列 S を主成分分析の形で示すと，式(11.15)のように X へと分解されます．

238 　　　　　　第 11 章　多次元尺度構成法

$$S = XX^T \qquad X : n \times n \text{ 行列} \tag{11.15}$$

この式(11.15)の X の行ベクトル x_i により，対象の点の空間配置を決めることができるので，そのときの点 O_i の座標を $x_i = (x_{i1}, x_{i2}, \cdots, x_{in})$ $(i = 1, \cdots, n)$ とすれば，点 O_i と O_j との距離 d_{ij} は式(11.16)と表されます．

$$d_{ij} = \sqrt{\sum_{k=1}^{n} (x_{ik} - x_{jk})^2} = \sqrt{(x_i - x_j)(x_i - x_j)^T} \tag{11.16}$$

また，$S = (s_{ij})$ においては，式(11.17)のような内積の関係が存在します．

$$s_{ij} = x_i x_j^T \tag{11.17}$$

したがって，距離 d_{ij} と類似性 s_{ij} との関係は式(11.18)のようになります．

$$d_{ij}^2 = (x_i - x_j)(x_i - x_j)^T = x_i x_i^T + x_j x_j^T - 2x_i x_j^T = s_{ii} + s_{jj} - 2s_{ij} \tag{11.18}$$

ここで類似性行列の1つの例として相関行列を考えると，次のような展開となり，式(11.19)の関係式が成り立ちます．

$$\left. \begin{aligned} &d_{ij}^2 = 2(1 - r_{ij}) \Rightarrow if \quad s_{ii} = 0 \ (i = 1, \cdots, n), \ d_{ij}^2 = -2s_{ij} \\ &s_{ij} = -\frac{1}{2} d_{ij}^2 \end{aligned} \right\} \tag{11.19}$$

以上のような計量的 MDS の解法を Torgerson-Gower 法[1],[2] と呼んでいます．

11.3.2　非計量的 MDS の解法（Shepard-Kruskal の方法）[3],[4],[5]

非計量的 MDS の Shepard-Kruskal の方法について，その特徴を解説します．

Shepard-Kruskal の方法の特徴は，次の2点です．

①　対象間の非類似性（距離）が大きくなれば，対象間の距離空間における点間距離も大きくなるように制約します．これは**単調性の制約**です．

②　順序関係さえ変わらなければ，どのような非類似性データから出発しても再現される点の布置はデータの値に依存せずに変わりません．

次に，本方法の概念を説明します．

いま，対象の個数を $4 \ (= n)$ とすると，対象の対は ${}_4C_2 = 6$ となり，対の非

11.3　MDSの解法　　　239

類似性データが6つ存在します．対象 O_i と O_j との非類似性データを δ_{ij}（i, j $= 1, \cdots, 4$）で示して，6つのデータの順序関係が式(11.20)になっているとします．

$$\delta_{12} < \delta_{13} < \delta_{23} < \delta_{14} < \delta_{24} < \delta_{34} \tag{11.20}$$

一方，対象は p 次元距離空間で表現されるとすると，対象 O_i の座標はベクトル $\boldsymbol{x}_i$ を使って式(11.21)で表されます．

$$\boldsymbol{x}_i = (x_{i1}, x_{i2}, \cdots, x_{ip}) \tag{11.21}$$

さらに，対象 O_i と O_j（$i < j = 2, 3, 4$）の距離として Minkowski の距離を用いると式(11.22)となります．

$$d_{ij} = \left(\sum_{k=1}^{p} \left| x_{ik} - x_{jk} \right|^p \right)^{1/p} \tag{11.22}$$

Shepard-Kruskal の方法は，式(11.22)が式(11.20)の順序に適合するように，式(11.21)の座標を導きます．そして，この座標を導く計算のアルゴリズムは，通常は**最急降下法**になります．近年はアルゴリズムの開発が進み，Majorization Algorithm [7] などが用いられています．

いずれにしても，計算を進めて第 α 反復目で，対象に与えた布置 $\boldsymbol{x}_i$ での対象間の点間距離 $\hat{d}_{ij}$ の順序が，式(11.23)のようになったとします．

$$\hat{d}_{12} \leqq \hat{d}_{13} \leqq \hat{d}_{23} \leqq \hat{d}_{14} \leqq \hat{d}_{24} \leqq \hat{d}_{34} \tag{11.23}$$

すると，非類似性データの順序の式(11.20)と点間距離の順序の式(11.23)とが一致するので，単調性の制約が満たされて，その布置 $\boldsymbol{x}_i$ が解となります．非類似性と点間距離の順序関係は次元数 p を大きくしていけば可能となります．しかし，データを解釈して意味を考察する上では，低次元のほうが都合がよいわけです．そこで，クラスカルは，低次元で非類似性と点間距離とが一致しているかを示す適合度尺度として，第5章のコンジョイント分析で説明した式(11.24)のストレス値を提案しました．

$$\text{Stress} = \sqrt{\frac{\sum_{i<j} (d_{ij}^{\,*} - \bar{d}_{ij})^2}{\sum_{i<j} d_{ij}^{\,*2}}} \tag{11.24}$$

240　　　第 11 章　多次元尺度構成法

ここで, $\bar{d}_{ij}$ は, 例えば式 (11.23) で $\hat{d}_{12}$ と $\hat{d}_{13}$ のところだけが逆の $\hat{d}_{13} < \hat{d}_{12}$ $\leq \hat{d}_{23} \leq \hat{d}_{14} \leq \hat{d}_{24} \leq \hat{d}_{34}$ となったとします.

$$\bar{d}_{13} = \bar{d}_{12} = \frac{\hat{d}_{12} + \hat{d}_{13}}{2}$$

とすれば, 単調性の制約（順番）を満たします. このことは, このような $\bar{d}_{ij}$ の組を見つけることを意味し, $d_{ij}{}^*$ は, $\bar{d}_{ij}$ にできるだけ近い距離 $d_{ij}{}^*$ を求めることに対応します.

そして, この適合の基準として, クラスカルは, 表 11.1 のようなストレス値の評価基準を示しています.

表 11.1　適合度の評価

ストレス値	判　　定	
20%	貧弱な適合	poor
10%	ほどほどの適合	fair
5%	良好な適合	good
2.5%	非常に良好な適合	excellent
0%	完全な適合	perfect

11.4　MDS の数値例

数値例 11-①　対象がビール類の 3 種で, 図 11.3 のような位置の例を考えます. 3 種のビール類は, "発泡酒", "第 3 のビール", "ビール"で, その位置と非類似度（距離）データが図 11.3 のように与えられたとき, Torgerson-Gowerk 法によって, これらの位置が再現できるかどうかを確認しましょう.

11.4 MDS の数値例

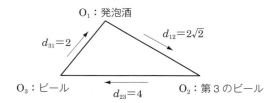

図 11.3 3種のビール類間の距離（間隔尺度）データ

数値例 11-①

手順 1 類似性 s_{ij} を式(11.19)から求めます．

図 11.3 のビール類 3 種の距離関係は，$d_{12}=2\sqrt{2}$, $d_{23}=4$, $d_{31}=2$ なので，類似性 s_{ij} を，式(11.19)の $s_{ij}=(-1/2)d_{ij}^2$ で定義します．

$$s_{12} = -\frac{1}{2} \times d_{12}^2 = -\frac{1}{2} \times \left(2\sqrt{2}\right)^2 = -4$$

同様にして，$s_{23} = -8$, $s_{31} = -2$

手順 2 類似性行列 $\boldsymbol{S} = (s_{ij})$ を求めます．

類似性行列 $\boldsymbol{S}$ は式(11.25)となります．

$$\boldsymbol{S} = \begin{bmatrix} 0 & -4 & -2 \\ -4 & 0 & -8 \\ -2 & -8 & 0 \end{bmatrix} \tag{11.25}$$

手順 3 式(11.10)の $\bar{s}_i$, $\bar{s}_j$, $\bar{s}$ を求めます．

$$\bar{s}_1 = \frac{0+(-4)+(-2)}{3} = -2$$

$$\bar{s}_2 = \frac{(-4)+0+(-8)}{3} = -4$$

$$\bar{s}_3 = \frac{(-2)+(-8)+0}{3} = -\frac{10}{3}$$

となり，全平均 $\bar{s}$ は，

$$\bar{s} = \frac{0+(-4)+(-2)+(-4)+0+(-8)+(-2)+(-8)+0}{9} = -\frac{28}{9}$$

となります．

手順4 式(11.11)より $\boldsymbol{S}^*$ の各要素を求め，$\boldsymbol{S}^*$ 行列を導きます．

$$s_{11}{}^* = s_{11} - \bar{s}_1 - \bar{s}_1 + \bar{s} = 0 - (-2) - (-2) + \left(-\frac{28}{9}\right) = \frac{8}{9} = 0.88889$$

$$s_{12}{}^* = s_{12} - \bar{s}_1 - \bar{s}_2 + \bar{s} = (-4) - (-2) - (-4) + \left(-\frac{28}{9}\right) = -\frac{10}{9} = -1.11111$$

$$s_{13}{}^* = s_{13} - \bar{s}_1 - \bar{s}_3 + \bar{s} = (-2) - (-2) - \left(-\frac{10}{3}\right) + \left(-\frac{28}{9}\right) = \frac{2}{9} = 0.22222$$

$$s_{21}{}^* = s_{21} - \bar{s}_2 - \bar{s}_1 + \bar{s} = (-4) - (-4) - (-2) + \left(-\frac{28}{9}\right) = -\frac{10}{9} = -1.11111$$

$$s_{22}{}^* = s_{22} - \bar{s}_2 - \bar{s}_2 + \bar{s} = 0 - (-4) - (-4) + \left(-\frac{28}{9}\right) = \frac{44}{9} = 4.88889$$

$$s_{23}{}^* = s_{23} - \bar{s}_2 - \bar{s}_3 + \bar{s} = (-8) - (-4) - \left(-\frac{10}{3}\right) + \left(-\frac{28}{9}\right) = -\frac{34}{9} = -3.77778$$

$$s_{31}{}^* = s_{31} - \bar{s}_3 - \bar{s}_1 + \bar{s} = (-2) - \left(-\frac{10}{3}\right) - (-2) + \left(-\frac{28}{9}\right) = \frac{2}{9} = 0.22222$$

$$s_{32}{}^* = s_{32} - \bar{s}_3 - \bar{s}_2 + \bar{s} = (-8) - \left(-\frac{10}{3}\right) - (-4) + \left(-\frac{28}{9}\right) = -\frac{34}{9} = -3.77778$$

$$s_{33}{}^* = s_{33} - \bar{s}_3 - \bar{s}_3 + \bar{s} = 0 - \left(-\frac{10}{3}\right) - \left(-\frac{10}{3}\right) + \left(-\frac{28}{9}\right) = \frac{32}{9} = 3.55556$$

これらより，式(11.26)の $\boldsymbol{S}^*$ が導けます．

$$\boldsymbol{S}^* = \begin{bmatrix} 8/9 & -10/9 & 2/9 \\ -10/9 & 44/9 & -34/9 \\ 2/9 & -34/9 & 32/9 \end{bmatrix} = \begin{bmatrix} 0.88889 & -1.11111 & 0.22222 \\ -1.11111 & 4.88889 & -3.77778 \\ 0.22222 & -3.77778 & 3.55556 \end{bmatrix}$$

$$(11.26)$$

11.4 MDS の数値例　　243

手順 5 S^* の固有値と各固有値の固有ベクトルを求めます.

式 (11.26) の S^* の固有値を Excel より求めて，式 (11.12) に対応させると式 (11.27) となります．（Excel での求め方は，数値例 3–④ を参照）．

$$\lambda_1 = 8.19434 > \lambda_2 = 1.13900 > \lambda_3 = 0.00000 \qquad (11.27)$$

各固有値に対する固有ベクトルは，式 (11.13) より式 (11.28) となります．

$$\left. \begin{array}{l} \boldsymbol{v}_1 = (0.13551, -0.76506, 0.62955)^T \\ \boldsymbol{v}_2 = (0.80517, -0.28523, -0.51994)^T \end{array} \right\} \qquad (11.28)$$

手順 6 式 (11.14) より対象である各ビールの 2 次元の座標を求めます.

式 (11.28) の各固有ベクトルに式 (11.27) の各固有値の平方根を乗じると，表 11.2 のように各対象 O_1：発泡酒，O_2：第 3 のビール，O_3：ビールの 2 次元の座標が得られます．例えば，対象 O_1：発泡酒の 1 次元の座標は，$\sqrt{8.19434} \times 0.13551 = 0.38791$ と計算できます．

表 11.2 求められた対象の座標

	1 次元	2 次元
O_1 "発泡酒" の座標	0.38791	0.85931
O_2 "第 3 のビール" の座標	-2.19004	-0.30441
O_3 "ビール" の座標	1.80213	-0.55490

手順 7 求めた対象の座標から各ビールの位置が再現できているかを確認します.

求めた表 11.2 の座標から，O_1：発泡酒と O_2：第 3 のビールの距離 d_{12}，O_2：第 3 のビールと O_3：ビールの距離 d_{23}，O_3：ビールと O_1：発泡酒の距離 d_{31} を求めると，式 (11.29) のようになります.

$$\begin{aligned} d_{12} &= \sqrt{\left[0.38791 - (-2.19004)\right]^2 + \left[0.85931 - (-0.30441)\right]^2} \\ &= 2.82844 = 2\sqrt{2} \end{aligned}$$

第11章　多次元尺度構成法

$$d_{23} = \sqrt{(-2.19004 - 1.80213)^2 + [-0.30441 - (-0.55490)]^2}$$
$$= 4.00003 = 4 \tag{11.29}$$

$$d_{31} = \sqrt{(1.80213 - 0.38791)^2 + (-0.55490 - 0.85931)^2}$$
$$= 2.00000 = 2$$

すなわち，$d_{12} = 2\sqrt{2}$，$d_{23} = 4$，$d_{31} = 2$ となり，2次元の配置が決まり，最初の図11.3の距離の位置が再現されました.

11.5　MDS の活用事例 [8]

筆者らが企業分析の手法比較を行うために実施した事例を紹介します．この事例でも主成分分析（第8章）や因子分析（第10章）で使用した表8.7の矢野経済研究所のデータ（p.186）を用いました．MDS の手法としては，非計量的 MDS の Shepard-Kruskal の方法（以下，MDSCAL という）を用いました．MDSCAL を適用した目的は，多次元的な構造をなるべく少数の特性（次元）で表現し，結果として得た対象の距離空間配置から，視覚的にデータの構造を捉えて，各企業の経営状態を判断するための尺度を得るためです.

非類似性データを δ_{ij} として，できるだけ少数の次元で，企業（個体）間の位置を求める規準としては，次の2つのケース（場合）を考えて比較しました.

ケース(1)　非類似性データ δ_{ij} において，与えられた次元数 p を持つ距離空間内での対応する距離を d_{ij} とすれば，式(11.30)を最小にする d_{ij} を求める最小2乗法的な規準です.

$$CR_2 = \sum_{i=1}^{n} \sum_{j=1}^{n} (\delta_{ij} - d_{ij})^2 \tag{11.30}$$

次元縮約の手法としては，個体間の距離をユークリッド距離に取り MDSCAL を適用することになります.

ケース(2)　非類似性データ δ_{ij} において，与えられた次元数 p を持つ距離空間内での対応する距離を d_{ij} とすれば，式(11.31)のように非類似性データ

δ_{ij} と求める距離 d_{ij} の相関が最大になるような相関係数的な規準です．

$$CR_2 = \sum_{i=1}^{n}\sum_{j=1}^{n}\delta_{ij}d_{ij} \tag{11.31}$$

次元縮約の手法としては，対象間の変量による相関係数 r_{ij} を求め，これより非類似性データ δ_{ij} として $\delta_{ij} = 2(1-r_{ij})$ を求めて MDSCAL を適用することになります．

ケース(1)の結果　（ユークリッド距離により MDSCAL を実施）

企業間のユークリッド距離を利用して MDSCAL により 2 次元による企業間の距離位置を求めた結果が図 11.5 です．MDSCAL では主成分分析や因子分析のような当てはまりの基準としての固有値は出てきません．その代わりに次元数によるストレス値が計算されます．そのストレス値の変化は図 11.4 のようになり，2 次元ではストレス値は 0.145 で適合はよくないが，ほどほどの適合に近いといえます．各企業間のユークリッド距離の 2 次元で再現した企業の位置からの企業評価として，図 11.5 に評価が良い企業は○，標準の企業は△，倒産危険の企業には×をマークしました．

図 11.5 から，企業の評価の良し・悪しの層別が良好であることがわかります．また，10 番目と 26 番目の企業が飛び離れていますが，調査した結果，10 番目の企業は企業体質が他社に比べて異なる性格を持っていることが確認

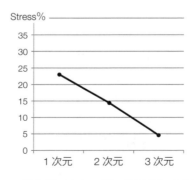

図 11.4　適合度ストレス値の次元数による変化

246   第 11 章　多次元尺度構成法

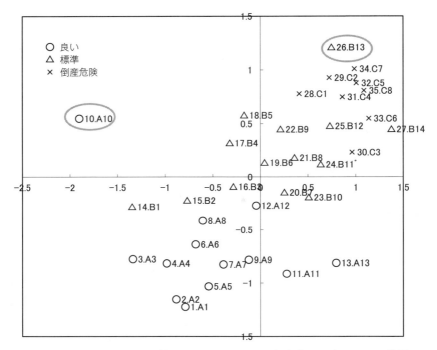

図 11.5　ユークリッド距離による MDSCAL の各企業の 2 次元による位置

されました．また，26 番目の企業の"評価"においては，"標準"でよいのかが疑問視され，再調査の結果，不安定企業として"倒産危険"に再評価されました．

　図 11.5 での次元軸の意味付けは，第 1 次元軸 G_1 は，企業の潜在力を示し，資金能力，資本蓄積，経営弾性，組織管理の評価の高い企業が負側にあり，企業の基盤が強いほど負の側にあります．第 2 次元軸 G_2 は企業の成果の顕在力を示し，企業努力の成果が高く表れているほど負側にあります．すなわち，売上高成長率，収益力の評価が高い企業ほど負側に多くなります．この 2 次元における企業の散布図から横軸及び縦軸の示す意味を考え，各企業群の近さ度合いなどを考慮すると，他にも様々な特徴がわかりました．その内容を図 11.6 に示します．外周側にある企業は定番品や一般品を手掛けており，ヤン

グミセスを顧客対象としているところが多いといえます．また，中心付近にある企業は，若者向商品を扱っている企業が多かったです．このように多次元尺度構成法では，指標変量以外の内容（各企業が持っている特徴）も考慮して，作成された企業間の位置についての特徴を考えます．

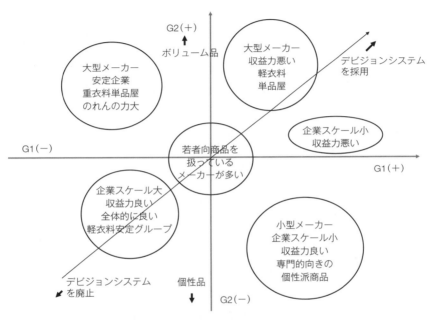

図 11.6 図 11.5 の企業間位置において各企業の特徴を抽出した図

ケース (2) の結果 [相関係数による $\delta_{ij} = 2(1-r_{ij})$ から MDSCAL を実施]

相関係数 r_{ij} から作った非類似性 δ_{ij} をもとにして求めた企業の 2 次元プロットが図 11.7 です．2 次元によるストレス値は 0.173 でケース (1) より悪くなりましたが，ケース (2) についても企業間の布置について検討しました．その結果，図 11.7 の大きな特徴は環状形状にありました．すなわち，相関係数を利用したことから指標変量間のパターンに影響を受けていると考えられ，これらの変量の並び替えを行いました．並び変えた指標変量の順は，$x_1, x_4, x_9, x_{10}, x_2,$

248　　　　　第11章　多次元尺度構成法

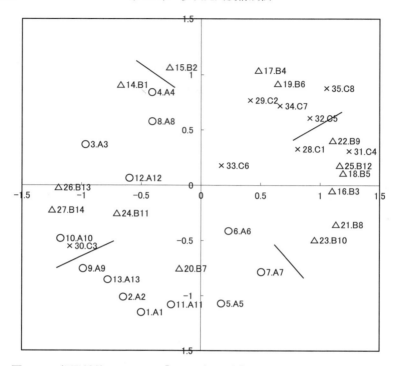

図 11.7　相関係数 MDSCAL $[\delta_{ij} = 2(1 - r_{ij})]$ による各企業の2次元位置

$(x_5, x_7, x_8, x_6, x_3)$ であり，この指標変量の順に，図 11.8 のような企業別パターンが見いだせました．

　パターンの右端の動きが図の位置を決定しているようです．これに関係する変量は，主に，x_5：商品力，x_7：資本蓄積，x_8：資金能力，x_6：経営弾性，x_3：収益力，による5つです．これは，企業全体のバランスの中で，特に"金の取得力"の有無がこのような環状特性を示していると考えられます．8.5 節の事例における表 8.12 と比較すると，主成分分析の第1主成分において大きな因子負荷量を示した指標変量がほぼこれに対応していることがわかります．また，評価点が低くても全体とのバランスの中で，"金の取得力"のパターンが相対的に同一の形であれば同じ群に分類されることも確認できました．

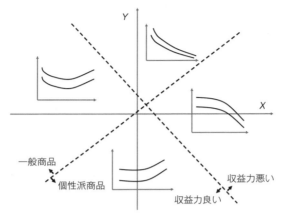

図 11.8　図 11.7 の企業群ごとの企業パターンの動き

11.6　MDS の活用

多次元尺度構成法（MDS）は，心理学での尺度構築，マーケティング分野において商品群と消費者群とのマッチングにおいて，その活用法について研究されています．詳細に解説できませんでしたが，より多くの対象間の類似性を，より少ない次元の図示表現で再現する方法として興味が持たれる手法です．

事例からもわかったように，非類似性のデータの取り方により結果が変わるので，活用の際には非類似性データ（又は類似性データ）を，どのようにするかを固有の見地からよく検討して，どのような多次元尺度を構成するかを吟味する必要があります．

CLUSTER ANALYSIS

第 12 章
クラスター分析

　クラスター（cluster）とは，英語で "房" "集落" "群れ" のことで，似たものがたくさん集まっている様子を表します．したがって，クラスター分析とは，異質のものが混ざっている対象集団から，互いに似た性質を持つものを集め，クラスター（集落）を作る手法です．

　そして，良いクラスターとは，分けた集落に含まれる要素同士は似ていて，その集落の特徴は，他の集落の特徴とは似ていないことです．最初から分類の基準はないので，より良い分類をするための基準作り（クラスター形成法など）を検討することが大切となります．

12.1 クラスター分析とは

クラスター分析（cluster analysis）とは，異質なものが混ざりあっている対象（個体の場合が多いが，変数の場合もある）を，それらの間の類似度に基づいて，似たもの同士を集めて幾つかのクラスター（集落）に分類する方法です．対象を分けるという意味では線形判別分析（第6章）や正準判別分析（第7章）などと似ていますが，次の点が異なります．

判別分析は，肝臓ガン又は肝硬変と診断が確定した疾患者群において種々の検査データが得られているときに，疾患と各種検査データの関係を分析して，新しい患者の検査データから，その患者がどちらの疾患なのかを判別する方法です．これに対して，クラスター分析は，肝臓ガン・肝硬変という疾患の診断結果の外的基準がなく，異質なものが混ざりあっている患者群について検査データだけから似たものを集めて何らかの分類を作る方法です．そして，判別分析では"分類する"という言葉は使いませんし，クラスター分析では"判別する"という言葉は使いません．

クラスター分析の誕生

クラスター分析の歴史的な成り立ちを振り返ると，生物分類学における数量表計学（numerical phenetics）の学派が，分類のツールとして1950年代に開発したものが最初です[1),2),3)]．**数量表計学派**は，数値化された多変量データに基づいて，分類対象間の近さの距離を全体的な類似度として定義付け，類似度の近い対象を集落にまとめていくというクラスター分析の手法を，生物分類体系の構築に向けて発展させました．そして，分類体系と元データとの一致性を示す尺度として，**共表計相関係数**（cophenetic correlation coefficient）を提唱しました．この係数は，与えられた類似度行列とデンドログラムとの適合性を示す尺度であり，与えられた形質情報が，ある分類体系にどの程度適合していくかを表します．

ところが，1970年代から1980年代になると，数量表計学派を批判する**進化分類学派**が台頭するようになり，生物分類学における"分類論争"に1つの決着がつけられます．進化分類学派の系統的な分類体系のほうが，数量表計学派が活用したクラスター分析による共表計相関係数よりも，一般的に適合度が高く安定していることが明らかにされたのです．

12.2 クラスター分析の考え方

すなわち，クラスター分析で出力されるデンドログラムは，分類の類似情報をごく近似的に荒っぽいやり方でしか保存しておらず（分類情報量が少ない），クラスター分析による類似度定義の変更やクラスタリング過程のアルゴリズムの選択により，結果が大きく変わる不安定さがあり，生物分類学には向かないことがわかったのです．すなわち，進化分類学派による系統関係を推定する技法が進歩して，進化分類学により精度の高い系統樹が推定できるようになったのです．

こうして，生物分類学で生まれたクラスター分析は，生物分類学の分野からは撤退しますが，クラスター分析自体の手法は統計的な手法[4]なので，1980年代以降からは，心理学・社会学・認知科学などの分野で幅広く活用され始めます．

クラスター分析は，データ全体をグループ分けし，データの見通しをよくする方法であることから，今日のビッグデータ時代では，マーケティング分野でよく使われていて，この分野では重要な手法としての地位を占めています．情報が氾濫する中，いかに消費者にとって有用な情報を提供するか，いかに施策の便宜性を高めるかが関心事であり，そのための顧客分析には，このクラスター分析は不可欠な手法となっています．顧客を緻密にクラスタリングし，購買を予測し，的確なアクションを打つための手法として盛んに活用されています．

12.2　クラスター分析の考え方

クラスター分析は，**階層的方法**と**非階層的方法**とに分けられます．図 12.1 は階層的方法の考え方を示しています．図 12.1 は，A〜E の対象（個体）において，2 変数の X_1, X_2 の観測データが表(a)のように与えられたときに，この個体をクラスタリングする例です．観測データを通じて個体間の距離を図示すると図(b)のようになります．距離の近い個体から順にクラスタリングしていくと，その併合過程は，図(c)のような**デンドログラム**（dendrogram：**樹形図**）で表せます．このように距離の近い対象同士を順次併合して，逐次クラスターを形成していくのが階層的クラスター分析の考え方です．

一般的に，クラスター分析を始めるに当たっては，次の 4 つの点において，どれを選択するかを決めなければなりません．

第12章　クラスター分析

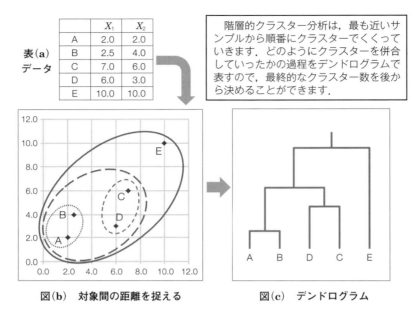

図(b)　対象間の距離を捉える　　　図(c)　デンドログラム

図 **12.1**　階層的クラスター分析の考え方

① **分類の対象を決めます**……n 個の**個体**を分類するのか，p 個の**変数**を分類するのかのいずれかを決めます．

② **分類の方法を決めます**……階層的方法か非階層的方法のいずれを用いるかです．**階層的方法**（hierarchical method）は，最初から集落数を定めずに，目的に応じて大分類から小分類までクラスタリングしていき，その併合過程をデンドログラム（樹形図）による構造で表し，適切な過程点によりクラスター数を決める方法です．

　非階層的方法（non-hierarchical method）は，あらかじめクラスター数を定めておき，各対象から各々の集落の中心との距離を考えたときに，その対象の属している集落の中心との距離が最小になるように分類する方法です．

③ **分類に用いる対象間の距離（類似度）をどのように定義するか**……n 個の個体又は p 個の変数の類似度を表す尺度として，多次元尺度構成法と

12.3　クラスター分析の解法　255

同じように，距離のように値が小さいほど類似度が高いことを表す場合と，相関係数のように値が大きいほど類似度が高い場合とがあります．多次元尺度構成法と同様に，前者を**非類似度**，後者を**類似度**と呼びます．その非類似度としては，**ユークリッド距離**，**ミンコフスキー距離**，**マハラノビス距離**などがあり，類似度としては，**相関係数**，**コサイン係数**などがあります．

④　**クラスターの併合の方法（集落間の距離の測定方法）を選びます**……階層的方法では，**最短距離法**，**最長距離法**，**群平均法**，**ウォード法**などがあります．非階層的方法では，**K-means 法**，**ISODATA 法**，**Jauncey 法**などがあります．

このように，クラスター分析では，併合方法や指定するパラメータの種類が多く，どのアプローチが最も優れているかを決めることが難しいのです．一般的には，階層的方法では，ウォード法が集落間と集落内のバランスが比較的良く，あらかじめクラスター数を決める非階層的方法では，どの手法を用いても用途に応じたバランスが保てますが，K-means 法がよく利用されています．

12.3　クラスター分析の解法

併合方法やパラメータの組合せにより数多くのクラスター分析のアプローチ法があります．理解のしやすさから，階層的方法では最短距離法を中心に，非階層的方法では K-means 法を解説します．

12.3.1　階層的方法の最短距離法(nearest neighbor method)[4] を中心に

階層的なクラスタリングの手順は，一連のデータの分類 P_n, P_{n-1}, $\cdots$, P_1 の過程（プロセス）をたどります．すなわち，1 つの対象しか持たないクラスター n 個からなる P_n のプロセスから始まり，全ての n 個の対象を含む単独のクラスターに至るプロセス P_1 までの過程までをたどります．

一般的な階層的なクラスタリングの過程を構成する手順を示します．

256　　　　　　　第 12 章　クラスター分析

手順 1　1 つの対象だけを持つ n 個のクラスター C_1, C_2, …, C_n から始めます．上記の P_n の過程に当たります．

手順 2　2 つのクラスター間の非類似度（距離）をそれぞれ求めて，最も近いクラスターの組合せを求めます．いま，最も近いクラスターが C_i と C_j とであったとすると，C_j を C_i に併合して C_j を削除し，クラスターの総数を 1 つ減らし，新しいクラスター $C_i(C_i \cup C_j)$ とします．対象を個体として，n 個の個体において p 変数の観測値が得られた場合に，個体 a と b の観測値ベクトル $\boldsymbol{x}_a$, $\boldsymbol{x}_b$ を式(12.1)のようにおきます．

$$\left.\begin{array}{l} \boldsymbol{x}_a = (x_{a1,}\ x_{a2,}\ \cdots,\ x_{ap})^T \\ \boldsymbol{x}_b = (x_{b1,}\ x_{b2,}\ \cdots,\ x_{bp})^T \end{array}\right\} \tag{12.1}$$

すると，手順 2 で求める個体 a と個体 b との非類似度（距離）d_{ab} の代表的な距離尺度には，次の式(12.2)～式(12.4)のような尺度が定義されます．

① **ユークリッド平方距離**（squared Eueclidean distance）

$$d_{ab} = \sum_{l=1}^{p}(x_{al} - x_{bl})^2 \tag{12.2}$$

この非類似度尺度が一番よく用いられます．

② **ミンコフスキー距離**（Minkowsky distance）

$$d_{ab} = \left[\sum_{l=1}^{p}\left|x_{al} - x_{bl}\right|^m\right]^{1/m} \tag{12.3}$$

$m = 2$ とおけばユークリッド距離，$m = 1$ とおけば**市街地距離**（city-block distance）となります．

③ **マハラノビスの距離**（Mahalanobis' distance）

$$d_{ab} = (\boldsymbol{x}_a - \boldsymbol{x}_b)^T \boldsymbol{S}^{-1}(\boldsymbol{x}_a - \boldsymbol{x}_b) \tag{12.4}$$

$\boldsymbol{S}$ は分散共分散行列を表します．

手順 3　次に，新しいクラスター $C_i(C_i \cup C_j)$ とその他のクラスター間の非類似度を求め，手順 2 に戻ります．この手順を繰り返して，P_{n-1} から P_2 までの併合過程をたどります．

12.3 クラスター分析の解法

手順4 クラスターの総数が1になると，全ての過程を終了して P_1 に至ります．

最短距離法は，上記の手順の中でも最も単純なクラスタリング手法で，式(12.5)のように，それぞれのクラスターに含まれる対象の対の中で，最も類似度の高い対の非類似度によって定義されます．

$$d(C_i \cup C_j, C_k) = \min[d(C_i, C_k), d(C_j, C_k)] \tag{12.5}$$

最長距離法（furthest neighbor method）は，最短距離法とは全く逆で，最も類似度の低い対の間の非類似度によって式(12.6)のように定義されます．

$$d(C_i \cup C_j, C_k) = \max[d(C_i, C_k), d(C_j, C_k)] \tag{12.6}$$

群平均法（group average method）は，式(12.7)のように，クラスターに含まれる対象間の類似度の平均的な値によって定義されます．

$$d(C_i \cup C_j, C_k) = \frac{n_i \times d(C_i, C_k) + n_j \times d(C_j, C_k)}{n_i + n_j} \tag{12.7}$$

ウォード法（Ward method）は，非類似度がユークリッド平方距離の $1/2$ 乗で定義され，クラスター内平方和が最小になるように考慮された方法で，式(12.8)のようになります．

$$d(C_i \cup C_j, C_k) = \frac{n_i + n_k}{n_i + n_j + n_k} \times d(C_i, C_k) + \frac{n_j + n_k}{n_i + n_j + n_k} \times d(C_j, C_k)$$

$$- \frac{n_k}{n_i + n_j + n_k} d(C_i, C_j) \tag{12.8}$$

12.3.2　非階層的方法の K-means 法 [5]

非階層的方法は，階層的方法とは違い，対象数が多いデータを分析するのに適しています．ただし，あらかじめ幾つのクラスター数に分類するかは，分析者が決めなければなりません．

非階層的方法の最も代表的な手法は **K-means 法**であり，米国の数理統計学者であるジェームス・マックィーン（James MacQueen, 1929–2014）[5] が提

案した手法です．手法名どおりに，クラスターの**平均**（means）を用いて，あらかじめ決めたクラスター数 k 個に分類するクラスター分析法です．この解法のアルゴリズムは複数開発されていますが，一般的な解法手順を以下に示します．

手順 1　対象を k 個に分類すると決めたのなら，初期値として"核"となる k 個の対象を選びます．

手順 2　全ての対象と k 個の"核"との距離を測ります．

手順 3　各対象を最も近い"核"と同じクラスターに分類します．この時点で全ての対象が k 種類のクラスターに分けられます．

手順 4　k 個のクラスターの重心点を求め，それを新たな"核"とします．最初は重心点の位置は移動します．

手順 5　重心点が大きく移動（変化）すれば，手順 2 に戻ります．そして，重心点があまり移動（変化）しなくなるまで手順 2 から手順 5 までを繰り返します．

手順 6　重心点があまり移動（変化）しなくなれば，最後の k 個のクラスターで終了とします．

K-means 法の短所は，最初に"核"となる k 個の対象の選択の仕方により，最終結果のクラスターが異なってくることです．同じデータを，距離などを同じ条件にして計算しても，初期値が異なるだけで，結果が異なる場合があります．納得のいくクラスター分類の結果を得るためには，初期値を変えて何回か分析を行い，その分析結果から平均クラスター内距離が最小になるものやクラスター内距離平方和が減衰するクラスターを採用するとよいでしょう．

12.4 クラスター分析の数値例

12.4.1 階層的方法の最短距離法 (nearest neighbor method) の数値例

数値例 12-① 5つの対象 A, B, C, D, E において，表 12.1 のような2変数 x_1, x_2 のデータ値が与えられたとき，この5つの対象の非類似度（距離）をベースに，最短距離法でクラスター分析を行ってみましょう．

表 12.1 対象のデータ

対象	x_1	x_2
A	−2	0
B	0	−1
C	1	1
D	1	−1
E	2	2

数値例 12-① 表 12.1 から，各対象の位置を確認するために図 12.2 のような各対象の散布図を求め，各対象間の非類似度としてユークリッド平

対象 A～E の位置

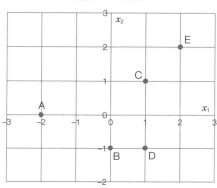

図 12.2 各対象の位置

260　　　　　　　　第 12 章　クラスター分析

方距離を求めます．その結果を表 12.2 に示します．

表 12.2 より最短距離法にて対象をクラスター併合を進めます．

表 12.2　各対象間のユークリッド平方距離

対象	A	B	C	D	E
A	—				
B	5	—			
C	10	5	—		
D	10	1	4	—	
E	20	13	2	10	—

手順 1　各対象間の距離から一番近いものを同じクラスターに併合します．

　表 12.2 より，B と D との距離が 1 で一番近いので同じクラスターに併合します．これより，新たなクラスター $[C^{(1)}]$ を，$C_1^{(1)} = [A]$，$C_2^{(1)} = [B, D]$，$C_3^{(1)} = [C]$，$C_4^{(1)} = [E]$ とします．

手順 2　新たなクラスター $[C^{(1)}]$ に対して距離を求めて，2 番目の新しいクラスター $[C^{(2)}]$ を作ります．

　ここで，$C_1^{(1)} = [A]$ と $C_2^{(1)} = [B, D]$ の距離は，$C_1^{(1)} = [A]$ と最も近い $C_2^{(1)}$ の B との距離とします．同様に，$C_3^{(1)} = [C]$ と $C_2^{(1)} = [B, D]$ との距離は，$C_3^{(1)} = [C]$ と最も近い $C_2^{(1)}$ の D との距離とします．

　このように，他のクラスターとの距離は，同じクラスター内の対象の近いほうの対象との距離を測り，併合していくのが最短距離法の考え方です．

　新たなクラスター $[C^{(1)}]$ 間の距離は，表 12.3 になります．

　表 12.3 より，$C_3^{(1)} = [C]$ と $C_4^{(1)} = [E]$ とを併合して，2 番目の新たな $C_1^{(2)} = [A]$，$C_2^{(2)} = [B, D]$，$C_3^{(2)} = [C, E]$ のクラスター $[C^{(2)}]$ を作成します．

手順 3　手順 2 の 2 番目の新たなクラスター $[C^{(2)}]$ に対して距離を求めて，3 番目の新しいクラスター $[C^{(3)}]$ を作ります．

12.4 クラスター分析の数値例

表 12.3 $[C^{(1)}]$ 間の距離

クラスター	$C_1^{(1)}=[A]$	$C_2^{(1)}=[B, D]$	$C_3^{(1)}=[C]$	$C_4^{(1)}=[E]$
$C_1^{(1)}=[A]$	—			
$C_2^{(1)}=[B, D]$	5	—		
$C_3^{(1)}=[C]$	10	4	—	
$C_4^{(1)}=[E]$	20	10	2	—

最短距離法の考え方で求めた表 12.4 の $[C^{(2)}]$ 間の距離より，$C_2^{(2)}=[B, D]$ と $C_3^{(2)}=[C, E]$ とが併合され，$C_1^{(3)}=[A]$ と $C_2^{(3)}=[B, C, D, E]$ とを作成します．

表 12.4 $[C^{(2)}]$ 間の距離

クラスター	$C_1^{(2)}=[A]$	$C_2^{(2)}=[B, D]$	$C_3^{(2)}=[C, E]$
$C_1^{(2)}=[A]$	—		
$C_2^{(2)}=[B, D]$	5	—	
$C_3^{(2)}=[C, E]$	10	4	—

手順 4 手順 1 から手順 3 までの対象の併合プロセスを樹形図（デンドログラム）によって示すと図 12.3 となります．

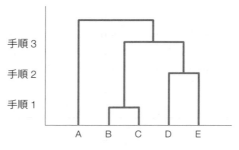

図 12.3 デンドログラム

262   第 12 章　クラスター分析

12.4.2　非階層的方法の K-means 法の数値例

数値例 12-②　QS(株)はレトルトカレーを製造販売しています．今回，
辛口カレーと甘口カレーについて，主婦の購買意欲について調査しまし
た．"よく買う"を +2 点，"買う"を +1 点，"ほとんど買わない"を −
1 点，"まったく買わない"を −2 点として，15 人の主婦から，表 12.5 の
ような回答を得ました．これより K-means 法でクラスター分析を行い，
レトルトカレーの消費状況を考察しましょう．

表 12.5　主婦のレトルトカレーの購買意欲

主婦の特徴	X_1：甘口カレー	X_2：辛口カレー
No.1 シニア	1.0	−1.0
No.2 共働き	1.0	2.0
No.3 シニア	1.0	−2.0
No.4 共働き	1.0	1.0
No.5 共働き	−1.0	1.0
No.6 パート	−1.0	2.0
No.7 ヤングママ	2.0	−1.0
No.8 共働き	2.0	2.0
No.9 ヤングママ	2.0	−2.0
No.10 共働き	2.0	1.0
No.11 パート	−2.0	1.0
No.12 パート	−2.0	2.0
No.13 共働き	1.5	1.5
No.14 パート	−1.5	1.5
No.15 ヤングママ	1.5	−1.5

数値例 12-②

手順 1　12.3.2 項の K-means 法の手順 1 から手順 5 までを繰り返します．
　表 12.5 の観測データより，"核"を $k=1$ から $k=5$ までに及んでク
ラスター分析を行い，クラスター内の距離平方和を求めた推移結果が図

12.4 です．図 12.4 より，"核"としては $k=3$ が適していることがわかります．また，$k=3$ におけるクラスター分類の結果を示したのが，表 12.6 の右側の表です．$k=3$ の"核"としては，初期値に No.13, No.15,

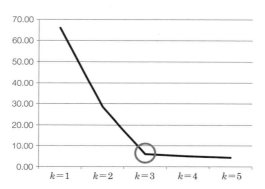

図 12.4 "核"の数によるクラスター内距離平方和の推移

表 12.6 "核"の数を $k=2$ と $k=3$ とした場合の K-means 法のクラスター結果

$k=2$	クラスター C	X_1 甘口	X_2 辛口	X_1^2	X_2^2	$k=3$	クラスター C	X_1 甘口	X_2 辛口	X_1^2	X_2^2
No.2	1	1.0	2.0	1.00	0.25	No.2	3	1.0	2.0	0.25	0.25
No.4	1	1.0	1.0	1.00	0.25	No.4	3	1.0	1.0	0.25	0.25
No.5	1	−1.0	1.0	1.00	0.25	No.8	3	2.0	2.0	0.25	0.25
No.6	1	−1.0	2.0	1.00	0.25	No.10	3	2.0	1.0	0.25	0.25
No.8	1	2.0	2.0	4.00	0.25	No.13	3	1.5	1.5	0.00	0.00
No.10	1	2.0	1.0	4.00	0.25	No.1	2	1.0	−1.0	0.25	0.25
No.11	1	−2.0	1.0	4.00	0.25	No.3	2	1.0	−2.0	0.25	0.25
No.12	1	−2.0	2.0	4.00	0.25	No.7	2	2.0	−1.0	0.25	0.25
No.13	1	1.5	1.5	2.25	0.00	No.9	2	2.0	−2.0	0.25	0.25
No.14	1	−1.5	1.5	2.25	0.00	No.15	2	1.5	−1.5	0.00	0.00
No.1	2	1.0	−1.0	0.25	0.25	No.5	1	−1.0	1.0	0.25	0.25
No.3	2	1.0	−2.0	0.25	0.25	No.6	1	−1.0	2.0	0.25	0.25
No.7	2	2.0	−1.0	0.25	0.25	No.11	1	−2.0	1.0	0.25	0.25
No.9	2	2.0	−2.0	0.25	0.25	No.12	1	−2.0	2.0	0.25	0.25
No.15	2	1.5	−1.5	0.00	0.00	No.14	1	−1.5	1.5	0.00	0.00
	C1 の means	0.0	1.5	25.50	3.00		C1 の means	−1.5	1.5	3.00	3.00
	C2 の means	1.5	−1.5		28.50		C2 の means	1.5	−1.5		6.00
							C3 の means	1.5	1.5		

No.14 を置きました．

手順 2　12.3.2 項の K-means 法の手順 6 に達したことを確認します．

$k = 3$ のクラスター結果は，表 12.6 の右側の表より，クラスター C1 の重心が（−1.5, 1.5）となり No.14 に対応し，クラスター C2 の重心が（1.5, −1.5）となり No.15 に対応し，クラスター C3 の重心が（1.5, 1.5）となり No.13 に対応しています．重心の位置がこれ以上に移動していないことがわかります．また，$k = 3$ のクラスター内距離平方は 6.00 であり，$k = 2$ のクラスター内距離平方 28.50 より大幅にクラスター分類の適合がよくなっています．クラスターの数 k を多くすれば，クラスター内距離平方和は減りますが，因子分析のスクリープロットと同様に，減衰点を見つけることが大切です．

手順 3　最終的にクラスター分けした結果を考察します．

表 12.6 の右側の表から，分類の対象にした消費者を 2 変数に散布してクラスター分けした結果が図 12.5 です．クラスター C1 は，子供も大き

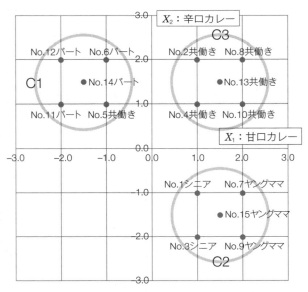

図 12.5　表 12.5 の各消費者とクラスター分析の結果

くなりパートに出られるようになった主婦たちが多いクラスターで，レトルトカレーは甘口より辛口をよく購入しています．クラスター C2 は子供が幼いヤングママらと暮らすシニアたちを併合したクラスターで，レトルトカレーは辛口よりも甘口をよく購入しています．クラスター C3 は，共働きの夫婦で，レトルトカレーは甘口・辛口を問わずによく購入するクラスターとなりました．

12.5 クラスター分析の事例

総務省の"社会生活統計指標—都道府県の指標（2017）"[6] より，47 都道府県別の 1000 所帯当たりの贅沢品（電子レンジ，エアコン，タブレット，ピアノ，自動車，スマートフォン，パソコン）の所有数を表 12.7 のようにまとめました．

この表 12.7 のデータから，解析ソフト StatWorks を用いて，各種のクラスター分析を行いました．図 12.6 に，階層的方法である最短距離法，最長距離法，群平均法，ウォード法の各デンドログラムを示します．なお，デンドログラムの縦軸はクラスター間の距離レベルを表しています．

また，表 12.8 は，これら 4 つの方法の最終クラスター数を全て 5 とした場合の 47 都道府県の分類結果を示しています．図 12.6 と表 12.8 より，最短距離法による分類の特徴は，クラスター数が不等分となり，線状のクラスターを形成する傾向にあります．それに対して，最長距離法は，クラスターが結合されるたびにクラスター間の距離が大きくなり，空間が拡張し，クラスターの分離能力は大きくなっていることがわかります．

最短距離法や最長距離法では，クラスター間の非類似度（距離）は，それらを構成する対象間の非類似度の中で最大又は最小という極端な値により定義されます．これに対してクラスター間の非類似度を，それらに含まれる対象間の類似度の平均的な値で定義したのが群平均法です．したがって，群平均法は，最短距離法と最長距離法の中間的な分類結果を示します．

266 第 12 章 クラスター分析

表 12.7 各都道府県別贅沢品の 1000 所帯当たりの所要台数のデータ (2017) [6]

単位 台

都道府県	電子レンジ	エアコン	タブレット	ピアノ	自動車	スマートフォン	パソコン
北 海 道	1,043	344	217	289	1,325	865	1,233
青 森 県	1,056	1,044	149	215	1,651	848	900
岩 手 県	1,048	1,183	166	299	1,812	909	1,172
宮 城 県	1,012	1,686	200	277	1,625	1,048	1,162
秋 田 県	1,044	1,706	166	282	1,802	921	1,117
山 形 県	1,088	2,471	217	336	2,111	1,061	1,350
福 島 県	1,079	1,717	208	282	1,889	992	1,118
茨 城 県	1,105	2,918	246	363	1,948	1,166	1,314
栃 木 県	1,066	2,975	240	387	1,893	1,041	1,295
群 馬 県	1,061	2,853	273	364	1,903	1,084	1,322
埼 玉 県	1,040	3,073	282	330	1,190	1,178	1,411
千 葉 県	1,040	2,810	285	322	1,188	1,133	1,404
東 京 都	1,015	2,820	386	340	665	1,275	1,570
神奈川県	1,031	2,746	345	321	917	1,175	1,477
新 潟 県	1,054	3,103	220	316	1,875	1,050	1,339
富 山 県	1,046	3,353	257	331	2,057	1,070	1,454
石 川 県	1,050	3,150	258	342	1,860	1,065	1,308
福 井 県	1,093	3,797	333	402	2,101	1,160	1,558
山 梨 県	1,072	2,083	240	446	1,938	1,072	1,245
長 野 県	1,065	1,320	213	425	1,969	989	1,281
岐 阜 県	1,070	2,952	238	360	1,960	1,143	1,357
静 岡 県	1,055	2,790	295	372	1,762	1,070	1,324
愛 知 県	1,040	3,093	304	344	1,568	1,216	1,393
三 重 県	1,064	3,457	268	366	1,790	1,121	1,336
滋 賀 県	1,079	3,523	246	419	1,750	1,281	1,547
京 都 府	1,038	3,251	308	312	1,073	1,208	1,420
大 阪 府	1,033	3,097	295	279	843	1,171	1,354
兵 庫 県	1,036	3,012	274	344	1,144	1,104	1,410
奈 良 県	1,038	3,437	288	385	1,353	1,230	1,441
和歌山県	1,073	3,616	229	365	1,709	1,100	1,215
鳥 取 県	1,062	2,967	245	348	1,954	944	1,313
島 根 県	1,057	3,009	210	296	1,829	826	1,156
岡 山 県	1,067	3,408	267	401	1,831	1,043	1,356
広 島 県	1,065	2,936	248	343	1,497	1,051	1,304
山 口 県	1,060	2,822	198	316	1,632	849	1,131
徳 島 県	1,104	3,849	225	366	1,925	1,052	1,290
香 川 県	1,089	3,802	238	390	1,765	998	1,311
愛 媛 県	1,047	3,013	181	393	1,565	1,046	1,189
高 知 県	1,021	2,615	172	269	1,519	873	997
福 岡 県	1,016	2,786	238	296	1,352	1,052	1,229
佐 賀 県	1,037	3,141	204	329	1,873	1,093	1,199
長 崎 県	1,041	2,662	200	318	1,448	970	1,171
熊 本 県	1,050	2,988	199	326	1,717	1,026	1,089
大 分 県	1,065	2,716	212	298	1,598	892	1,113
宮 崎 県	1,040	2,238	182	260	1,719	969	1,039
鹿児島県	1,051	2,472	188	255	1,645	1,017	1,049
沖 縄 県	1,004	1,963	210	229	1,513	954	850

12.5 クラスター分析の事例　　267

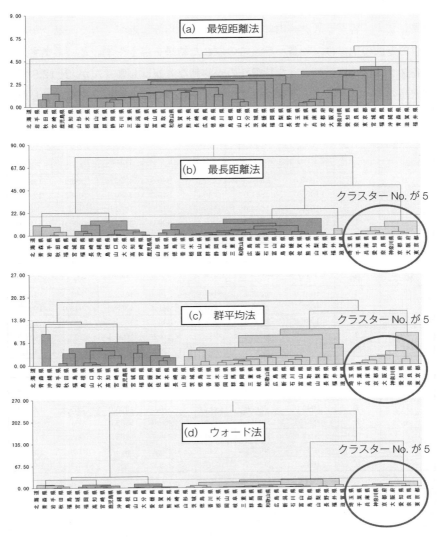

図 12.6 階層的方法の代表的な方法によるデンドログラムの結果

268　　　　　　　　　第 12 章　クラスター分析

　ウォード法は，各クラスター内平方和ができるだけ小さくなるように，クラスターを形成するので，この 4 つの方法においては一番球状のクラスターを形成します．各クラスター内に含まれる個体も均等に近づくので，幾つかある階層的方法の中では，一番バランスの取れた結果を導きやすいといえます．

　各クラスターはどのような特徴なのか詳細な考察はしませんが，表 12.8 で，贅沢品の多いクラスターと少ないクラスターについては網掛けを行いました．

表 12.8　階層的方法の代表的な方法によるクラスター形成の結果

(a)　最短距離法

クラスター No.	サンプル数	電子レンジ	エアコン	タブレット	ピアノ	自動車	スマートフォン	パソコン
1	1	1043.0	344.0	217.0	289.0	1325.0	865.0	1233.0
2	43	1053.0	2801.0	240.9	335.2	1630.3	1056.6	1272.6
3	1	1056.0	1044.0	149.0	215.0	1651.0	848.0	900.0
4	1	1037.0	3141.0	204.0	329.0	1873.0	1093.0	1199.0
5	1	1093.0	3797.0	333.0	402.0	2101.0	1160.0	1558.0

(b)　最長距離法

クラスター No.	サンプル数	電子レンジ	エアコン	タブレット	ピアノ	自動車	スマートフォン	パソコン
1	5	1054.0	1198.8	181.2	273.4	1695.8	907.0	1108.0
2	10	1036.7	2496.9	201.0	281.4	1588.0	945.0	1089.7
3	21	1066.2	3006.9	238.1	365.2	1852.5	1061.2	1294.8
4	2	1086.0	3660.0	289.5	410.5	1925.5	1220.5	1552.5
5	9	1034.6	3037.7	307.4	330.8	1104.6	1187.8	1431.1

(c)　群平均法

クラスター No.	サンプル数	電子レンジ	エアコン	タブレット	ピアノ	自動車	スマートフォン	パソコン
1	1	1043.0	344.0	217.0	289.0	1325.0	865.0	1233.0
2	2	1030.0	1503.5	179.5	222.0	1582.0	901.0	875.0
3	15	1044.5	2450.3	194.9	299.7	1668.3	965.5	1128.7
4	20	1071.4	3066.2	249.8	372.1	1879.9	1078.1	1341.0
5	9	1034.6	3037.7	307.4	330.8	1104.6	1187.8	1431.1

(d)　ウォード法

クラスター No.	サンプル数	電子レンジ	エアコン	タブレット	ピアノ	自動車	スマートフォン	パソコン
1	5	1054.0	1198.8	181.2	273.4	1695.8	907.0	1108.0
2	6	1024.0	2293.3	198.3	264.3	1562.2	985.5	1054.3
3	7	1051.0	2907.3	200.6	325.1	1666.0	957.4	1149.7
4	20	1071.4	3066.2	249.8	372.1	1879.9	1078.1	1341.0
5	9	1034.6	3037.7	307.4	330.8	1104.6	1187.8	1431.1

12.5 クラスター分析の事例 　　　　　269

これにより，東京，大阪，愛知（名古屋），京都，兵庫（神戸），神奈川などの大都会を含む No.5 のクラスターにおいては，タブレット，スマートフォン，パソコンの情報電子機器の所有は多く，逆に交通の便がよいことから自動車の所有数が少ないことがわかります．

　次に，表 12.9 は，分類数を 5 とした場合の非階層的方法である K-means 法による結果です．K-means 法は，個体数が均等に配分されたクラスター形成になります．No.3 のクラスターは東京，大阪，京都などの大都会を含む都道府県が集まっており，情報電子機器は多く所有していますが，交通の便が良いので自動車の所有数は少ないといえます．逆に，富山，福井，それに大都会の近隣にある滋賀，奈良などの県が No.4 のクラスターに集まっており，自動車の所有数が多く，かつ全体的に贅沢品の所有も多いといえます．

表 12.9 分類数を 5 とした場合の非階層的方法—K-means 法の分類結果

K-means 法

クラスターNo.	サンプル数	電子レンジ	エアコン	タブレット	ピアノ	自動車	スマートフォン	パソコン
1	7	1049.6	1285.7	188.4	295.6	1724.7	938.9	1140.4
2	15	1058.6	2980.7	237.3	346.6	1789.1	1044.7	1268.9
3	8	1031.1	2949.4	301.6	318.0	1046.5	1162.0	1409.4
4	9	1072.6	3582.4	261.2	380.6	1809.0	1117.2	1389.8
5	8	1047.8	2402.5	202.6	301.4	1686.4	976.0	1101.8

K-means 法の各クラスターに含まれる都道府県名

クラスター1	岩手県　宮城県　秋田県　青森県　長野県　福島県　北海道
クラスター2	愛知県　愛媛県　茨城県　岐阜県　熊本県　群馬県　広島県　佐賀県　山口県　新潟県静岡県　石川県　鳥取県　島根県　栃木県
クラスター3	京都府　埼玉県　神奈川県　千葉県　大阪府　東京都　福岡県　兵庫県
クラスター4	岡山県　香川県　三重県　滋賀県　徳島県　奈良県　富山県　福井県　和歌山県
クラスター5	沖縄県　宮崎県　高知県　山形県　山梨県　鹿児島県　大分県　長崎県

　各手法の特徴の概要を捉えるために，この事例としました．クラスター分析を行う場合には，観測データに対してどの手法が有効であるかは，観測データに内在するクラスターの特性（形状）に依存します．したがって，読者の方が取り組まれる実際の問題においては，幾つかの手法を適用して，得られた結果を十分検討し目的に沿った結果を選ぶことが大切です．

270   第12章　クラスター分析

12.6　クラスター分析の活用

　クラスター分析は，対象間の距離あるいは類似性の定義から，距離が近い対象（似ている対象）同士を同じグループへと併合しながらグループ形成を進め，最終的には，距離が遠くて併合できない幾つかの異なるグループを形成します．しかし，距離・類似性の定義，併合するためのやり方や基準，逐次対象を併合した履歴をデンドログラムで表す階層的な方法や，あらかじめ分類数を決めてからクラスターを形成する非階層的な方法などがあるように，組合せにより数多くのクラスター形成の方法ができます．したがって，同じ観測データでもクラスター形成法を変えることで結果が異なり，ある意味で恣意的な側面を持ちます．

　形成したクラスターのうち，どれが問題の解決に役立つかは，クラスタリングの目的を明確にして，目的に合った距離の定義，そして目的に合ったクラスターの併合基準を決め，またあらかじめ幾つのクラスター数がよいかも定めて，有効となるクラスター分析を行うことが大切です．

COVERIANCE STRUCTURE ANALYSIS

第 13 章
共分散構造分析

　共分散構造分析は，これまで解説してきた多変量解析の諸法と根本的に考え方が異なります．

　これまでの手法は，探索的なアプローチに重点が置かれ，多数の変数間の複雑な関係を解きほぐすことや，観測データの持つ情報の損失を最小限にして次元縮約を図ることに目的があり，テーマを帰納的に解決する手法でした．

　これに対して，共分散構造分析は，検証的なアプローチであり，事前の仮説や実質科学的理論を出発点として実証検討して，テーマを演繹的に解決する手法です．検証的モデリングである共分散構造分析では，理論によってモデルの配置も因果方向も定めるので，未知である母数だけを，観測変数のデータから推定することになります．

　そして，ほとんどの書籍での共分散構造分析の解説は，分散共分散行列から始まるので，初心者は，この手法を理解しづらかったと思います．そこで，本書では，数値例13–①で，観測変数のデータから共分散構造分析の解法プロセスを示しました．数値例13–①をフォローできれば理解は進むと思います．

13.1 共分散構造分析とは

共分散構造分析（coveriance structure analysis）は，第2世代の多変量解析といわれており，因子分析と多重回帰分析（重回帰分析＋パス解析）とを組み合わせた手法です．観測変数や潜在変数（因子）間に因果の仮説を設定して，観測変数の共分散行列を構造化します．その因果の仮説を，通常は線形な構造方程式で表すので**構造方程式モデリング**（structural equation modeling，**SEM**）とも呼ばれています．

共分散構造分析の特徴は因果分析にあります．すなわち，2つの変数 x, y の相関係数は対称なので因果の向きは定められませんが，x, y のどちらかに直接効果を持たない第3変数 z が観測できれば，双方向に影響を及ぼす関係に対して，それらの影響の大きさを同定することができます．これが因果分析です．

共分散構造分析の神髄は，観測変数間の分析だけでなく，潜在変数間の因果分析ができることです．そのため，潜在変数をよく扱う社会科学の分野では，よく活用されています．しかし，仮説した構造モデルの検定で，仮説が有意差なしとなり，仮説が検証できた事例の報告は極めて少なく，仮説の置き方が非常に重要となります．最初から検証したいモデルを設定することは難しいので，分析者が事前の詳細な調査や観察を実施して，かなり明確な仮説モデルを見つけてから，共分散構造分析を用いる必要があります．

━━━━━ 共分散構造分析の誕生 ━━

共分散構造分析のような検証的なアプローチの考え方は，スウェーデン生まれのカール・グスタフ・ヨレスコグ（Karl Gustav Jöreskog, 1935– ）が，因子分析法に検証的な考え方を取り入れた最尤推定の数値解析法[1] を提案したことから始まりました．

その後，彼は，共分散構造分析の一般化を図る[2] とともに，構造方程式のモデルとして線形モデルを提案して，その解析のための計算ソフト LISREL（LInear Structual RELations）[3] を開発しました．この計算ソフトの開発により，ある現象における仮説した要因の因果構造を検証するために共分散構造分析が広く利用されるようになったのです．

今日では，共分散構造分析の理論やモデル設定の範囲は極めて広くなりました．限られた紙面では説明しきれないので，本書では概説とします．更に詳しく学習したい方は，豊田秀樹，狩野裕，朝野煕彦らの成書[4),5),6),7)]があるので，それらを参考にしてください．

13.2　共分散構造分析の考え方

まず共分散構造分析で用いられる言葉と図の描き方について説明します．その後に共分散構造分析の考え方を解説します．

パス図とは，変数間の相互関係や因果関係を矢線で結び図に表したもので，図13.1(c)のような図です．例えば，学生の学力テストでは，左脳因子f_1と右脳因子f_2との2つの潜在的因子があり，同じ勉強をしても，左脳因子f_1が優れていると数学x_1や理科x_2の成績がよく表れ，右脳因子f_2が優れていると社

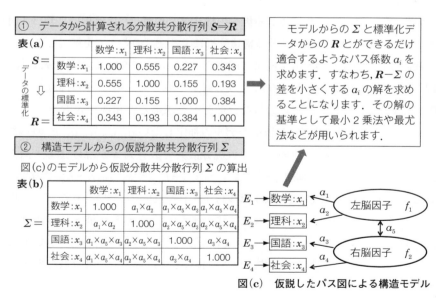

図(c)　仮説したパス図による**構造モデル**

図13.1　共分散構造分析の考え方：パス解析によるパス図を例とした場合

274 第13章 共分散構造分析

会 x_3 や国語 x_4 の成績がよく表れるものとします．また，左脳因子 f_1 と右脳因子 f_2 とはお互いに独立でなく，相互に関係しているものとすると，図 13.1 の図(c)のような構造モデルになります．このとき，因果関係は，原因である左脳因子 f_1 から結果として表れる数学 x_1 や理科 x_2 の成績への片方向向きの矢印"→"で示されます．また，相互に関係する左脳因子 f_1 と右脳因子 f_2 は，双方向の矢印"↔"で示されます．このような矢印をパスといい，その矢印の重みを**パス係数**と呼びます．

　左脳因子 f_1 と右脳因子 f_2 のような直接観測されない因子を**潜在変数**と呼び，潜在変数は楕円又は円で囲んで表します．直接観測される数学 x_1 や理科 x_2 などの成績は**観測変数**（観測データ）と呼び，観測変数は四角で囲みます．観測変数と潜在変数を合わせて**構造変数**といいます．他に，図 13.1 の図(c)で示している E_1〜E_4 の**誤差変数**があり，誤差変数は，分析にかけている部分以外の要因を意味する変数のことであり，因子分析でいえば，誤差として扱われる独自因子に当たります．この誤差変数は四角で囲みません．

　学生の学力テストで仮説される因果の構造モデルが，パス解析によるパス図を図 13.1 の図(c)に示し，共分散構造分析による検証の考え方を解説します．

　観測された各学科のテスト結果（観測データ）から得られる分散共分散は，図 13.1 ①に示す表 a の $S \Rightarrow R$ のように計算されます（各学科の得点を平均 0，分散 1 に標準化し，その分散共分散行列を求めると相関行列 R となります）．一方，仮定した図(c)の構造モデルの推定したい a_1, a_2, a_3, a_4, a_5 のパス係数から，②に示す表(b)のように仮説分散共分散行列 Σ が導けます．例えば，数学 x_1 や理科 x_2 の**構造方程式**は $x_1 = a_1 f_1 + E_1$ と $x_2 = a_2 f_1 + E_2$ であり，x_1 と x_2 の仮説共分散 $\mathrm{Cov}(x_1, x_2)$ は $V(f_1) = 1$ や $\mathrm{Cov}(f_1, E_2) = 0$ などを前提として $\mathrm{Cov}(x_1, x_2) = a_1 \times a_2$ となります．また，数学 x_1 と国語 x_3 の仮説共分散 $\mathrm{Cov}(x_1, x_3)$ は $\mathrm{Cov}(f_1, f_2) = a_5$ や $\mathrm{Cov}(f_1, E_3) = 0$ などを前提として $\mathrm{Cov}(x_1, x_3) = a_1 \times a_5 \times a_3$ となります．以下同様にして，仮説分散共分散行列 Σ を導いたものが表(b)です．

　共分散構造分析は，観測データからの分散共分散行列 S とモデルからの仮

説分散共分散 $\boldsymbol{\Sigma}$ とができるだけ適合するようなパス係数 a_1, a_2, a_3, a_4, a_5 を求め，仮説した構造モデルの分散共分散行列が観測データの分散共分散行列とマッチングしているかを確認します．言い換えると，$\boldsymbol{R}-\boldsymbol{\Sigma}$ の差をできるだけ小さくするようなパス係数を導き，その後に χ^2 検定などの適合度基準により検定し，有意差がなければ，仮説した構造モデルが当てはまっていると判断する考え方です．

パス係数 a_1, a_2, a_3, a_4, a_5 の解を導く解法としては，**最小 2 乗法**や**最尤法**などがあります．導かれたパス係数を用いて，因果関係を線形方程式で示すので，**構造方程式モデリング**とも呼びます．潜在変数が観測変数の原因になったり，潜在変数が別の潜在変数の原因になったり，観測変数が別の観測変数の原因になったりする関係を記述します．構造モデルの中で，一度も他の変数の結果とならない変数，すなわち，外から導入される変数を**外生変数**と呼びますが，この図 13.1 には外生変数はありません．そして，少なくとも一度は他の変数の結果になる変数，すなわち，モデルの内部でその変動が説明される変数を**内生変数**と呼びます．図 c では，数学 x_1 などの各学科の変数は内生変数であり，左脳因子 f_1 と右脳因子 f_2 もお互いに結果となるので内生変数となります．

13.3　共分散構造分析の解法

13.3.1　分散共分散行列の導出

構造モデルに含まれる p 個の観測変数を $\boldsymbol{x}$，q 個の潜在変数を $\boldsymbol{f}$ とおき，仮説する構造モデルを，次のような一般的な式(13.1)とおきます．これは，13.2 節の考え方で示した構造方程式に相当し，潜在変数がない場合は，$\boldsymbol{f}$ に関するパラメータ行列をゼロ行列 $\boldsymbol{O}$ とします．

$$\left[\begin{array}{c} \boldsymbol{f} \\ \boldsymbol{x} \end{array}\right] = \left[\begin{array}{cc} \boldsymbol{A}_{ff} & \boldsymbol{A}_{fx} \\ \boldsymbol{A}_{xf} & \boldsymbol{A}_{xx} \end{array}\right] \left[\begin{array}{c} \boldsymbol{f} \\ \boldsymbol{x} \end{array}\right] + \left[\begin{array}{c} \boldsymbol{e}_f \\ \boldsymbol{e}_x \end{array}\right] \tag{13.1}$$

ここで，$\boldsymbol{e}_f$ は $\boldsymbol{f}$ に関する誤差（残差）変数，$\boldsymbol{e}_x$ は $\boldsymbol{x}$ に関する誤差（残差）変

数です．$A_{\circ\circ}$ を含む行列は，観測変数を x，潜在変数を f に係るパス係数行列であり，総称してパラメータ行列 A と呼びます．行列 A は $p+q$ 次元の行列となります．そして，構造変数ベクトルとして $w=[f\,x]^T$ とおき，式(13.1)の2項目の誤差（残差）変数のベクトルを u とおけば，式(13.1)は式(13.2)のように表せます．

$$w = Aw + u \tag{13.2}$$

共分散構造分析における構造モデルには観測変数 x や潜在変数 f を含んでおり，得られた全ての観測変数のデータの行列 X に，この式(13.2)ができるだけ近付くようなパラメータ行列 A を求めることが共分散構造解析の目的となります．

そして，パラメータ行列 A を用いて仮説した構造変数モデル w が観測変数のデータ X とマッチングしているのかを検証するのに，次のような展開を行います．

最初に w の仮説分散共分散行列 Σ を確率変数の期待値 E で書き直すと，

$$\Sigma = E[ww^T] = E\left[\begin{bmatrix} f \\ x \end{bmatrix}\begin{bmatrix} f^T x^T \end{bmatrix}\right] = E\begin{bmatrix} ff^T & fx^T \\ xf^T & xx^T \end{bmatrix} = \begin{bmatrix} \Sigma_{ff} & \Sigma_{fx} \\ \Sigma_{xf} & \Sigma_{xx} \end{bmatrix} \tag{13.3}$$

となります．観測変数 x と潜在変数 f の分散共分散行列で Σ が表されます．次に，式(13.2)より $w=(I-A)^{-1}u$ と変形できるので，u の分布を用いて，再び w の仮説分散共分散行列 Σ を求めると式(13.4)になります．

$$\begin{aligned} \Sigma = E[ww^T] &= (I-A)^{-1}E[uu^T][(I-A)^{-1}]^T \\ &= (I-A)^{-1}\Sigma_{uu}[(I-A)^{-1}]^T \end{aligned} \tag{13.4}$$

ここで，$E[uu^T]=\Sigma_{uu}$ であり，式(13.4)は w の仮説分散共分散行列 Σ のパラメータによる表現となります．しかし，Σ 自体がどのようになっているのかが複雑で想像できません．そこで，共分散構造分析では，行列 Σ から観測変数の部分行列だけを切り抜くために M という**フィルター行列**を作り，この M を Σ の左右に掛けるという裏技を使います．フィルター行列 M は，$p+q$ 個の構造変数から p 個の観測変数だけを切り抜くための手品（マジック，

13.3　共分散構造分析の解法　　　277

magic）のような行列です．しかし，実際には単純で，M は p 行 $p+q$ 列で，まず p 行 q 列のゼロ行列を O，その右に p 次の単位行列 I_p を配した式（13.5）のような行列となります．

$$M = [O \quad I_p] \tag{13.5}$$

式（13.4）の左に M を，右には転置 M^T を掛けると，式（13.6）となります．

$$\Sigma_{xx} = M\Sigma M^T = M(I-A)^{-1}\Sigma_{uu}[(I-A)^{-1}]^T M^T \tag{13.6}$$

式（13.6）と式（13.3）を比べてみます．式（13.3）の右下の部分行列が Σ_{xx} であって，その部分行列を選択した式が式（13.6）です．

Σ_{xx} に実際に対応するものが，観測変数のデータから計算された分散共分散行列 S です．個体（サンプル）の数を n，観測変数の数を p，平均偏差化したデータ行列を X（p 行 n 列）とすると，分散共分散の計算式は式（13.7）となり，⇒ で示すように S は p 次の対称行列である相関行列 R となります．

$$S = \frac{1}{n}XX^T \quad \Rightarrow \quad R \tag{13.7}$$

共分散構造分析では，仮説分散共分散行列 Σ から Σ_{xx} を Σ の代表として選び，$\Sigma_{xx} = \Sigma$（以下，Σ_{xx} を Σ という）とします．仮説が正しいなら，観測変数のデータを標準化した分散共分散行列 R と Σ とは似ていて差がありません．もし似ていることが観測変数のデータで確認できれば，仮説したパス図が正しいことが検証できます．ところが，Σ は未知のパラメータ a によって定まる行列関数 $\Sigma(a)$ となるので，数値で計算される行列 R とは直接には比較できません．わかりやすくいえば，共分散構造分析は，R に近くなる（マッチングする）ように，パラメータベクトル a の値を決めると考えればよく，このパラメータベクトル a の解を導く基準に，既述の最小2乗法や最尤法が用いられるのです．

導かれたパラメータベクトル a の値から計算する Σ と，データからの R とのマッチングを示す適合度について，その代表的な指標（検証方法）としては，まず χ^2 検定法になります．最尤法で導いた結果で，χ^2 検定に用いられる適合度関数 F_{ML} を示すと，式（13.8）のようになります．

278 　　　　　　第 13 章　共分散構造分析

$$F_{ML} = \mathrm{tr}(\boldsymbol{\Sigma}^{-1}S) - \ln|\boldsymbol{\Sigma}^{-1}S| - p \qquad (13.8)$$

ここでの $\boldsymbol{\Sigma}$ は仮説分散共分散行列であり，$\boldsymbol{R}$ は相関行列です．p は観測変数の数です．tr は**トレース**（trace）といい，行列の対角成分の和を求める記号です．ln は自然対数を底とする対数関数です．この $(n-1)F_{ML}$ が式(13.9)に従うことがわかっており，これにより χ^2 検定ができます．

$(n-1)F_{ML}$ は，自由度 $\dfrac{1}{2}p(p+1)-t$　（t：求めるパラメータ $\boldsymbol{a}$ の数）

の χ^2 分布に従う． $\qquad\qquad\qquad\qquad\qquad\qquad$ (13.9)

　式(13.9)の自由度の式からわかるように，共分散構造分析では，仮説した求めたいパラメータ $\boldsymbol{a}$ の数が $\dfrac{1}{2}p(p+1)$ より大きいと，仮説した構造モデルのパラメータが確定できない（識別できない）状態になります．したがって，構造モデルで仮説するパラメータの数と配置については，計算の面からも十分吟味しておく必要があります．

13.3.2　代表的な適合度指標

　χ^2 検定以外のその他の適合度指標について，表 13.1 のように，朝野らの著書[7] を参考に，各適合度指標がどのような意味を持っているのかをまとめました．その他にも適合度指標は多くあり，50 以上を数えるようですが，よく用いられているのは表 13.1 の 12 指標といえます．

13.3.3　共分散構造分析の手順

　本節の最後に，共分散構造分析を進める手順を以下のようにまとめます．

手順 1　検証したい仮説に従って構造モデルをパス図で表現します．すなわち構成概念を描きます．

手順 2　構成概念を測定する観測変数を選びます．

手順 3　観測変数のデータを収集するための調査計画を立案して，精査を実施します．

13.3 共分散構造分析の解法 279

表 13.1 代表的な適合度指標

指　標	概　要	指標の範囲	判断基準
χ^2 検定	帰無仮説 "仮説したモデルは真のモデルに適合する" について検定します. 帰無仮説が採択されることが目的なので, χ^2 値は小さく, P 値は大きいのが望ましいです.	$\chi^2 \geqq 0$	n 数によるが, P 値が 0.2 以上なら○
NFI	観測変数間に相関がないことを仮定した独立モデルを 0, 飽和モデルを 1 としたときの相対的な仮説モデルと観測データとの位置関係を示します.	$0 \leqq \mathrm{NFI} \leqq 1$	0.90 以上○
NNFI	NFI と同じ意味を持ち, 仮説したモデルを自由度で調整した値になります.	$0 \leqq \mathrm{NNFI} \leqq 1$	0.90 以上○
CFI	計算式が異なるが, 基本的には NFI と同じ. 独立モデルを 0, 飽和モデルを 1 としたときの相対的なモデルとデータとの位置関係を示します.	$0 \leqq \mathrm{CFI} \leqq 1$	0.90 以上○
IFI	計算式が異なるが, 基本的には NFI と同じ. 独立モデルを 0, 飽和モデルを 1 としたときの相対的なモデルとデータとの位置関係を示します.	$0 \leqq \mathrm{IFI} \leqq 1$	0.90 以上○
GFI	モデルが, データの持つ分散共分散をどの程度説明できているかの指標. 重相関係数に相当します. したがって, 母数の数が多くなると GFI 値も高くなります.	$\mathrm{GFI} \leqq 1$	0.90 以上○
AGFI	GFI の欠点, すなわち, 母数の数が多い複雑なモデルに対して, 母数の数に応じてペナルティを加えた指標. 自由度調整済みの重相関係数に相当します.	$\mathrm{AGFI} \leqq \mathrm{GFI}$	0.90 以上○
RMR	データとモデルの分散, 共分散の残差平方の平均の平方根, すなわち, 残差のことを示します.	$0 \leqq \mathrm{RMR}$	0.10 未満○
SRMR	分散の大きさに依存する RMS を相関係数の形に置き換えた指標です.	$0 \leqq \mathrm{SRMR}$	0.10 未満○
RMSEA	解析したモデルの分布と真の分布との乖離を, 1 つの自由度当たりの量として表現した指標です.	$0 \leqq \mathrm{RMSEA}$	0.10 未満○
AIC	2 つ以上のモデルを比較するときに用いる指標. 値が小さいほど良いモデルを意味します.	制限なし	
CAIC	n が少ない場合の不偏推定量として AIC を修正したもの. 同じく, 小さい値ほど良いモデルを意味します.	制限なし	

備考　○印は適合判断の基準として筆者が置いた基準.

280   第 13 章　共分散構造分析

手順 4　収集した観測変数のデータに対して仮説構造モデルを適用して，パ
　　　ラメータを推定します．

手順 5　推定した結果（仮定モデル）と観測変数のデータとの適合性を検討
　　　します．各種の適合度指標を比較検討して仮説（仮定モデル）が成り立つ
　　　かを検証します．

手順 6　検証結果によっては，仮説した構造モデルを修正して適合度を向上
　　　させます．しかし，当初の仮説を大きく変更することは避けます．大きな
　　　変更が必要な場合は "仮説は観測変数のデータによって実証できなかっ
　　　た" ということになります．

13.4　共分散構造分析の数値例

> **数値例 13-①**　学業成績における検証したい仮説の構造モデルを図 13.2
> (c)のように設定します．この構造モデルを裏付けるために図 13.2 の表
> (a)のような観測変数のデータを得ました．共分散構造分析により，観測
> 変数のデータから仮説の構造モデルが成り立つかを検証してみましょう．

　数値例 13-①の仮説構造モデルは，図 13.2(c)です．その内容は，"学業に
おいて同じだけ勉強した場合，本人の左脳因子が優れていると数学や理科のテ
ストの得点が高くなり，右脳因子が優れていると国語，社会のテストの得点が
高くなる．また左脳因子と右脳因子とはお互いに独立ではなく，相互に関係が
ある" という構造モデル（図 13.1 で示した構造モデルと同じ）とします．こ
の仮説構造モデルが成り立つかを，ある高校の 35 人クラスでテストを実施し
て得た観測データが，図 13.2 の表(a)で，数学：x_1，理科：x_2，国語：x_3，社
会：x_4 のテストの結果です．

13.4 共分散構造分析の数値例

表(a) 各学科の成績結果
　　　　　—観測変数のデータ

No.	数学:x_1	理科:x_2	国語:x_3	社会:x_4
1	20	48	68	40
2	42	58	44	25
3	73	70	18	30
4	38	70	58	95
5	62	56	38	44
6	35	47	48	55
7	44	48	59	90
8	42	20	52	30
9	70	75	47	40
10	52	35	50	65
11	90	90	76	90
12	55	78	50	35
13	38	50	82	40
14	45	75	40	70
15	65	70	47	55
16	90	68	36	69
17	70	35	30	70
18	25	35	57	40
19	35	24	50	68
20	31	55	51	53
21	76	56	79	93
22	76	75	90	80
23	84	55	84	70
24	80	85	56	68
25	84	81	65	49
26	74	85	55	65
27	82	40	90	84
28	84	87	81	70
29	76	68	68	75
30	68	80	74	60
31	66	75	73	42
32	60	73	70	85
33	66	85	60	85
34	65	65	73	58
35	62	60	61	40

表(b) 観測変数のデータを標準化した
　　　　分散共分散行列 R

	数学:x_1	理科:x_2	国語:x_3	社会:x_4
数学:x_1	1.000			
理科:x_2	0.555	1.000		
国語:x_3	0.227	0.155	1.000	
社会:x_4	0.343	0.193	0.384	1.000

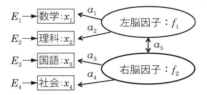

図(c) 学業成績における仮説した構造モデル

図 13.2 数値例 13-①の仮説構造モデルと観測変数のデータ

数値例 13-①

手順 1 構造モデルから推定するパラメータ a を決めます.

図 13.2 の表(a)の観測データに対して,図(c)の仮説構造モデルを適用して,構造モデルのパラメータ $a = (a_1, a_2, a_3, a_4, a_5)^T$ を推定します.

手順 2 式(13.3)の Σ_{xx} を求めます.

表(a)の観測変数のデータを標準化してから求めた分散共分散行列 S は,式(13.7)のように相関行列 R となります.その相関係数 R の結果を示したのが図 13.2 の表(b)です.式(13.3)の Σ_{xx} は式(13.6)と式(13.7)より,$\Sigma_{xx} = S = R$ となります.仮説分散共分散行列 Σ の各成分を左側に,

観測変数のデータを標準化して得た分散共分散行列 S の各成分を右側に対応させると，式(13.10)のようになります．

$$
\left.
\begin{aligned}
&a_1 \times a_2 = 0.555 \\
&a_1 \times a_5 \times a_3 = 0.227 \qquad a_2 \times a_5 \times a_3 = 0.155 \\
&a_1 \times a_5 \times a_4 = 0.343 \qquad a_2 \times a_5 \times a_4 = 0.193 \\
&a_3 \times a_4 = 0.384
\end{aligned}
\right\}
\tag{13.10}
$$

手順3 $S - \Sigma$ が最も小さくなるパラメータ a を求めます．

S と仮説分散共分散 Σ の差 $S - \Sigma$ が，最も小さくなるパラメータ $a = (a_1, a_2, a_3, a_4, a_5)^T$ を求めます．それには，因子分析で示した $S - \Sigma$ の各成分の平方和である式(13.11)の Q が最小になるパラメータ a を求めることになります．

$$
\begin{aligned}
Q = 2 \times [\,&(1-1)^2 + (a_1 a_2 - 0.555)^2 + (1-1)^2 + (a_1 a_5 a_3 - 0.227)^2 \\
&+ (a_2 a_5 a_3 - 0.155)^2 + (1-1)^2 + (a_1 a_5 a_4 - 0.343)^2 \\
&+ (a_2 a_5 a_4 - 0.193)^2 + (a_3 a_4 - 0.384)^2 + (1-1)^2\,]
\end{aligned}
\tag{13.11}
$$

ところが，推定したいパラメータの方程式(13.11)は不定になるので，結局，全ての条件に一番よく当てはまる近似解を導くことになります．そこで，$a = (a_1, a_2, a_3, a_4, a_5)^T$ を求めるためにパソコンの力を借りることにします．

手順4 実際にパラメータ a を計算するのにソルバーを利用します．

図13.3 は，ソルバーを用いて数値例 12–①のパラメータ $a = (a_1, a_2, a_3, a_4, a_5)^T$ の各値を求める手順と結果を示しています．最小2乗法で求めましたが，最尤法の結果はほとんど変わらなかったので，以降，最尤法の解とします．

これより，図13.2 の構造モデルの各パラメータの推定値は，$a_1 = 0.961$，$a_2 = 0.577$，$a_3 = 0.517$，$a_4 = 0.741$，$a_5 = 0.474$ となりました．また，誤差変数の分散は，因子分析で説明したように，重回帰分析における決定係数の関係から，一般のパラメータを a とおくと，式(13.12)が求められます．

$$
誤差変数の分散 = V(E) = 1 - a^2
\tag{13.12}
$$

式(13.12)より，$V(E_1) = 1 - 0.961^2 = 0.076$ となり，$E_1 \to \sqrt{0.076} = 0.275$，同様に $E_2 \to 0.816$，$E_3 \to 0.855$，$E_4 \to 0.671$ となります．

手順5 構造モデルが成り立つか検証します．

仮説構造モデルが観測変数のデータから成り立つといえるかを検証します．最尤法の χ^2 検定法の式(13.8)及び式(13.9)を用います．その結果を図13.4に示します．式(13.8)の F_{ML} 値を Excel を用いて求めると，$F_{ML} = 0.0026$ となります．式(13.9)より χ^2 検定を行うと，式(13.12)となり，帰無仮説 $H_0: S = \Sigma$ は棄却できません．したがって，この仮説した構造モデルは，観測変数のデータから成り立たないとはいえない（成り立つ）ことになります．

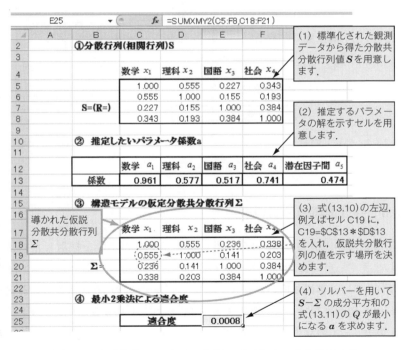

図13.3 EXCELのソルバーを用いてパラメータを推定する
（ソルバーのダイアログボックスは省略）

$$(35-1)F_{ML} = 34 \times 0.0026 = 0.0884$$

$$< \chi_{0.05}^2 \left[\frac{1}{2} \times (4 \times 5) - 5 \right] = \chi_{0.05}^2(5) = 11.07 \quad (13.12)$$

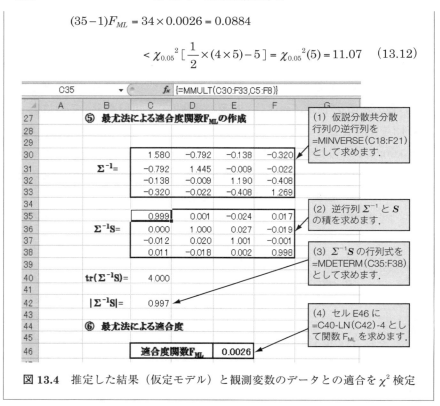

図 13.4 推定した結果（仮定モデル）と観測変数のデータとの適合を χ^2 検定

13.5 共分散構造分析の事例[9)]

事例として，筆者らが 2013 年に共分散構造分析の特徴を検討した結果を紹介します[9)]．用いた観測変数のデータは，主成分分析（第 8 章）や因子分析（第 10 章）の事例で用いた婦人アパレル企業 35 社の 10 観測変数の評価データです．観測変数は，x_1：企業スケール，x_2：売上高成長率，x_3：収益力，x_4：販売力，x_5：商品力，x_6：企業弾性，x_7：資本蓄積，x_8：資金能力，x_9：仕入・生産力，x_{10}：組織管理の 10 です．

共分散構造分析は，分散共分散行列 S 又は相関行列 R から分析できるの

で, 10 の観測変数間の $n=35$ における相関係数行列を表 13.2 に再掲します. 本来は, 婦人アパレル企業の企業力構造モデルは, 綿密な調査や過去の知見から仮説すべきですが, 既に, 因子分析により, このデータからの構造モデルが設定できているので, それを用いることにします.

表 13.2 婦人アパレル企業 35 社における 10 観測変数間の相関係数行列

	x_1：企業スケール	x_2：売上高成長率	x_3：収益力	x_4：販売力	x_5：商品力	x_6：企業弾性	x_7：資本蓄積	x_8：資金能力	x_9：仕入・生産力	x_{10}：組織管理
x_1：企業スケール	1.000									
x_2：売上高成長率	0.313	1.000								
x_3：収益力	−0.151	0.401	1.000							
x_4：販売力	0.748	0.819	0.229	1.000						
x_5：商品力	0.308	0.690	0.749	0.679	1.000					
x_6：企業弾性	−0.086	0.423	0.926	0.291	0.793	1.000				
x_7：資本蓄積	0.025	0.336	0.838	0.317	0.680	0.825	1.000			
x_8：資金能力	0.073	0.506	0.824	0.428	0.685	0.783	0.843	1.000		
x_9：仕入・生産力	0.220	0.301	0.599	0.374	0.477	0.620	0.750	0.714	1.000	
x_{10}：組織管理	0.181	0.414	0.615	0.448	0.541	0.661	0.737	0.744	0.903	1.000

表 13.2 の相関係数行列から, 観測変数間の偏回帰係数行列を求めた結果が表 13.3 です. この表 13.3 の偏回帰係数行列から, グラフィカルモデリングを用いて観測変数間の因果関係を探索します.

表 13.3 観測変数間の偏回帰係数

	x_1：企業スケール	x_2：売上高成長率	x_3：収益力	x_4：販売力	x_5：商品力	x_6：企業弾性	x_7：資本蓄積	x_8：資金能力	x_9：仕入・生産力	x_{10}：組織管理
x_1：企業スケール	***									
x_2：売上高成長率	−0.733	***								
x_3：収益力	−0.044	0.129	***							
x_4：販売力	0.826	0.847	−0.206	***						
x_5：商品力	0.098	0.035	0.306	0.298	***					
x_6：企業弾性	−0.093	−0.032	0.473	−0.075	0.458	***				
x_7：資本蓄積	−0.196	−0.321	0.181	0.198	0.129	0.076	***			
x_8：資金能力	0.056	0.148	0.389	0.033	−0.170	−0.061	0.352	***		
x_9：仕入・生産力	0.339	0.113	0.105	−0.176	−0.178	0.012	0.276	−0.011	***	
x_{10}：組織管理	−0.285	−0.141	−0.138	0.284	−0.086	0.210	−0.042	0.161	0.756	***

変数間に順序関係がない全ての観測変数におけるフルモデルの無向独立グラフを求めると図 13.5 のようになります. 図 13.5 から, 関連度の大きい観測変数間の群は (x_1：企業スケール, x_2：売上高成長率, x_4：販売力) と, (x_3：収

益力, x_6：企業弾性）及び（x_9：仕入・生産力, x_{10}：組織管理）であることがわかります.

図 13.5 のフルモデルから，偏相関係数の絶対値が 0.2 以下を目安にして，観測変数間の関係を逐次切断していくことにします．ただし，切断すると，元のデータ構造を示す相関係数行列の差が大きくなりすぎれば，変数間の関係を再び接続するということにしました．しかし，偏回帰係数の絶対値 0.2 という基準で削除していくと，フルモデルとの適合確率を示す χ^2 検定の p 値が 0.00 となり，統計的に有意なモデルしか導けませんでした．そこで，適合確率 p 値が 0.70 まで示せるモデルを再度求めることにしました．その結果が，図 13.6 の無向独立グラフです．図 13.6 から，偏相関係数が 0.2 以上の関係があ

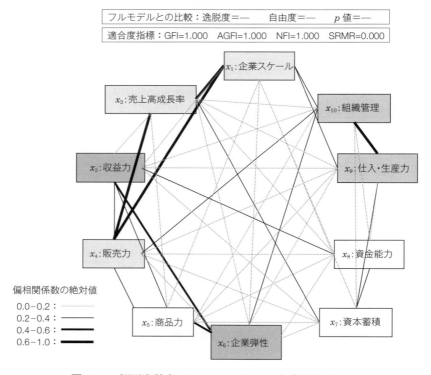

図 13.5 観測変数全てのフルモデルでの無向独立グラフ

13.5 共分散構造分析の事例

る観測変数群がかなり多いことがわかります．大きな群である"のれんの力"を示す（x_1：企業スケール，x_2：売上高成長率，x_4：販売力）は，更に"金を稼ぐ力"を示す（x_5：商品力やx_7：資本蓄積）らと関与しています．また，（x_3：収益力，x_6：企業弾性）も（x_5：商品力やx_7：資本蓄積，それにx_8：資金能力）などと関与しており"金の力"を示す群といえます．また，比較的独立している"企業の仕組み"を示す（x_9：仕入・生産力，x_{10}：組織管理）の群においても，x_7：資本蓄積，x_8：資金能力との関与があるという複雑なモデルになっています．これは主成分分析の表 8.8（p.187）で評点の基準を説明したように，x_4：販売力はx_1：企業スケールの評点とx_2：売上高成長率の評点を平均し，x_5：商品力はx_3：収益力の評点とx_4：販売力の評点を平均しており，

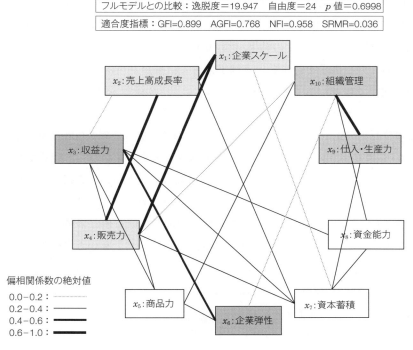

図 13.6 比較的フルモデルとの逸脱度が低いモデルでの無向独立グラフ

x_4：販売力と x_5：商品力は，他の変量との従属関係が強い評価をしているから
です．

　グラフィカルモデリングを用いる際には，目的とする対象モデルについて
は，実験を繰り返して得た結果を，固有の知見から因果関係をしっかりと捉え
ておく必要があります．最初から，多くの観測変数を取り入れて統計的手法
によって整理していくよりも，事前に固有の知見から観測変数間の関係を整理
し，いずれの変数にも相関が見られる変数については，その変数の取捨選択を
行うべきです．

　この事例は，観測変数の取り上げ方の吟味が不足していることは否めません
が，既に因子分析で，企業力を示す構造モデルも得ているので，このまま進め
ました．

　因子分析の事例（10.5 節）では，解析ソフト SPSS における最尤法による
回転なしの因子分析を行い，その後にバリマックス法の直交回転から因子の単
純構造を探りました．その結果，4 つの因子の構造モデルが見つけられました．

　この 4 つの因子を持つという因子分析の結果が妥当かどうかを Bartlett 球
面性検定で確認しました．自由度は 45 で，その近似 χ^2 値は 403.018 で有意
確率 0.000 となりました．Bartlett 球面性検定は，"仮説 H_0：分散共分散行列
は単位行列の定数倍に等しい"を検定しており，有意確率 0.000 は有意水準 α
＝ 0.05 より小さいので，この仮説が棄却されます．すなわち，観測変数間に
0 でない共分散が存在するので，観測変数間は何らかの関連を持つ構造が存在
していることになり，この 4 つの因子構造もその候補となります．

　表 13.4 に，各観測変数が持つ共通性と各因子の固有値と累積寄与率を再度
示しました．共通性は，因子分析でも説明したように，用いた各観測変数と因
子分析で抽出された因子との関連度合いを示しており，表 13.4 からわかるよ
うに，共通性の値が 0 に近い観測変数はなく，いずれも 0.8 以上で，ムダな観
測変数はないといえます．

　表 13.4 から，因子 1 から因子 4 まで累積した寄与度は 93.985％であること
もわかります．表 13.5 は，4 因子までの因子行列表です．左側は因子分析の

13.5 共分散構造分析の事例　　　　　289

事例（10.5節）で示したバリマックス回転した結果であり，右側は今回新し
くプロマックス回転した結果です．バリマックス回転は各因子を直交回転して
因子の解釈をしやすくしたものでした．

　バリマックス回転結果の値から，因子1のf_1は，x_3：収益力，x_5：商品力，
x_6：企業弾性，x_7：資本蓄積，x_8：資金能力との相関が高く"金の力"を示す
軸としました．因子2のf_2は，x_9：仕入・生産力，x_{10}：組織管理との相関が

表13.4　因子分析法の結果，右側の共通性と各因子の固有値と累積寄与率

	共通性	因子抽出後	因子	固有値	累積寄与率(%)
x_1：企業スケール	0.875	0.970	1	6.011	60.113
x_2：売上高成長率	0.893	0.895	2	1.985	79.968
x_3：収益力	0.915	0.942	3	0.946	89.429
x_4：販売力	0.957	0.999	4	0.456	93.985
x_5：商品力	0.889	0.904	5	0.231	96.295
x_6：企業弾性	0.904	0.920	6	0.130	97.597
x_7：資本蓄積	0.843	0.829	7	0.094	98.533
x_8：資金能力	0.824	0.792	8	0.066	99.192
x_9：仕入・生産力	0.865	0.933	9	0.055	99.740
x_{10}：組織管理	0.868	0.901	10	0.026	100.000

表13.5　バリマックス回転の因子行列結果と斜交プロマックス回転の因子行列

	バリマックス回転後				プロマックス斜交回転後			
	f_1	f_2	f_3	f_4	f_1	f_2	f_3	f_4
x_1：企業スケール	−0.096	0.100	0.212	0.952	−0.002	0.178	0.476	0.977
x_2：売上高成長率	0.273	0.134	0.884	0.145	0.504	0.334	0.933	0.426
x_3：収益力	0.892	0.324	0.142	−0.137	0.957	0.621	0.374	−0.067
x_4：販売力	0.160	0.197	0.745	0.615	0.391	0.385	0.935	0.833
x_5：商品力	0.759	0.146	0.478	0.279	0.854	0.487	0.743	0.415
x_6：企業弾性	0.873	0.349	0.174	−0.077	0.954	0.643	0.419	0.002
x_7：資本蓄積	0.723	0.543	0.105	0.025	0.867	0.772	0.378	0.098
x_8：資金能力	0.664	0.526	0.271	0.025	0.848	0.754	0.509	0.150
x_9：仕入・生産力	0.362	0.879	0.059	0.160	0.643	0.962	0.331	0.252
x_{10}：組織管理	0.369	0.841	0.223	0.092	0.675	0.941	0.454	0.236

高く"企業の体制力"を示す軸としました。因子3のf_3は，x_2：売上高成長率，x_4：販売力との相関が高く"のれんの力"を示す軸としました。また因子4のf_4は，x_1：企業スケールとの相関が高く"規模の力"を示す軸としています。しかし，実際には，"金の力"，"企業の体制力"，"のれんの力"，"規模の力"のこれらの因子軸は，互いに関連性があると考えられるので，それらの関連を残した斜交回転のプロマックス回転を行いました。その結果が表 13.5 の右側です。バリマックス結果の値より各因子軸とそれに関連する各観測変数との相関が強くなり，各潜在因子の持つ意味がより明確になっています。

各因子間の相関を求めた因子間相関係数行列が表 13.6 です。表 13.6 から 4 因子間の関係の中で因子 1 と因子 4，因子 2 と因子 4 との相関は低いので，これらの因子間の関係はないものとしました。このような結果から，婦人アパレル企業の企業力の構造モデルを仮説すると図 13.7 のようになります。

表 13.6 各因子間の相関係数行列

因子	f_1	f_2	f_3	f_4
f_1	1.000	0.664	0.510	0.094
f_2	0.664	1.000	0.365	0.218
f_3	0.510	0.365	1.000	0.589
f_4	0.094	0.218	0.589	1.000

図 13.7 の企業力を示す構造モデルが成り立つか共分散構造分析を行いました。用いた解析ソフトは日科技研の SEM です。"仮説構造モデル＝観測変数のデータの分散共分散行列"を帰無仮説とした χ^2 検定の結果が表 13.7 です。

表 13.7 から，χ^2 の p 値は 0.000 と高度に有意です。すなわち，観測変数データの分散共分散行列と仮説構造モデルとは別のものとなります。豊田[5]は，"χ^2 検定については，標本サイズが大きい場合はデータとモデルのわずかな差も検出して有意になりやすい。目安として標本サイズが数百程度以下なら検定結果は無視できないが，1000 以上ないし数千以上の場合は χ^2 検定結果で有意になっても構造モデルを放棄する必要はない"と述べています。しかし，筆者

13.5 共分散構造分析の事例

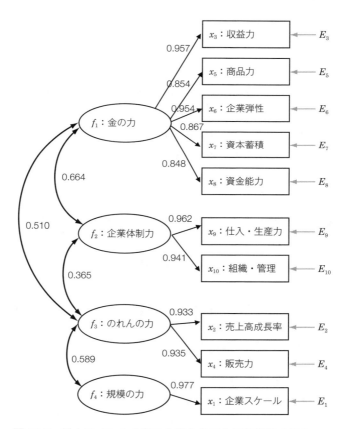

図 13.7 婦人アパレル企業の企業力を示す仮説構造モデル
（数値は因子間や観測変数間の相関係数）

表 13.7 構造モデルの検定結果

	検定統計量	自由度	p 値
INDEPENDENCE MODEL CHI-SQUARE	449.71	45	
MODEL CHI-SQUARE	117.30	31	0.000
MINIMIZED MODEL FUNCTION VALUE	3.45		

が用いた今回の事例は標本数は 35 と少なく，これは当てはまりません．

また，元の母集団（観測データ）が持っている情報と仮説した構造モデルが持つ情報との差が，どれだけあるのかを調べるために GFI と AGFI などを表 13.8 のように求めました．表 13.1 で示した適合度の判断基準を参考に考察すると，GFI，AGFI の値は，％で 0.65，0.37 となり，適合度はよくありません．最も指標としてゆるい飽和モデルとの重相関関係を見ると CFI 及び IFI でも 0.80 程度です．また，AIC 値もよくありません．結局，いずれの指標においても，仮説した構造モデルは，観測変数のデータからは検証できないことになりました．

適合度検定により検証できなかったので，共分散構造分析結果の推定パラメータの値などは省略します．また，推定パラメータ値を参考にして，構造モデ

表 13.8 代表的な適合度指標による結果

	略称	推定値
BENTLER-BONETT NORMED FIT INDEX	NFI	0.74489
BENTLER-BONETT NON-NORMED FIT INDEX	NNFI	0.69791
COMPARATIVE FIT INDEX (CFI)	CFI	0.79189
BOLLEN (IFI) FIT INDEX	IFI	0.79869
LISREL AGFI FIT INDEX	AGFI	0.37291
LISREL GFI FIT INDEX	GFI	0.64655
ROOT MEAN-SQUARE RESIDUAL (RMR)	RMR	0.12819
STANDARDIZED RMR	SRMR	0.12819
ROOT MEAN-SQUARE ERROR OF APPROXIMATION (RMSEA)	RMSEA	0.28615
CONFIDENCE INTERVAL FOR RMSEA (LOWER BOUND)		0.22846
CONFIDENCE INTERVAL FOR RMSEA (UPPER BOUND)		0.33649

赤池の AIC 情報基準

	統計量
INDEPENDENCE AIC	369.71
MODEL AIC	55.304
INDEPENDENCE CAIC	254.72
MODEL CAIC	−23.912

ルの修正を試みましたが、適合度は、χ^2 検定の p 値の 1% までしか改善できなかったので、そのプロセスも省略します [9].

　社会科学や心理学分野での適用例を見ても、標本サイズが 200 しかないのに、GFI が 0.70 以上、あるいは AGFI が 0.60 以上あれば、仮説した構造モデルが、あたかも観測変数のデータに適合しているかのように考察している例が多いです。実際には、構造モデルの仮説設定が成功した事例はほとんどないのではないかと思います。

　共分散構造分析の適用に当たっては、とにもかくにも、事前の調査を充実させて、仮説にふさわしい構造モデルを作ることが極めて重要といえます。

13.6　共分散構造分析の活用

　共分散構造分析の活用には、精緻な調査を進め、過去の知見などで裏付けられる仮説構造モデルを設定することが重要です。また、観測変数の選択では、相関が強い観測変数は、いずれかに絞り込んで数を少なくする必要があります。もし共分散構造分析の検証により構造モデルが得られれば、固有技術により確認検討は欠かせません。最近は、数多くの共分散構造分析の適用例が紹介されています。それらの知見を参考にして、活用検討を重ねることも必要です。

MULTIVARIATE ANALYSIS

第 14 章
多変量解析の最前線

　多変量解析諸法の代表的な手法を解説してきましたが，これらを取り巻く環境は随分と様変わりしました．

　そこで，本書の最終章で，多変量解析の最前線を解説します．

296 第 14 章　多変量解析の最前線

14.1　データ解析の変化

　近年は，データ感知のセンサーなどが小型化し多様性を持ったことで大量の
データがストックできるようになったことや，インターネットをはじめとする
通信機能を含めたコンピュータ周辺機能のハード・ソフトの開発が進展したこ
とにより，データ解析の方法が大きく変わってきました．従来の少数の標本に
よる推測を中心とした解析から，インターネットなどを利用して大量のデータ
（ビッグデータ）を集め，そこから有益な情報を探索する解析へと変わってき
ています．そして，パターン認識や**機械学習**（machine learning）が注目さ
れ，2006 年に出版された "Pattern Recognition and Machine Learning" [C.
M. Bishop [1),2)]] では，ニューラルネットワークや，多変量解析モデルである
回帰モデル（最小 2 乗法），線形判別関数，主成分分析，クラスタリングなど
が掲載されています（機械学習は，計算機科学・計算アルゴリズムの発展から
派生してきています）．

　これまでの統計的データ解析は，R.A. Fisher（1890–1962）らが築いた，
事後確率（実際に生じた事象の確率）を中心にした確率論をベースに，デー
タを確率分布として扱う検定・推定・検証・予測型が中心でした．多変量解析
も，この流れにありますが，既に解説したように，多変量解析には情報を要約
したり，次元の縮約により，目的に対する要因パターンを探索できる最適な手
法が多く，大量のデータから有益な情報を発掘する**データマイニング**に適して
います．

　そして，最近のコンピュータ機能のめざましい発展により，膨大な計算も
可能となり，数学的にも高度な，多くの仮説を比較検討できるデータ解析も
可能となってきました．この仮説の比較検討に関連するのが，**ベイズ統計学**
（Bayesian statistics） [3)] です．ベイズ統計学は，フィッシャー流の現在の統計
学とは大きく異なる点があります．

　詳しく学習したい方は成書 [3)] に譲るとして，その異なる点を簡単に紹介す
ると，フィッシャー流の統計学は，確率分布の "母数" を定数として扱い，そ

の定数で規定された確率分布から，データの生起確率を計算し，定めた母数の妥当性を有意水準 α の基準から "妥当である"，"妥当とはいえない" の "1" "0" のいずれかで判定します．

一方，ベイズ統計学は，母数自体を確率変数として扱い，母数の確からしさを "0〜1" の範囲の確率によって判断します．ベイズ統計学は，Thomas Bayes（1702–1761）の遺稿論文 "An Essay Toward Solving a Problem in the Doctrine of Chances"（1763）（この論文の印刷版はダウンロード可能）[4] に示された確率論の考え方（philosophy）を，Pierre-Simon Laplace（1749–1827）が "ベイズ定理" として定式化し，その後に "ベイズ理論" として体系化しました．先に述べたようにコンピュータの発展により，いろいろな仮説シミュレーション計算ができるようになり，様々な分野で，"ベイズ理論" が見直されてきています．機械学習による確率の考え方にもこのベイズ統計学が応用されています．

本書は，あくまでも多変量解析をフィッシャー流の統計学の延長線上で解説していますが，このようにデータ解析を取り巻く環境の変化を考えると，"データマイニング" や "機械学習" にも少し触れておいたほうがよさそうです．最終章で，"データマイニング" と "機械学習" の入口を解説します．

14.2　データマイニング

14.2.1　データマイニングとは

データマイニング（data mining）とは，膨大なデータ（data）の中から目的に対して有益な情報を発掘（mining）する技術の総称です．狭義には，取り扱うデータが数値データの場合にデータマイニングと呼び，言語データを扱う場合には**テキストマイニング**，図形データを扱う場合には**グラフマイニング**と呼んでいますが，一般的に広義には，様々な情報源から得られる全てのデータを対象にして，有益な情報を取り出すことをデータマイニングとしています．

データマイニングのイメージを図 14.1 に示します．データは数値，言語，

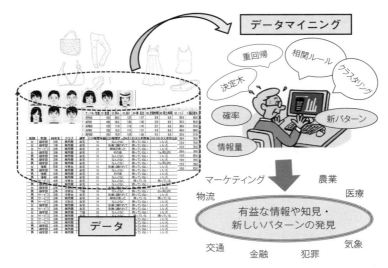

図 14.1 データマイニングのイメージ図

図などあらゆる形で集められます．現場を熟知した経験豊富な人なら，そのデータから，必ず有益な情報や知見を発見します．このように，データマイニングとは，経験豊富な人が行う作業をコンピュータで自動化する技術のことなのです．

　集めたデータを有効活用するためには，データをまずクレンジング（必要なデータの選択と，分析に適応できるように加工整理）して，適切な手法（基礎統計学，多変量解析，機械学習など）による分析を行います．そして，（確率的に）情報量の多い役立つ知見を抽出するとともに，今までなかった新しいパターンなどの発見に努めます．

―――――――――――――――――――― データマイニングの由来 ――

　"データマイニング" という言葉の由来[5]は，1989 年に "人工知能に関する国際合同会議 89"（International Joint Conference on Artificial Intelligence）が米国のデトロイトで開催されたときに，ワークショップ名に "knowledge Discovery in Database" という名称が使われました．その後，この名称を使った研究が大幅に加速して増え，1995 年のこのモントリオール国

際会議において，専門用語として公認されました．そして，1996年に，この言葉と結び付けた"data mining"が定義されました．

いまや，数多くの研究論文の中で"data mining"が使われています．すなわち，data mining＝knowledge discovery in database と世界的に認知されています．ちなみに，"big data"という言葉は，2010年にイギリスの"The Economist"誌が初めて使いました．

14.2.2 データマイニングの手法

データマイニングには，基礎統計学，多変量解析，機械学習などのあらゆる手法が適用されます．特に，近年では，機械学習（アルゴリズム）の適用が増えています．この機械学習については後に触れるとし，本項では，これまでの章で解説しなかった代表的な手法を紹介します．

（1）　マーケットバスケットアナリシス

マーケットバスケットアナリシス（market basket analysis）[6],[7] は，特定の顧客が買う商品間同士の関連を測ることをいい，顧客が食料品店でショッピングカートに一緒に入れた商品群のことを意味します．そのことからマーケットバスケットアナリシスと呼んでいます．例えば，書籍Aを買った人は後に書籍Bを買うことが多いとか，紙おむつを買う人は缶ビールケースを買うことが多いなどです．

関連の度合いを測る尺度には，**相関ルール** [6],[7] を用います．相関ルールは，全データを取り扱うモデルの概念ではなく，データセットの部分集合，例えば，変数の部分集合，サンプルの部分集合に注目します．その部分集合の頻出集合を見いだす計算アルゴリズムにはアプリオリ法 [6],[7] というのがあります．

図14.2は，そのマーケットバスケットアナリシスのイメージを示しています．図の左側にある数字を商品とし，A〜Fの顧客が商品である数字の品物を購買したとします．そのとき，例えば顧客の半分以上が同時に買った商品を考えます．トランザクションとは同時に購入した商品数を示し，トランザクション1は半分以上の顧客が買った1つの商品群で，該当商品は 1, 2, 7, 9 です．

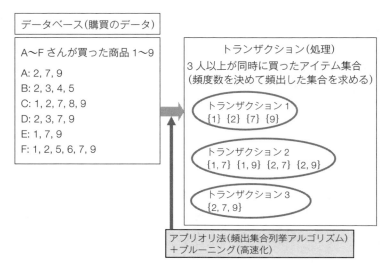

図 14.2 マーケットバスケットアナリシスのイメージ図

トランザクション 2 は，半分以上の顧客が 2 つ同時に買った商品群で，{1, 7}，{1, 9}，{2, 7}，{2, 9} の商品の組合せが該当します．半分以上の顧客が 3 つを同時に買った場合は，トランザクション 3 で，該当する商品群の組合せは {2, 7, 9} です．

このように多くの顧客が同時に購入する商品群を探り，スーパーやコンビニでは，これらの商品を近くに並べて陳列し，欠品のないように仕入れて販売します．以前，米国で，紙おむつと缶ビールケースとが同時に売れるとし，その品揃えをすれば売上増になったと伝えられていましたが，真実ではなく，この手法のわかりやすい例としてのたとえ話だったようです．

(2) 決定木分析

決定木分析（tree analysis）[8] とは，ある特定商品を購入した確率の高い消費者属性の親ノードから子ノードへたどり，その属性条件を調べていくことにより，最終的に購入クラスの集団は，どのような属性なのかを決定する決定ルールの手法です．

ノードとは属性条件によって指定された節（属性）のことを指します．一度決定木が生成されると，新しい顧客に対してもこの木を用いて類似製品の購入可能性を予測することができます．図14.3は決定木分析のイメージを示しています．カード会社の大量の消費者顧客データベースから，そのカードで自社品を購入した顧客の属性条件を判定し決定するために，収入という親ノードの属性から，年齢や職業の子ノードの属性へと分岐し，自社品の購入の比率の高い属性の組合せを探索します．さらに，非購入者でも，孫ノードの属性を検討して，確率の分母に当たる対象顧客数が減っても，再び自社品の購入比率が高くなるような分子の属性を見いだしていくのに用います．

近年では，このようなデータマイニングに適用されるマーケットバスケットアナリシス，それに決定木なども多変量解析に含まれるようになっています．

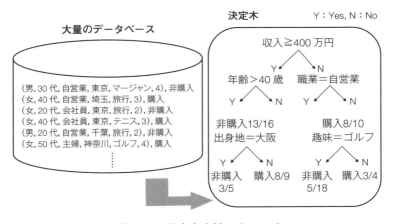

図 14.3　決定木分析のイメージ

14.3　機 械 学 習

機械学習[9),10)]とは，人工知能の開発研究とともに生まれてきた手法・アルゴリズムで，人間が自然に行っている学習能力と同様の機能をコンピュータ（機械）で実現させるためのアルゴリズムです．特に，大量のデータの中

302　　　　　第 14 章　多変量解析の最前線

から，目的（結果）とする対象のデータを抽出し，そのデータに潜む原因的パ
ターンの傾向をできるだけ多く見いだし，そのパターンの傾向を組み合わせな
がら，次の新たな対象データに対しての適合性を高めるように学習していきま
す．いまや，高度な数学を駆使した新しい学習アルゴリズムが次々と開発され
ています．

　2016 年 3 月に，囲碁の勝負において，コンピュータ（AlphaGo というプ
ログラム）が超一流のプロ棋士に勝ったことが話題となりました．このコン
ピュータには，**人工知能（AI）** の開発に用いられているモンテカルロ木検索
（Monte Carlo tree search）とディープラーニング技術（多層構造のニューラ
ルネットワーク）とが組み込まれていました．これらは一種の機械学習のアル
ゴリズムです．2017 年には，既に AlphaGo より強い AI が開発されています．

　人間の脳は，脳の中の神経細胞（ニューロン）がつながりあったネットワー
クになっています．このネットワークは電気で動いていて，近くのニューロン
からの刺激が一定の電圧を超えると発火します．脳は，一千億個もあるニュー
ロンの塊であり，ニューロンが，隣のニューロンから電気信号を受けて，一定
以上の電圧（閾値）がたまると，次のニューロンへと電気信号を伝えます．こ
れを繰り返すことにより脳のネットワークも動き，人間は考えたりすることが
できます．このプロセスを，例えば，ある電圧以上になるとオンとなるように
して，そのプロセスをプログラム上で作ります．このプログラムのことを**ニュ
ーラルネットワーク**といいますが，このプロセスが多層構造になっているネッ
トワークを特に**ディープラーニング（深層学習）**と呼んでいます．ニューラル
ネットワークについては後ほど紹介します．

　機械学習では，数学が頻繁に使われ，表現も統計学で用いている用語とは異
なることが多いので，いきなり機械学習を学ぼうとすると難しく感じます．し
かし，予測タスクの学習手法では，古典的な最小 2 乗法が源にあり，類似の
学習手法もほとんどがその最小 2 乗法の拡張版 [10] なのです．したがって，ま
ず重回帰分析（第 4 章）で出てきた最小 2 乗法の原理をしっかりと身に付け
ておくことです．また，探索タスクの学習手法にも，次元縮小のための手法で

ある主成分分析の拡張モデルが用いられています．ただ，事前確率及び条件付き確率をモデルに付与しているのがあり，ベイズ統計学の理解なしでは活用できない場合もあります．

この機械学習が，今までの手法と大きく異なる点は，一義的に解を導かないことです．機械学習は，"最適値が見つかるまで"や"より良い値が見つかるまで"などによりコンピュータで何度も試行錯誤しながら計算していく技術です．機械学習の思想は，**ヒューリスティックス**（heuristics）（発見，思いつき）にあり，判断を下すときに，厳密な論理で一歩一歩答えに迫るのではなく，直感で素早く解に到達する経験則や発見的方法にあります．最適解とは言い切れないが，それに近い解を出すためのアルゴリズムであり，合理的なものでなくてもよいのです．

品質管理などで技術的な調査をする場合に，ヒューリスティックスだけで結論を出したり，何かを断定するには危険なことがあるといわれていますが，ヒューリスティックスをヒントと考えて，これから新しい原理原則が作れるのなら，革新的でかつ将来に非常に役立つ知見になり得ます．今後は，新しい技術を構築していくためには，機械学習の活用により新しい知見を得ることも必要と考えます．

機械学習では，**"教師あり""教師なし"**という言葉がよく使われますが，"教師"というのは，"先生"のことではなく，目的変数 y に相当するものであり，外的基準に当たります．すなわち，教師あり学習は，y（目的変数）と x（説明変数）の関係を学習するアルゴリズムのことです．また，学習データを幾つかのグループに分け，それぞれのグループにちょうど良いモデルを作ってから，全体のモデルを作ることを**アンサンブル学習**といいますが，機械学習の特徴は，このアンサンブル学習にあります．何回もグループを分け直してはより良いモデルを探索していくのが機械学習の特徴です．

多変量解析は，用意したデータ全部に当てはまるモデルを一義的に探すので，新しいデータ集団に対しての予測力が悪くなることが多いのですが，機械学習は，新しい集団に適合するグループ分けを何度も繰り返して行い，ちょう

304　　第 14 章　多変量解析の最前線

ど良いモデルを作り，それを用いて予測するので，一般的に，新しいデータに
対しての予測精度は高くなります．

　このように "学習する" とは，主に最適に "分ける" ことを意味し，この機
械学習の広がりが AI ブームを起こしています．

機械学習の誕生

　英国の数学者で，暗号解読者・コンピュータ科学者であったアラン・チュー
リング（Alan Mathieson Turing, 1912–1954）が，1950 年に，"Mind" 誌に
掲載された彼の論文 "Computing Machinery and Intelligence"[11] の中で，機
械を "知的" とする基準を提案しました．それは，人間の質問者が機械と対話
して，その答えが人間か機械かが判別できないときに，その機械が "思考" し
ていると考えるとしたもので，コンピュータによる人工知能の問題を提起した
のです．そして，最初から大人の神経をプログラムによって構築するよりも，
子供の神経をプログラムによって育てていくほうがよいとする学習を提案しま
した．これが機械学習の始まりといえます．

　その後，人工知能の開発とともに歩んだ機械学習にも，紆余曲折がありまし
たが，1990 年代にニューラルネットワークの手法・アルゴリズムが開発され，
2000 年代に入ると，ニューラルネットワークの階層が 4 層，5 層へと増やさ
れ，精度の高い機械学習（ディープラーニング）が可能となり，再び見直され
ました．

　次に，機械学習の代表的な手法・アルゴリズムを概説します．

（1）　ニューラルネットワーク（**neural network**）

　既述のように，**ニューラルネットワーク**とは，人間の脳神経回路網の動きを
単純化して，その伝達を数学モデルで真似ることにより，予測精度の高い高度
な情報処理網を構築する手法・アルゴリズムのことです．そのイメージを図
14.4 に示します．

　例えば，脳卒中という顕在化した出力に対して，入力の要因（肥満，喫煙，
血圧，飲酒）変数群に各ウエイトを掛け，脳内の入力にも出力にも直接つなが
らない隠れ層に，その刺激が伝わったとします．そして，その隠れ層に伝わっ
た刺激 t に，また新たなウエイトを掛け，次の隠れ層に伝わるとします．それ

ニューラルネットワーク（neural network）
　脳を構成するニューロンの相互接続の単純なモデルを仮定し，入力と出力の整合性だけで最適な相互接続モデルを構築する方法です．テキストマイニングでは，過去 10 年分の医療カルテに記載された単語を入力し，疾病を出力として分析した結果から，新患の今のカルテから今後の疾病しやすい病名を予測するのに使われています．

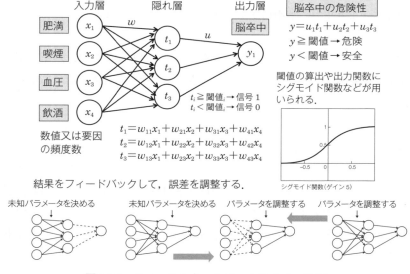

図 14.4　ニューラルネットワークのイメージ図

が幾つかの隠れ層を経て，出力 y に伝わり，ある刺激域を超えると脳卒中が顕在化するという伝達の情報処理網を構築します．逆に，実際に脳卒中であった出力 y に適合するように，各隠れ層や入力層のウエイトを調整し，実際の出力 y によりマッチした入力要因の数学モデルを導きます．各層の出力には**シグモイド関数**[*1] と呼ばれる数学関数が用いられ，最終の出力 y に対しては，刺激

[*1] シグモイド関数は $f(x) = \dfrac{1}{1+e^{-ax}}$ $(a>0)$ の式で表される関数で，不連続なステップ関数 $[0(x<0), 1(x\geqq0)]$ や符号関数 $\mathrm{sgn}(x)=[1(x>0), 0(x=0), -1(x<0)]$ は扱いにくいので，これらを連続関数で近似した関数です．図 14.4 の右側の中央に示したような形になります．

値の基準（閾値）を設定して，閾値以上なら"1＝発症する"とします．

ニューラルネットワークの大切な概念は，**逆伝搬法**（error backpropagation）にあります．逆伝搬法は，最終出力 y の結果をフィードバックして，実測値と予測値との誤差をなくすように，ウエイトを調整することです．図14.4 では隠れ層を1つだけしか示していませんが，実際には多くの隠れ層を設定して，より出力の予測精度を上げるように工夫します．

次に，前述した機械学習の特徴であるアンサンブル学習には，**バギング，ランダムフォレスト，ブースティング**があるので，その考え方を簡単に紹介します．

（2）　バギング（**bagging**）[12]

バギングとは，用意したデータから，**ブーツストラップ法**[*2] でサンプリングした学習データを使って，データの組（識別器）を複数作り，各組の識別器における分類のモデルを作ります．そして，各識別器の結果を集めて多数決を取り，多数決の結果から全体を考え直します．学習データを元に復元抽出して，別のデータの組を作るという操作を繰り返すので，多くの複数の組から多くの識別器が作れ，それらの結果を統合して，判断精度を高めることができます．

判断精度が高くない複数の組（識別器）の結果を組み合わせることで，判断精度を向上させていけます．すなわち，複数の学習データの組から得た回帰・分類結果を統合し，組み合わせることで精度を向上させます．1つの識別器よりも性能の高いモデルが作れます．

[*2] ブーツストラップ法でサンプリングとは，いま，$x_1, x_2, \cdots, x_n$ を未知の分布からの n 個の観測値とすると，観測値全体を母集団として各観測値が抽出される確率は $1/n$ と等しくします．この取り決めで擬似乱数を用いて，この仮の分布に従う n 個の観測値を m 組選ぶことになります．ごく自然のことで，呼び名が一見難しそうなだけです．

14.4　多変量解析の各手法の目的別分類　　　307

（3）　ランダムフォレスト（**random forest**）

ランダムフォレストとは，バギングの発展版です．サンプリングデータだけ
でなく，変数も全部は使わずに，一部を使います．データの行と列の両方に対
してサンプリングの組を作るわけです．ランダムフォレストは，サンプリング
した組のそれぞれに対して，サンプルの属性情報を利用して決定木モデルを作
り，属性情報から未知の事象の確率を求めていきます．

（4）　ブースティング（**boosting**）[12]

ブースティングとは，全部のデータモデルを作ってから，モデルに当てはま
りの悪いサンプルに重みをつけて，悪いサンプルにも当てはまりやすくなるモ
デルを作ります．重みの初期値を設定して，その重みを調整して学習させ，誤
判別率が下がるモデルを作っていくわけです．

14.4　多変量解析の各手法の目的別分類

　最後に，これまで解説してきた多変量解析の各手法の目的別分類を示してお
きます．多変量解析の各手法は，目的変数（外的基準）があるかないかで分類
するとわかりやすくなります．図 14.5 に，その分類を示します．

　目的変数（外的基準）がある場合，その目的変数が量的データ（計量値・計
数値データ）なら，図 14.5 の "①予測" は，予測を目的とし，目的変数を目
的変数グループとして取り上げ，残りの観測項目を説明変数グループとして，
説明変数から目的変数を予測する場合です．この場合に，目的変数が 1 つな
ら，層別因子（説明変数にカテゴリーデータ）を含む重回帰分析，コンジョイ
ント分析などがあります．目的変数が 2 つ以上なら，正準相関分析などがあ
ります．

　次に "②判別" です．これは，目的変数が量的データではなく，2 つ以上の
カテゴリーで，説明変数から目的とするカテゴリーへの分類判別力を高める解
析法となります．線形型の層別因子（説明変数にカテゴリーデータ）を含む線

形判別分析や,正準変量型の正準判別分析などがあります.従来は,説明変数が層別因子だけの重回帰分析を数量化理論Ⅰ類,説明変数が層別因子だけの線形判別分析を数量化理論Ⅱ類と呼んでいましたが,説明変数に層別因子や計量値データが混在していても同じ原理で解析できるので,近年は,特に区別しないで元の原理を示した表記になっています.

次は目的変数がない場合で,"③構造分析"型か,"④構造探索"型かになります."③構造分析"型は,データの持つ構造を単純化する場合であり,相互に依存しあう観測項目の組を相互に独立な変数の組に変換したり,その全体の次元数を減らしたりすることを目的とします.観測項目が量的データなら主成分分析があり,観測項目がカテゴリーデータならコレスポンデンスアナリシスや数量化Ⅲ類などがあります."④構造探索"型は,全サンプル対象を何らかの基準で群又は集落に分けたい場合で,対象間の類似性(又は非類似性)を何

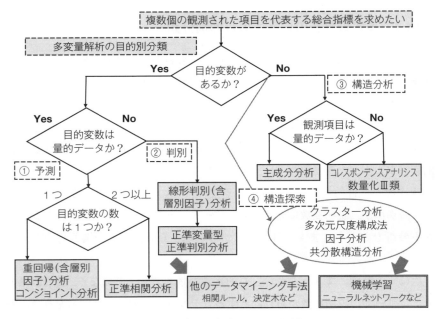

図 14.5 多変量解析の目的別分類

らかの基準で定めて，その類似性（又は非類似性）に基づいて全対象を分類する場合です．これらに該当する手法としてはクラスター分析などがあります．他に個体間の類似性（又は非類似性）をできるだけ保持して少数の次元で尺度構成する多次元尺度構成法，社会科学や心理学においてよく活用されている因子分析があります．また仮説の要因構造を検定する共分散構造分析があり，この共分散構造分析は，複雑な要因構造を特定化できる手法として注目されています．

　データマイニングや機械学習では，これらの多変量解析の全ての手法が関係して活用されています．

あ と が き

　米国の大学生は，文系や理系に関わりなく，どの学生も必ず"代数学"と"統計学"関係の単位を取得して卒業します．"統計学"はどのような業種に就職しても，データへの対処法として役立ち，"代数学"はコンピュータを扱うのに必要だからです．米国では，経営上生じる様々な問題や計画に対して，その意思決定の根拠を求める際のツールとして，統計学の活用を積極的に教育してきています．日本では，統計学を専門にする大学の学部はなく，統計学に対する教育が遅れていました．これでは，IoT 時代に生じる複雑なデータへの対応ができないという危惧から，文部科学省が，2009 年に，学校関係へ統計学の積極的教育を推進する通達を出しました．やっと大学のセンター入試の数学の問題に統計学が出題されるようになってきています．

　近年は，大量のデータから有益な情報を取り出すデータマイニングの時代となりました．その有益な情報を取り出す手法として，多変量解析が見直されて活用されています．ところが，この多変量解析を理論的に理解するのは相当難解です．多変量解析の厳密な記述には数理統計と代数学の知識が必要だからです．そのため多変量解析を学ぼうとすると，難しい数式が羅列されていて学習意欲が減退します．しかし，多変量解析の本質的なアイデアやその考え方はそう難しいものではなく，常識的に本質的な考え方が身に付けられます．

　本書では，各手法の考え方の理解に焦点を当てて，丁寧に多変量解析の諸法を，図や具体的な数値例を通じて解説しました．特に，各手法の演算プロセスは，簡単な数値例による手計算あるいは身近にある Excel を用いて演算をして"見える化"しています．一度に理解する必要はありません．わかるところから 1 つ 1 つ丁寧に，じっくり時間をかけて演算手順を追えば理解できるようになります．Excel の中のソルバーという機能を用いると多変量解析の難解な演算も可能となります．ぜひ，この機会に本書にて多変量解析をマスターしていただけることを期待しています．

著　者

313

参 考 文 献

まえがき
1)　五島勉(2013)：H.G.ウエルズの予言された未来の記録，祥伝社

第1章　多変量解析の概要と活用場面
1)　M.G.ケンドール，浦昭二・竹並輝之共訳(1972)：多変量解析の基礎，サイエンス社
2)　M.G.ケンドール，奥野忠一・大橋靖雄共訳(1981)：多変量解析，培風館
3)　C.チャットフィールド，A.J.コリンズ，福場庸・大沢豊・田畑吉雄共訳(1986)：多変量解析入門，培風館
4)　安藤洋美(1997)：多変量解析の歴史，現代数学社
5)　永田靖，棟近雅彦(2001)：多変量解析法入門，サイエンス社

第2章　統計学の知識
1)　丸山健夫(2008)：ナイチンゲールは統計学者だった！—統計の人物と歴史の物語—，日科技連出版社
2)　Graham Upton, Ian Cook(2010)，白旗慎吾監訳，内田雅之，熊谷悦生，黒木学，阪本雄二，坂本亘，白旗慎吾訳：統計学辞典，共立出版
3)　デイヴィッド・サルツブルグ・竹内恵行・熊谷悦生訳(2006)：統計学を拓いた異才たち，日本経済新聞社
4)　永田靖(1992)：入門統計解析法，日科技連出版社
5)　永田靖(1996)：統計的方法のしくみ，日科技連出版社．
6)　野口博司・又賀喜治(2007)：社会科学のための統計学，日科技連出版社
7)　涌井良幸・涌井貞美(2015)：図解 使える統計学，KADOKAWA
8)　栗原伸一(2011)：入門 統計学—検定から多変量解析・実験計画法まで，オーム社

第3章　線形代数の知識
1)　和田秀三・寺田文行(1963)：代数学および幾何学，廣川書店
2)　朝野熙彦(1985)：新版行列・ベクトル入門，同友館
3)　石川剛郎・上見廉太郎・泉屋周一・三波篤郎・陣蘊剛・西森敏之(1996)：線形写像と固有値，共立出版
4)　石村園子(2000)：やさしく学べる線形代数，共立出版

第4章　重回帰分析
1)　岡本春一(1987)：フランシス・ゴールトンの研究，ナカニシヤ出版
2)　安藤洋美(1997)：多変量解析の歴史，現代数学社
3)　丸山健夫(2008)：ナイチンゲールは統計学者だった！　—統計の人物と歴史の物語—，日科技連出版社

314

4) 吉澤正，芳賀敏郎編(1992)：多変量解析事例集 第1集，日科技連出版社

5) Kozo Sanagi,Hiroshi Noguchi(1987)：An Example of Reducing a Chronic Defect by Applying Multivariate Analysis, PEPORTS OF STATISCAL APPLICATION RESEARCH, JUSE, Vol.34, No.3, p.21–31

第5章　コンジョイント分析

1) 野口博司・磯貝恭史(1992)：コンジョイント解析，大阪大学教養部人文・社会科学研究集録，40, 113–148

2) R.D. Luce and J.W. Tukey(1964)：Simultaneous Conjoint Measurement：A New type of Fundamental Measurement, *Journal of Mathematical Psychology*, 1, 1–27

3) J.B. Kruskal(1965)：Analysis of Factorial Experiments by Estimating Monotone Transformations of the Data, *Journal of the Royal Statistical Society*, B, 27, 251–263

4) R.M. Johnson(1973)：Pairwise Nonmetric Multidimensional Scaling, *Psychometrika*, 38, 11–18

5) R.M. Johnson(1975)：A Simple Method for Pairwise Monotone Regression, *Psychometrika*, 40, 163–168

6) V. Srinivasan and A.D.Shocker(1973)：Linear Programming techniques for multidimensional analysis of preferences, *Psychometrika*, 38, 337–369

7) V. Srinivasan and A.D. Shocker(1973)：Estimating the weights for multiple attributes in a composite criterion using pairwise judgments, *Psychometrika*, 38, 473–493

8) H. Katahira(1985)：Constructing a perceptual map by rank order logit analysis：A more efficient method of nonmetric MDS, in K. Moller et al., Contemporary Research in Marketing, Proceeding of the 15th Annual Conference of the European Marketing Academy, 791–808

9) K.Ogawa(1986)：An approach to simultaneous estimation and segmentation in Conjoint Analysis, *Marketing Science*, 6, 66–81

10) I.A. Van der Lans et al. (1992)：Constrained part worth estimation in Conjoint Analysis using the self-explicated utility model, Int. J. Res. Marketing, 9, 325–344

11) Hiroshi Noguchi・Hiroaki Ishii(2000)：Methods for Determining the Statistical Part Worth Value of Factors in Conjoint Analysis, ELSEVIOR, Mathematical and Computer Modeling, 31, 261–271

12) 野口博司(2004)：コンジョイント分析のMONANOVAに代わる簡単な方法について，流通科学大学，流通科学大学紀要，流通・経営編，Vol.16, No.3, p.1–11

13) P.E. Green et al.(1978)：Conjoint analysis in consumer research：Issue and outlook, *Journal of Consumer*, 5, 103–123

14) Y. Takane et al(1980)：An individual differences additive model：An alternating least squares method with optimal scaling features, *Psychometrika*, 45, 183–209

参考文献　　315

第6章　線形判別分析，　第7章　正準判別分析

1) R.A. Fisher(1936)：The use of multiple measurements in taxonomic problems, Ann. Eugen, Lond., 7, 179–188

2) P.C. Mahalanobis(1948)：Historical note on the D2-statistic, Sankhyo, 9, 237–240

3) 野口博司・寺西孝司(1986)：財務指標による取引企業の与信評価，応用統計学，Vol.15, No.2, p.99–114

4) C.R. Rao(1973)：*Linear Statistical Inference and Its Applications*, 2nd ed., John Wiley & Sons

第8章　主成分分析

1) T.Isogai & H.Noguchi(1992)：Singular value decomposition and the application, *Journal of Social Science Research*, Osaka University, No.40, 63–101

2) K. Pearson(1901)：On lines and planets of closest fit to systems of points in space, Phil.Mag.(6), 2, 559–572

3) I.T. Jolliffe(2002)：*Principal component analysis*/I.T.Jolliffe.-2nd ed.Springer series in statistics

4) H. Hotelling(1933)：Analysis of a Complex of Statistical Variables with Principal Components, *Journal of Educational Psychology*

5) 磯貝恭史・野口博司(2006)：相関・回帰分析・多変量解析法，品質管理と標準化セミナーテキスト，日本規格協会

6) 矢野経済研究所大阪アパレルグループ編(1978)：婦人アパレル企業分析，矢野経済研究所

7) M.G. ケンドール(1981)，奥野忠一・大橋靖雄共訳：多変量解析，培風館

第9章　コレスポンデンスアナリシス(数量化Ⅲ類)

1) J.P. Benzecri(1969)：*Statistical analysis as a tool to make patterns emerge from data*, *In Methodologies of Pattern Recognition* (S. Watanabe, ed), New York: Academic, 35–60

2) J.P. Benzecri(1973)：*L' Analyse des Donnes*, Tom 2, Dunod

3) H.O. Hirschfeld(1935)：A connection between correlation and contingency, Proc. Camb. Phil. soc., 31, 520–524

4) L. Guttman(1941)：*The quantification of a class of attributes*: *A theory and method of scale constraction*, In Horst,P, et al., The Prediction of Personal Adjustment. Social Science Research Council, 319–348

5) C. Hayashi(1952)：On the prediction of phenomena from qualitative data and the quantification of qualitative data from the mathematico-statiscal point of view, Annals of the Institute of Statistical Mathematics, 3, 69–98

6) 林知己夫(1956)：数量化理論とその応用例(Ⅱ)，統数研

316

7) M.O. Hill(1974)：Correspondence Analysis：A neglected multivariate method, Appl. Statist., 27, 340–354

8) K.R. Gabriel(1971)：The biplot graphic display of matrixes with application to principal component analysis, *Biometrika*, 58, 433–467

9) M.J. Greenacre(1984)：*Theory and Application of correspondence analysis*, London: Academic

10) 野口博司・磯貝恭史(2006)：消費者 DATA から情報を得る方法, 数理解析研究所講究録, RIMS 共同研究, 情報決定過程論の展開, 京都大学数理解析研究所, 136– 149

11) Hiroshi Noguchi(2006)：About A Technique to Examine the Relation between Products and Customers, Special Issue, *Asia Pacific Management Review*, 365–370

第 10 章　因子分析

1) C. Spearman(1904)：General Intelligence Objectively Determined and Measured, *American Journal of Psychology*, 15, 201–293

2) L.L. Thurstone(1938)：Primary Mental Abilities, *Psychometric Monograph*, No.1

3) L.L. Thurstone(1947)：*Multiple Factor Analysis*, *A Development and Expasion of the Vectors of Mind*, The Univ. of Chicago Press, All 535

4) 丘本正(1986)：因子分析の基礎, 日科技連出版社

第 11 章　多次元尺度構成法

1) W.S. Torgerson(1952)：Multidimensional scaling：I. Theory and method, *Psychometrika*, 17, 401–419

2) J.C. Gower(1966)：Some distance properties of latent root vector method used in multivariate analysis, *Biometrika*, 53, 325–338

3) R.N. Shepard(1962)：The analysis of proximities：multidimensional scaling with an unknown distance function, (I), (II), I：*Psychometrika*, 1962a, 27, 125–140, II：1962b, 27, 219–246

4) J.B. Kruskal(1964a)：Multidimensional scaling by optimizing goodness of fit to a nonmetric hypothesis, *Psychometrika*, 29, 1–27

5) J.B. Kruskal(1964b)：Nonmetric multidimensional scaling: A numerical method, *Psychometrika*, 29, 115–129

6) C.Eckart & G.Young(1936)：The approximation of one matrix by another of lower rank, *Psychometrika*, 1, 211–218

7) J. De Leeuw(1988)：Convergence of the Majorization Method for Multidimensional Scaling, *Journal of Classification*, 5, 163–180

8) 野口博司・磯貝恭史(2012)：企業分析と次元数の縮約化, 流通科学大学論集—経済・情報・政策編, Vol.20, No.2, p.65–78

参考文献　　　　　317

第12章　クラスター分析

1) 三中信宏(2004)：クラスター分析の光と闇，東北大学生物統計学集中講義資料，2004年7月8〜9日
2) R.R. Sokai and P.H.A. Sneath(1963)：*Principles of Numerical Taxonomy*, W.H. Freeman Press, San Francisco
3) P.H.A. Sneath and R.R. Sokai(1973)：*Numerical Taxonomy: The Principles and Practice of Numerical Classification*, W.H. Freeman Press, San Francisco
4) B. Everitt(1980)：*Cluster Analysis*, 2nd ed, Halsted Press, New York
5) J. MacQueen(1967)：Some methods for classification and analysis of multivariate observations, Proc. Fifth Berkeley Symp. On Math. Statist. And Prob., Vol.1, (univ.of Calif.Press), 281–297
6) 政府統計の総合窓口(2017)：社会・人口統計体系，社会生活統計指標—都道府県の指標(2017)，e.Stat，総務省統計図書館

第13章　共分散構造分析

1) K.G. Jöreskog(1969)：A general approach to confirmatory maximum likelihood factor analysis, *Psychometrika*, 34, 183–202
2) K.G. Jöreskog(1970)：A general method for analysis of covariance structure, *Scandinavian Journal of Statistics*, 8, 65–92
3) K.G. Jöreskog & D. Sörbom (1984)：LISREL VI User's guide. Mooresville: Scientific Software
4) 豊田秀樹(1998)：共分散構造分析—構造方程式モデリング—［入門編］，朝倉書店
5) 豊田秀樹(2000)：共分散構造分析—構造方程式モデリング—［応用編］，朝倉書店
6) 狩野裕(1997)：グラフィカル多変量解析—目で見る共分散構造分析，現代数学社
7) 朝野煕彦・鈴木督久・小島隆矢(2005)：入門　共分散構造分析の実際，講談社サイエンティフィク
8) 野口博司・磯貝恭史(2013)：企業分析と因果分析，流通科学大学論集—経済・情報・政策編，流通科学大学学術研究会，Vol.22, No.1, p.83–98

第14章　多変量解析の最前線

1) C.M. Bishop(2007), 元田浩，栗田喜久夫，樋口知之，松本裕治，村田昇監訳：パターン認識と機械学習　上，シュプリンガー・ジャパン
2) C.M. Bishop(2008), 元田浩，栗田喜久夫，樋口知之，松本裕治，村田昇監訳：パターン認識と機械学習　下，シュプリンガー・ジャパン
3) 豊田秀樹(2016)：はじめての統計データ分析—ベイズ的＜ポストp値時代＞の統計学，朝倉書店
4) Mr. Bayes and Mr.Price(1763)：An Essay towards Solving a Problem in the Doctrine of Chances. By the late Rev. Mr. Bayes, F.R.S. Communicated by Mr. Price, in a letter to John Canton, A.M.F.R.S.Phil. Trans. 1763 53, 370–418, http://

rstl.royalsocietypublishing.org/

5) ウィキペディア(2017)：データマイニング
6) Pralo. Giudici(2003)：*Applied Data Mining, Principles of Data Mining*, MIT Press, Cambridge MA, Wiley
7) Hand, Mannila and Smyth(2001)：*Principles of Data Mining*, MIT Press, Cambridge MA
8) 月本洋・松本一教(2013)：やさしい確率・情報・データマイニング 第2版, 森北出版
9) 速水悟(2016)：事例＋演習で学ぶ機械学習―ビジネスを支えるデータ活用のしくみ―, 森北出版
10) 杉山将(2013)：イラストで学ぶ機械学習―最小二乗法による識別モデル学習を中心に―, 講談社
11) Ala Turing(1950), COMPUTING MACHINERY AND INTELLIGENCE, MIND, 59(236), 433–460
12) 野口博司・磯貝恭史・今里健一郎・持田信治(2015)：ビッグデータ時代のテーマ解決法―ピレネー・ストーリー, 日科技連出版社

多変量解析に関する一般図書
1) 奥野忠一・久米均・芳賀敏郎・吉澤正(1971)：多変量解析法, 日科技連出版社
2) 奥野忠一・芳賀敏郎・矢島敬二, 奥野千恵子, 橋本茂司, 古河陽子(1976)：続多変量解析法, 日科技連出版社
3) 竹内啓・柳井晴夫(1972)：多変量解析の基礎, 東洋経済新報社
4) 河口至商(1973)：多変量解析入門 I, 森北出版
5) 河口至商(1978)：多変量解析入門 II, 森北出版
6) 田中豊・脇本和昌(1983)：多変量統計解析法, 現代数学社
7) 田中豊・垂水共之・脇本和昌(1984)：パソコン統計解析ハンドブック II 多変量解析編, 共立出版
8) 浅野長一郎・江島伸興(1996)：基本多変量解析, 日本規格協会
9) 涌井良幸・涌井貞美(2011)：多変量解析がわかる, 技術評論社
10) 森田浩(2014)：多変量解析の基本と実践がよ〜くわかる本, 秀和システム

多変量解析に関する Excel 演算と R
1) 菅民郎(2007)：Excel で学ぶ多変量解析 第2版, オーム社
2) 竹内光悦・酒折文武(2006)：Excel で学ぶ理論と技術多変量解析入門, ソフトバンククリエイティブ
3) 長沢伸也(監修)・中山厚穂(2009)：Excel ソルバー多変量解析 因果関係分析・予測手法編, 日科技連出版社
4) 長沢伸也(監修)・中山厚穂(2010)：Excel ソルバー多変量解析 ポジショニング編, 日科技連出版社
5) 荒木孝治(2007)：R と R コマンダーではじめる多変量解析, 日科技連出版社

索　引

あ

R　81
Rcmdr　81
赤池の AIC 情報基準　292
アプリオリ法　299, 300
アンサンブル学習　303

い

ISODATA 法　255
一次従属　74
一次独立　74
因子　210
　　——決定行列　218
　　——負荷行列　218
　　——負荷量　182, 211, 213
　　——分析　31, 210

う

ウィシャート分布　65
ウォード法　255, 257, 267

え

AI　302
AGFI　293
Excel　81
SAS　81
SMC 法　216
SPSS　81

N 法　130
F 分布　63
MAX 法　216
MDS　232

お

ONE 法　216
重み付き最小 2 乗法　213
親ノード　300

か

回帰診断　108
回帰直線　92, 93
回帰方程式　92
階数　75
外生変数　275
階層的方法　253, 254
χ^2 検定　290
χ^2 値　200
χ^2 分布　62
解の妥当性　128
核　258
確率密度関数　49
隠れ層　305
仮説構造モデル　290
カタヨリ　40
ガットマンスケール　194
簡易的なセントロイド法　213
間隔尺度　19

観測変数　274
　——のデータ　276, 277

き

機械学習　101, 296
危険率　61
偽相関　91
逆行列　72
逆伝搬法　306
教師あり　303
教師なし　303
共通因子　211
共通性　216
共分散構造分析　34, 272
行列　68
　——式　70
寄与率　95, 180

く

区間推定　58
クラスター形成の方法　270
クラスター分析　33, 252
グラフィカルモデリング　285
グラフマイニング　297
繰り返しのない主因子法　213
クレンジング　298
クロス集計表　196
群間平方和　162
群内平方和　162
群平均法　255, 257, 267

け

計数値データ　17

計量値データ　17
計量的 MDS　232, 235
K-means 法　255
決定係数　95, 106
決定木分析　300
検定　58, 59

こ

構造変数　274
構造方程式　274
　——モデリング　272, 275
構造モデル　290
コサイン係数　255
誤差変数　274
個体　16
固有値　76
子ノード　300
誤判別　145
　——率　145
固有値　178
固有ベクトル　77, 179
固有方程式　76, 178
コレスポンデンスアナリシス　28,
　174, 194
コンジョイント分析　21, 120

さ

最急降下法　124, 239
再現性　128
最小 2 乗法　92, 213, 217, 222, 275,
　302
最短距離法　255, 257, 267
最長距離法　255, 257, 267

最尤法　　213, 225, 275

残差　　92

　　——の分散　　95

　　——分析　　108

散布　　264

　　——図　　43

サンプル　　16

し

GFI　　293

Shepard-Kruskal の方法　　232

シグモイド関数　　305

実測値　　95

　　——の分散　　95

質的データ　　17

Jauncey 法　　255

斜交回転　　224

斜交プロマックス回転　　289

主因子法　　213, 220

重回帰分析　　21, 96

自由度　　42

　　——調整済み寄与率　　106

重判別分析　　160

周辺確率密度関数　　55

樹形図　　253

主成分得点　　184

主成分負荷量　　182

主成分分析　　25, 174

出力層　　305

順位尺度　　19

情報量基準 AIC　　109

初期値　　258, 263

人工知能　　302

深層学習　　302

す

推定　　58, 59

数量化Ⅲ類　　28, 174, 194, 195, 199

StatWorks　　81

ステップワイズ法　　109

ストレス値　　123

スペクトル分解　　78

せ

正規性　　108

正規分布　　51

正準判別分析　　24, 160

正準変量　　160

正則行列　　73

正定値行列　　76

正方行列　　70

説明変数　　92

線形判別分析　　23

潜在変数　　274

そ

相関係数　　39, 43, 45, 255

総平方和　　162

ソルバー　　82

た

第1正準変量　　164

対角化　　77

対称行列　　69

多次元尺度構成法　　32, 232

多変量正規分布　　58, 65

多変量分布　55
ダミー変数行列　195
単位行列　72
単調性　123
　──の制約　238
単調変換　131, 132

ち

直交回転　224
直交モデル　214

て

ディープラーニング　302
t 分布　61
データの確率分布　47
データマイニング　296
適合度指標　278
テキストマイニング　297
点推定　58
転置　68
デンドログラム　253

と

統計量　39
　──の確率分布　58
同時確率密度関数　55
同時密度関数　55
等分散性　108
Torgerson-Gower の方法　232
特異値分解　174
独自因子　211
独自性　216
特殊因子　211

独立性　108
　──の検定　64, 196
トランザクション　299
トレース　75, 278

な

内生変数　275
内積　69

に

2 次形式　76
2 次元分布　55
二重自由度調整済み寄与率　106
ニューラルネットワーク　302, 304
入力層　305

の

ノルム　69

は

バギング　306
パス係数　274
バラツキ　40
バリマックス回転　224, 289
範囲　39, 43
判別得点　141
判別ルール　143

ひ

ピアソンの積率相関係数　46
非階層的方法　253, 254
非計量的 MDS　232
　──の解法　238

比尺度　20
ヒストグラム　47
非負定値行列　76
ヒューリスティックス　303
標準化　52
　　——主成分得点　184
標準正規曲線　53
標準正規分布　52
標準偏差　39, 42
標本集団　38
標本平均　38, 39
非類似性　232
非類似度　255

ふ

フィッシャーの線形判別関数　138
フィルター行列　276
ブースティング　307
部分効用値　122, 130
不偏性　108
不偏分散　38, 39, 41, 42
プロマックス回転　224
分散共分散行列　215, 290

へ

平均値　39, 61, 62
ベイズ統計学　296
平方和　39, 62
ベクトル　68
偏回帰係数　99, 285
　　——の検定　106
偏差平方和　39
変数　17

　　——選択　108
　　——増減法　109
偏微分　79
変量　17

ほ

母集団　38
母数　38
母相関係数　55

ま

マーケットバスケットアナリシス
　299
マハラノビスの距離　255, 256
マハラノビスの汎距離　138, 142,
　144

み

ミンコフスキー距離　255, 256

む

無向独立グラフ　285, 286
無作為サンプリング　38

め

名義尺度　19

も

目的変数　92
MONANOVA　122

ゆ

有意水準　61

ユークリッド距離　245, 255
ユークリッド平方距離　256

よ

余因子　71
予測値　95
　——の分散　95
予測平方和 PSS　109

ら

ラオの付加情報　152
ラスー法　101
ランク　75

ランダムサンプリング　38
ランダムフォレスト　307

り

リッジ回帰法　101
量的データ　17, 174

る

類似性行列　237
類似度　254, 255
累積寄与率　180
累積分布関数　49

著者略歴

野口　博司（のぐち　ひろし）

1946 年	京都市に生まれる
1972 年	京都工芸繊維大学大学院工芸学研究科修士課程修了
1972 年	東洋紡(株)入社
1998 年	大阪大学より工学博士を授与
2000 年	東洋紡(株)技術部長より流通科学大学へ転職
2015 年	流通科学大学商学部教授を定年退職
現　在	流通科学大学名誉教授
主な著書	単著(2002)：おはなし生産管理，日本規格協会
	単著(2007)：マネジメント・サイエンス入門，日科技連出版社
	共著(2007)：社会科学のための統計学，日科技連出版社
	編著(2015)：ビッグデータ時代のテーマ解決法—ピレネー・ストーリー，日科技連出版社
	など

図解と数値例で学ぶ多変量解析入門
　　—ビッグデータ時代のデータ解析

定価：本体 3,500 円（税別）

2018 年 8 月 31 日　　第 1 版第 1 刷発行

著　者	野口　博司
発 行 者	揖斐　敏夫
発 行 所	一般財団法人 日本規格協会

〒 108-0073　東京都港区三田 3 丁目 13-12　三田 MT ビル
http://www.jsa.or.jp/
振替　00160-2-195146

印 刷 所	日本ハイコム株式会社
製　作	有限会社カイ編集舎

© Hiroshi Noguchi, 2018　　　　　　　　　Printed in Japan
ISBN978-4-542-60112-3

● 当会発行図書，海外規格のお求めは，下記をご利用ください．
　販売サービスチーム：(03)4231-8550
　書店販売：(03)4231-8553　注文 FAX：(03)4231-8665
　JSA Webdesk：https://webdesk.jsa.or.jp/

図書のご案内

開発・設計における "Qの確保"
より高いモノづくり品質をめざして

（社）日本品質管理学会中部支部 産学連携研究会　編

A5判・256ページ　　定価：本体 2,400 円（税別）

【主要目次】

第1章　先人たちの品質へのこだわり
- 1.1　現地現物
- 1.2　品質は工程でつくり込む
- 1.3　価格はお客様が決める
- 1.4　モノづくりはヒトづくり

第2章　最近のモノづくりで何が起こっているか
- 2.1　最近多発している重大事故，失敗，問題による信頼の崩壊
- 2.2　日本のモノづくり品質における優位性の低下
- 2.3　開発・設計現場で発生している問題の真因は何か
- 2.4　経済危機の中で "Qの確保" の解を見いだせるか

第3章　モノづくりにおける "Qの確保"
- 3.1　"Qの確保" の重要性
- 3.2　"Qの確保" のルーツートヨタ生産方式（TPS）
- 3.3　"Qの確保" はそれぞれの工程で品質をつくり込む自工程完結

第4章　"Qの確保" のための問題発見と問題解決（未然防止）
- 4.1　見えていない問題を発見して解決する未然防止
- 4.2　これまでの問題解決手法で見えていない問題に手を打てるか
- 4.3　問題発見に着目した実践的問題解決手法の提案

第5章　"Qの確保" へのアプローチ ―プロセスマネジメントと問題解決
- 5.1　プロセスマネジメントからのアプローチ
- 5.2　問題解決からのアプローチ

第6章　プロセスを見える化するプロセスマネジメントの実践方法
- 6.1　マネジメントの基本は "プロセスの見える化"
- 6.2　プロセスマネジメントの実践手法と事例

第7章　開発・設計における技術力アップのための問題解決の実践方法
- 7.1　品質工学とSQCとの融合に向けて
- 7.2　基本機能を導くための機能展開
- 7.3　品質工学の効果的活用のポイント
- 7.4　適合設計の方法論
- 7.5　シミュレーション実験における品質工学とシャイニンメソッドの活用
- 7.6　設計・製造におけるばらつきとは
- 7.7　品質工学とSQCの推進体制
- 7.8　パラメータ設計における留意点

第8章　"Qの確保" を支えるデザインレビューとデータベース
- 8.1　デザインレビューのシステム
- 8.2　データベースと情報抽出，問題発見について

第9章　"Qの確保" の源泉 ―現場力と職場力
- 9.1　現場力と職場力の重要性
- 9.2　現場力と職場力の発揮による問題解決事例

第10章　まとめと今後の課題
- 10.1　"Qの確保" のための産学連携研究会
- 10.2　"Qの確保" のためのテーママップ
- 10.3　"Qの確保" のための今後の課題

日本規格協会　　https://webdesk.jsa.or.jp/

図書のご案内

開発・設計に必要な 統計的品質管理
トヨタグループの実践事例を中心に

（一社）日本品質管理学会中部支部 産学連携研究会　編
A5判・308ページ
定価：本体 3,800 円（税別）

【主要目次】
序章
第1章　開発・設計における技術力アップのための問題解決

A. 仕事の考え方・進め方編
第2章　開発・設計における自工程完結を目指した仕事の進め方
第3章　変化点への気づき
第4章　過去トラの把握と活用
第5章　つくりやすい構造の追求
第6章　ライフサイクルを考慮した設計
第7章　開発初期における製品品質のつくり込み

B. 手法編
第8章　開発・設計に必要な統計的ものの見方・考え方の基本
第9章　安全率をどのような値にしたらよいか分からない
第10章　パラメータ設計で再現性が得られない
第11章　実験・評価を最初からやり直せない
第12章　直交表実験が困難な場合の対応方法

第13章　メカニズムを把握するためのデータ
第14章　重回帰分析活用の現状と問題点
第15章　観察データの回帰分析による要因解析はどこまで可能か？
第16章　回帰分析における変数選択の新しい方法
第17章　工程の状態を把握するための3つの指標
第18章　工程能力情報を何に活用するか？
第19章　損失関数の解釈
第20章　MTシステムの性質と注意点

C. 推進（仕組み・体制）編
第21章　開発・設計技術者を支援する仕組み・体制－研修
第22章　応答曲面法セミナーの開講
第23章　データサイエンス教育の創設
第24章　開発・設計技術者を支援する仕組み・体制－実践
第25章　研修受講と実務活用をつなぐ取り組み
第26章　開発・設計技術者を支援する仕組み・体制－発表会，推進体制

日本規格協会
https://webdesk.jsa.or.jp/

品質管理検定(QC検定)検定対策書

2015 年改定レベル表対応
品質管理の演習問題と解説［手法編］
QC 検定試験 1 級対応

新藤久和　編
A5 判・582 ページ　　　定価：本体 4,500 円 （税別）

2015 年改定レベル表対応
品質管理の演習問題と解説［手法編］
QC 検定試験 2 級対応

新藤久和　編
A5 判・332 ページ　　　定価：本体 3,500 円 （税別）

2015 年改定レベル表対応
品質管理の演習問題と解説［手法編］
QC 検定試験 3 級対応

久保田洋志　編
A5 判・280 ページ　　　定価：本体 2,300 円 （税別）

2015 年改定レベル表対応
品質管理の演習問題と解答
QC 検定試験 4 級対応

日本規格協会　編
A5 判・168 ページ　　　定価：本体 1,200 円 （税別）

日本規格協会　　　https://webdesk.jsa.or.jp/